UNSCHAERFERELATIONEN

EXPERIMENT RAUM

UNCERTAINTY PRINCIPLES

SPATIAL EXPERIMENTS

EDITORS
KARIN DAMRAU ¦ ANTON MARKUS PASING

H.M.NELTE

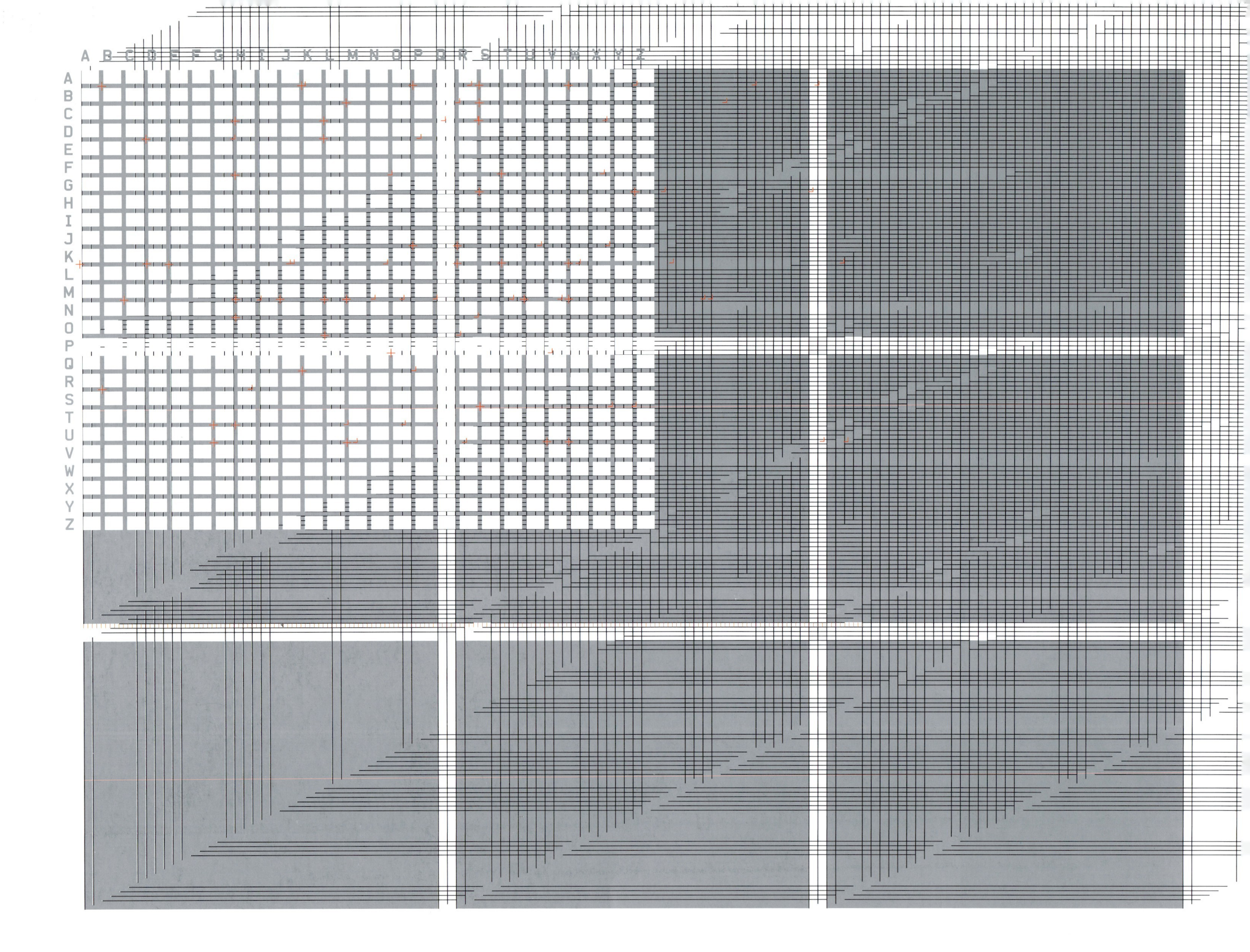
A B C D E F G H I J K L M N O P Q R S T U V W X Y Z
A B C D E F G H I J K L M N O P Q R S T U V W X Y Z

UNSCHAERFERELATIONEN

EXPERIMENT RAUM

UNCERTAINTY PRINCIPLES

SPATIAL EXPERIMENTS

EDITORS
KARIN DAMRAU : ANTON MARKUS PASING

H.M.NELTE

KARIN DAMRAU & ANTON MARKUS PASING ZUM GELEIT

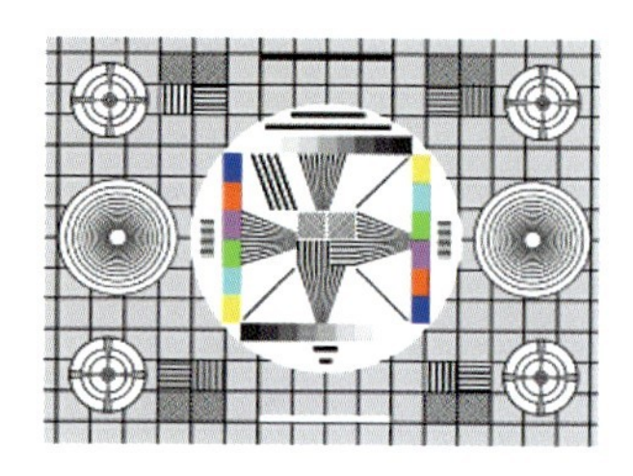

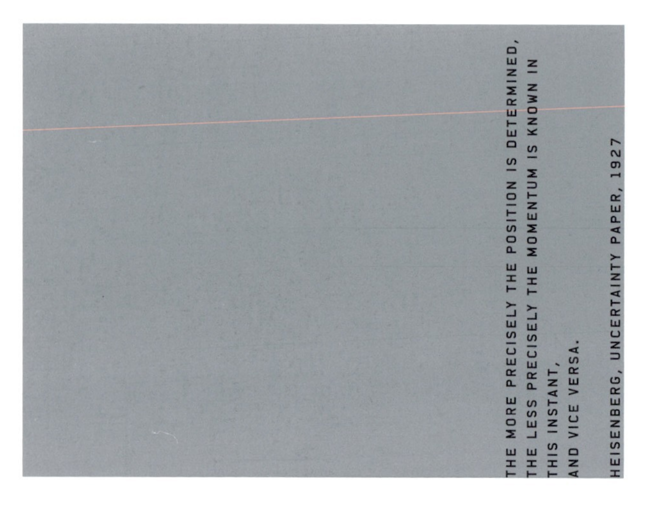

Wir befinden uns mittendrin.
In der Epoche des Raumes.

Im Gegensatz zu vorangegangenen Epochen hat der homogene und
Im Gegensatz zu vorangegangenen Epochen hat der homogene und
lineare Weg mit übergeordnetem Ziel als Erklärungsmodell unserer Wirklichkeit ausgedient. Vielmehr ist es das Modell des Geflechts, in dem wir uns von einem Knotenpunkt zum nächsten bewegen, welches unsere Wirklichkeit zu beschreiben vermag. In diesem Geflecht vernetzen sich die Dinge auf unterschiedlichste Weise miteinander, ergeben sich eine Vielzahl von Wechselbeziehungen. Nur die Vernetzung ist im Stande, der Komplexität der Dinge ein Stück näher zu kommen, unsere Wahrnehmung nicht in einer einzigen Dimension verkümmern zu lassen.
Dazu dürfen wir allerdings das Geflecht nicht nur von außen betrachten, wir müssen es aktiv begehen, Standpunkte und Systeme der Betrachtung ändern. Da kann die erste Betrachtung durchaus den Folgenden widersprechen, da können sich vielschichtige, unvereinbare Momente ergeben. Der Prozess des sich Bewegens dient als Inspirations- und Erkenntnisquelle.
Viele Wissenschaften haben das als Chance erkannt, bewegen sich geschickt im Geflecht ihrer Disziplinen hin und her, stoßen dabei auf unvorhergesehene Zusammenhänge. Verwunderlich, dass es gerade im künstlerisch-architektonischen Bereich immer wieder Diskussionen darüber gibt, wo genau die eine Disziplin aufhört und die andere beginnt. Eine Interdisziplinarität gehört hier nicht unbedingt zur Tagesordnung. Deswegen haben wir uns auf die Suche nach grenzübergreifenden Projekten gemacht, die künstlerische Strategien zum Thema des Raumes zur Diskussion stellen.
Bewusst haben wir unsere Suche nach künstlerischen und baukünstlerischen Konzepten auf den deutschsprachigen Raum beschränkt, um beizutragen zu einer Diskussion, die, zumindest was die Baukunst betrifft, in den letzten 15 Jahren leider fast ausschließlich im angelsächsischen Sprachraum geführt wurde.
In diesem Buch stehen Arbeiten ungeachtet ihrer Disziplin nebeneinander. Das Nebeneinander ist bewusst unhierarchisch und frei. In der Auseinandersetzung mit den verschiedensten Ansätzen von Raumbefragung entstehen nicht kontrollierbare Wechselbeziehungen zwischen Einzelaspekten der jeweiligen Projekte. Allen gemeinsam ist die aktive Benutzung des Raumes und seiner Einzelaspekte. Die Ansätze sind grundsätzlich verschieden oder auch ansatzweise bezugnehmend. Die gezeigten Arbeiten sind hier nicht als Produkt einer Disziplin zu sehen, sondern als Erscheinungen von Lebensraum, Wohnraum, Weltenraum, Gedächtnisraum, Freiraum und Kunstraum - privat und öffentlich.

Der Begriff der Heisenbergschen „Unschärferelationen" hat uns im übertragenen Sinne dazu gedient, das Anliegen zu beschreiben, welches der Auswahl der Arbeiten zu Grunde liegt. Hier geht es nicht um Klassifizierung oder Einordnung. Im Nebeneinander der unendlichen Möglichkeiten des Raumes entsteht eine produktive Unschärfe, die uns in die Lage versetzt, eine Raumfahrt anzutreten, bei der wir mit jedem Projekt dem Raum andere und neue Formen der Existenz abzuringen in der Lage sind.
In diesem Zulassen jeder Art von Aktivität und Wesenheit liegt etwas Verbindendes. Jenseits von Präzision und Eindeutigkeit vermengen sich in diesem Buch Aspekte des Einen mit Inhalten des Anderen. Alles steht untereinander in Beziehung, mal ist es deutlich, mal verdeckt, mal ist es ein Teilaspekt, mal entsteht ein ganz neuer Bezug. Das Entdecken von Ähnlichkeiten nimmt den Dingen nicht ihre Einzigartigkeit, ihre Individualiät - die Entdeckung des Anderen impliziert nicht automatisch dessen Fremdheit.

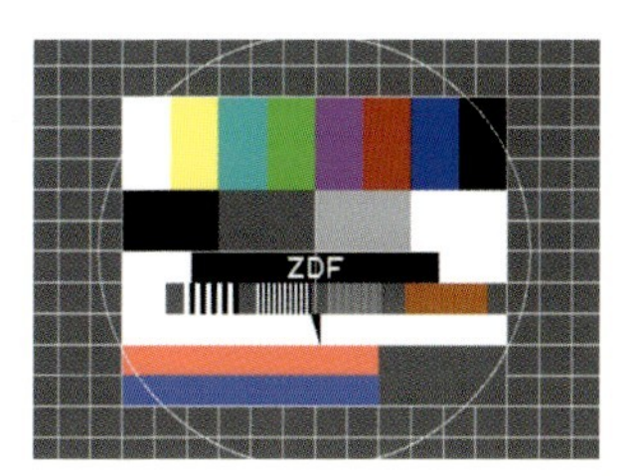

We find ourselves right in the middle of it.
In the space age.

In contrast to people of previous eras, we have no more use for the homogeneous straight path to a higher destination as a paradigm of reality. It has been replaced by the web model in which we move from one node to the next and which is able to depict our present reality. In this web, things interconnect in various ways to generate multiple other, additional, links. The intermeshing alone is capable of coming a little closer to the complexity of things so that our perceptional power does not atrophy in a single dimension.
For this we cannot only view the web from outside, we must enter it actively and change our points of view and viewing systems. It is quite possible that initial observations contradict subsequent ones and multi-layered unreconcilable moments are likely results. The process of motion serves as a source of inspiration and knowledge.

Many sciences have recognised this as an opportunity; they skilfully move about their disciplinary webs, hitting on unforeseen connections in the process. The astonishing thing is that, especially in the worlds of art and architecture, there are repeated discussions about where one professional discipline ends and the other begins. Here, interdisciplinarity is not necessarily part of the agenda. This is why we looked for cross-over projects that put artistic space-related strategies up for discussion.
We deliberately restricted our search for artistic and architectural concepts to the German-speaking areas of Europe in order to contribute to a debate which in recent years has unfortunately been the almost exclusive domain of the Anglo-Saxon speech area – at least with regard to the art of building.
This book juxtaposes a number of works regardless of the discipline they may be assigned to. This juxtaposition is deliberately unhierarchic and coincidental. The critical study of the most diverse approaches to reviewing and questioning space produces uncontrollable interrelations between individual aspects of the projects. All of them make active use of the space at hand and its individual aspects. The design strategies, however, are all fundamentally different, or tentatively referential. The projects presented in this book should not be seen as the products of particular disciplines, but as illustrations of habitats, living rooms, cosmic space, memory space, open spaces and spaces of art – both private and public.
We have used Heisenberg's term 'uncertainty relations', in the figurative sense, to describe the 'wishful thinking' behind our choice of projects. The point is not to classify or categorize them. The juxtaposition of the infinite possibilities of space generates a productive uncertainty, or fuzziness, which enables us to undertake a journey into space during which we are empowered, with every project, to wrest from it many different new forms of existence.
Accepting any kind of activity, character and existence has a connective quality. In this book, aspects of the one mingle with contents of the other, beyond all precision and certainty. Everything relates to and interconnects with everything else: sometimes obviously; at times hidden and at others, as one aspect of several, or as a completely new reference. The discovery of similarities does not rob things of their uniqueness, their individuality, and the discovery of other phenomena does not automatically imply that they are alien.

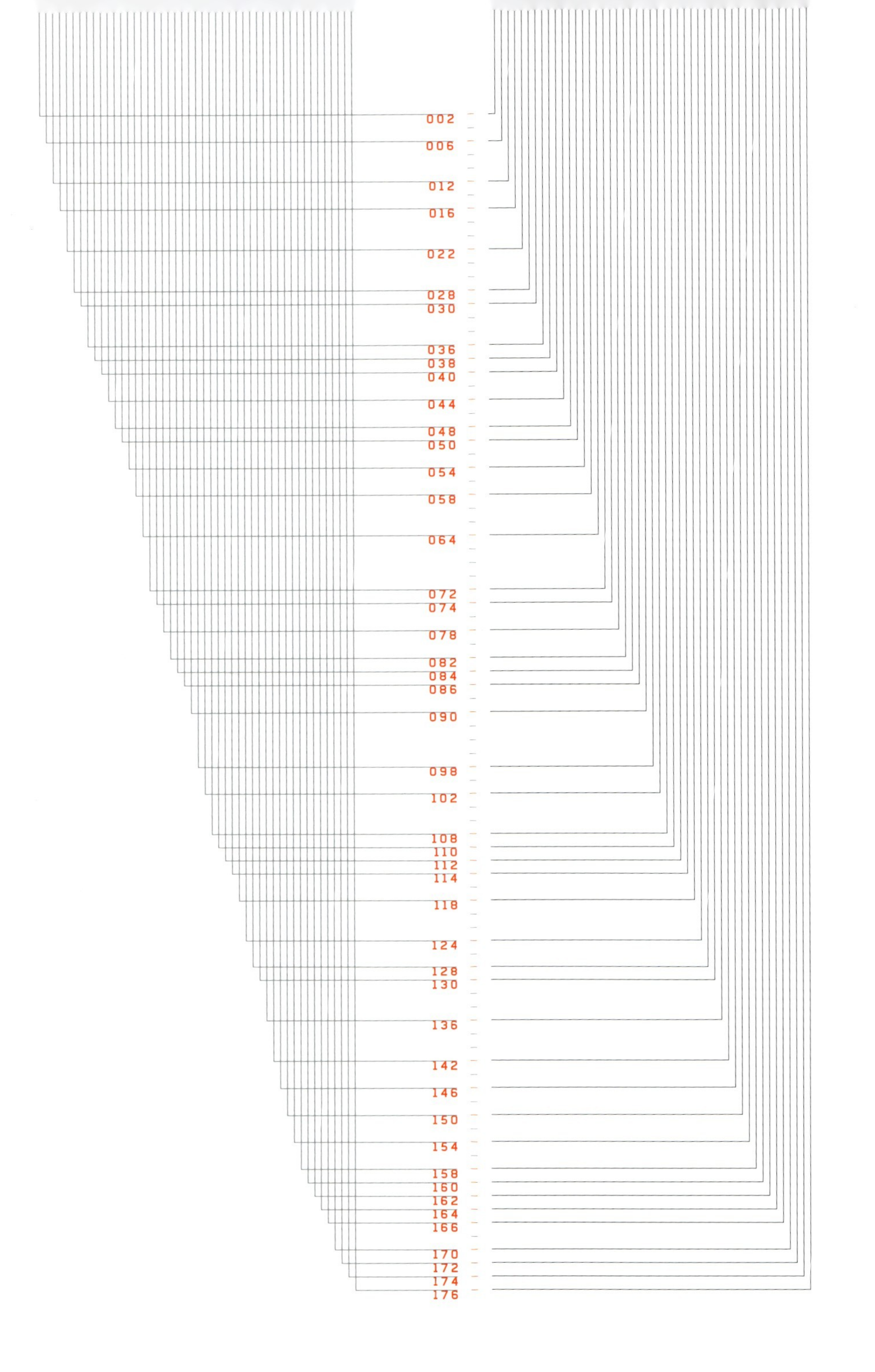

INHALTSVERZEICHNIS : TABLE OF CONTENTS

PROF. JOACHIM KRAUSSE INTERVIEW MIT DAMRAU/PASING

Damrau/Pasing: Herr Prof. Krausse, glauben Sie, dass die Kunst und die Architektur – ähnlich wie die Philosophie und andere Disziplinen – aus dem veränderten Begriff des Raumes durch die naturwissenschaftliche Forschung Konsequenzen gezogen haben?

Prof. Krausse: Diese Auseinandersetzung durchzieht ja das gesamte 20. Jahrhundert. Es ist zu erkennen, dass bei der Beantwortung dieser Frage eine gespaltene Haltung vorherrscht. Man kann das schon sehr früh z.B. bei Erich Mendelsohn erkennen: Er war der Erste, der in unmittelbaren Kontakt mit der Relativitätstheorie geraten ist, und zwar über das Projekt von Erwin Freundlich, der Assistent bei Einstein war und den Einstein-Turm auf dem Telegraphenberg bei Potsdam geplant hat. Der Einstein-Turm war von ihm initiiert worden, um die empirischen Nachweise für die Gültigkeit der allgemeinen Relativitätstheorie zu liefern. Er war ein Instrument, das dazu dienen sollte, die Relativitätstheorie zu beweisen oder durch empirische Untersuchungen zu untermauern.
Mendelsohn war der Erste, der über seinen Freund, Erwin Freundlich, mit der Relativitätstheorie und den neuen Relationen von Raum und Zeit konfrontiert wurde. Die Skizzen zum Einstein-Turm, die er noch im Ersten Weltkrieg angefertigt hat, sind der allererste Versuch einer künstlerischen Interpretation des Themas. Das macht die Sache so interessant. Mendelsohn versucht expressiv darauf zu reagieren. Aber was dann letztendlich zu einer Form führt, ist der Dialog mit den Naturwissenschaftlern [1].
Freundlich gibt genaue Hinweise, was Mendelsohn beim Entwurf des Gebäudes beachten soll. Und dann kommt auf einmal heraus, dass der Einstein-Turm nicht unmittelbar auf die Relativitätstheorie oder auf die neue Auffassung von Raum und Zeit bezogen werden kann, sondern nur mittelbar – ausgehend vom Verhältnis der expressiven Formgebung zu der Theorie, die völlig unanschaulich ist. Aber in der Mitte liegt ein interessantes Feld, da wird nämlich der Versuch unternommen, aus den Bedingungen dieser empirischen Untersuchung und des Instruments ein neues Instrument und seine entsprechende Behausung, also eine Form zu finden: Das Medium, das dieser Wissenschaft dient, wird dabei zum Ausgangspunkt einer Formentwicklung. Das ist etwas völlig Neues. Deswegen kann man im strengen Sinn auch nicht von expressionistischer Architektur sprechen.
Das Beispiel ist mir deshalb wichtig, weil man daran sieht, wie das Herangehen der Kunstwissenschaften mit ihrem begrifflichen Instrumentarium und ihren Stilkategorien am Wesen der Sache vorbei geht. Und so auch schon in diesem ersten prominenten Fall. Bei Mendelsohn selbst ist die Sache eben durchaus zwiespältig, weil er in den Jahren zwischen 1917, als er die ersten Skizzen zum Einstein-Turm entwirft, und der Realisierung 1919 bis 1922 darum bemüht ist, etwas Adäquates in der Form im Verhältnis zu dieser Aufgabe zu finden.
In späteren Jahren gibt es eine weitere interessante Kontroverse, und zwar die Reaktion auf das Buch von Sigfried Giedion: Raum, Zeit und Architektur [2]. In diesem Buch wird Mendelsohn gar nicht erwähnt. Giedion versucht, die Moderne zu kanonisieren und das neue Bauen aus dem Freundeskreis heraus zu kodifizieren. Dabei schließt er andere Positionen aus. Darüber regt sich Mendelsohn natürlich auf – zu Recht – weil er und viele andere überhaupt nicht vorkommen.
Und dann schreibt Mendelsohn einen Brief an Einstein. Er bezieht sich auf eine Passage in dem Buch, in der Giedion das Thema von Raum und Zeit in der Architektur auf die Naturwissenschaften beziehen will – und das verunglückt total. Giedion behauptet nämlich, das Wort 'Simultaneität' spiele bei Einstein eine Schlüsselrolle, und das wäre ja ebenso wichtig für die Künstler und Architekten. Aber das ist ein grobes Missverständnis, weil das Stichwort der Simultaneität bei Einstein ausschließlich negativ auftaucht. Das heißt, Einstein liefert mit der Relativitätstheorie – und zwar schon der speziellen Relativitätstheorie von 1905 – den Nachweis, dass es Simultaneität gar nicht gibt. Und das ist die Aussage.

IM STROM 2 ©A.M. PASING

Giedion aber nimmt das Stichwort auf und interpretiert es im Zusammenhang mit der Diskussion der Kubisten und der französischen Avantgarde-Künstler, und er weiß, welche Rolle es dort spielt – Stichwort Simultankontraste etc. – und er versucht, eine Art Verknüpfung zu Einsteins Theorie herzustellen. Aber der Versuch einer Verknüpfung misslingt vollständig, weil er sich nicht darüber im Klaren ist, dass die Simultaneität, die Gleichzeitigkeit, ein Ergebnis der künstlerischen Arbeit in der Fläche ist. Denn durch das Bild, das flächige Bild in seinem Rahmen, entsteht die Illusion einer Simultaneität. Das kann man sich wunderbar mit diesem schönen alten Beispiel vom Blick in den nächtlichen Sternenhimmel klar machen, der ja ein Bild liefert, in dem die Sterne gleichzeitig da zu sein scheinen. Und der Physiker weist nun nach, dass dieses Bild ein Trugbild ist insofern, als einige der Sterne im Augenblick des Betrachtens bereits erloschen sein können.
Das ist das Trügerische an diesem Simultanbild. Es ist aber umgekehrt aufschlussreich sich klarzumachen, was ein Bild überhaupt ist. Ein Bild im traditionellen Verständnis von einem gerahmten Ausschnitt und einer zweidimensionalen Fläche ist – wenn man es auf ein Ereignisuniversum bezieht – eine Synchronisationsmaschine. Und das wird bei Giedion nicht bewältigt, da bricht er ein und versucht nur ohnmächtig, eine Art Parallelismus herzustellen. Und diese Textstelle schickt Mendelsohn an Einstein, der sich natürlich fürchterlich lustig darüber macht, was Giedion da schreibt. Und damit war Mendelsohn dann befriedigt und dachte, jetzt ist der Giedion zur Strafe für die Missachtung von der Autorität lächerlich gemacht worden.

Damrau/Pasing: Gibt es Ihrer Ansicht nach Potenziale, die sich durch die Naturwissenschaften eröffnen, die vielleicht derzeit oder bisher von Architekten oder Künstlern überhaupt noch nicht genutzt oder aufgegriffen wurden? Gibt es gar eine sträfliche Vernachlässigung naturwissenschaftlicher Erkenntnisse in den Künsten?

Prof. Krausse: Ich denke schon, dass die Debatte über die neuen Raum-Zeit-Konzeptionen, ausgelöst durch die nicht-euklidischen Geometrien und die Relativitätstheorie, bei einigen immerhin zu einer intensiven Beschäftigung mit der Materie geführt hat. Wie auch immer die Entwürfe dann konkret ausgesehen haben. Aber die Verunsicherung war natürlich wirklich sehr groß. Und diese Geschichte ist auch nur in Ansätzen geschrieben. Es gibt ein sehr verdienstvolles Buch von einer amerikanischen Kunsthistorikerin über die vierte Dimension [3]. Leider fehlen die meisten deutschen Beispiele wie auch die Bezüge zu den technischen Konstruktionen.
Dass solche Verbindungen dort, wo sie hätten entstehen können, aus politischen Gründen, ja vor allen Dingen politischen Auseinandersetzungen, nicht realisiert worden sind, ist viel zu wenig bekannt.
Es gibt beispielsweise einen Entwurf von Adolf Meyer, dem wirklichen Entwerfer von Gropius, für das Zeiss-Planetarium in Jena. Das Zeiss-

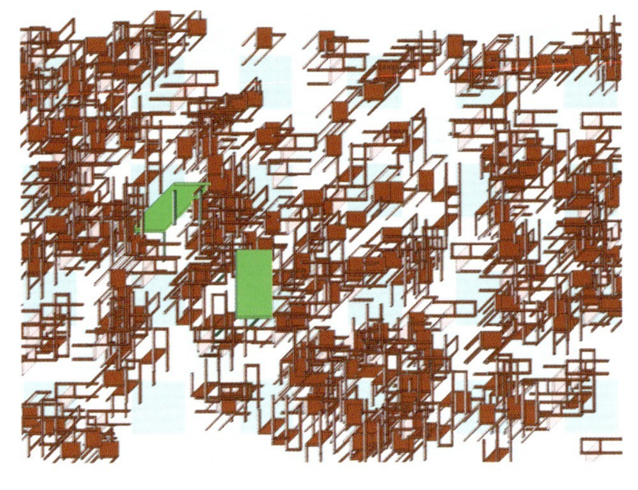

Planetarium hat eine sehr interessante Geschichte, weil dort die Schalenbauweise entwickelt wird. Sie wird aber zunächst gar nicht in baulichen Gedanken entwickelt, sondern aus einem medialen Konzept heraus. Angewendet werden sollte dort eine Medientechnologie, die einen totalen Projektionsraum erforderlich macht. Und dieser totale Projektionsraum sollte ein sphärischer Schirm sein. Um aber solch einen sphärischen Schirm zu bauen, musste ein Gerüst entwickelt werden, das sich der doppelten Krümmung anpasst. Der Chefkonstrukteur bei Zeiss, Walter Bauersfeld, entwickelt daraufhin eine Netzwerkkuppel. Diese Netzwerkkuppel hat neue Geometrien, es ist nämlich eine geodätische Kuppel – also genau wie Buckminster Fullers »Geodesic Domes', mit denen er berühmt geworden ist.
Aber Bauersfelds Konstruktion war zunächst einmal nur ein Netzwerk, an dem eine Leinwand befestigt werden sollte. Dann kam Widmann, ein Ingenieur von Dyckerhoff, auf den Gedanken, Spritzbeton zu verwenden und eine Spritzbetonkuppel zu bauen – und genau so wurde das 1922 auf dem Dach der Zeiss-Fabrik in Jena gebaut. Die Entwicklung dieses Netzwerkes ist aber vollständig von den Möglichkeiten der Berechnung optischer Instrumente ausgegangen – das war keine Idee für eine bauliche Realisierung, sondern nur für das Aufstellen eines sphärischen Schirms. Und dann erst ist die Idee bei der Umsetzung mit einer Technologie zusammengekommen, die das baulich hat realisieren lassen. So entstand dieser Versuchsbau auf dem Dach der Zeiss-Fabrik, der als der Ausgangspunkt der Schalenbauweise gilt [4].
Diese Bauweise entsteht also aufgrund einer Fusion mit einer Medientechnologie dieser Zeit. Und das Interessanteste dieser Bauweise sind die geometrischen Muster des Stabnetzwerks, das als Armierung der unglaublich dünnen Betonschale dient. Man hat das nachher nicht mehr weiter verfolgt, weil es nicht so sehr im wirtschaftlichen Vordergrund stand, Kuppeln zu bauen, sondern das gefundene Prinzip umzuarbeiten in Gewölbe, Tonnengewölbe vor allen Dingen. Und so wird die Schalenbauweise umgearbeitet, um große Hallenbauten zu erstellen. Damit geht die Schalenbauweise um die Welt – eine extrem leichte Form von bewehrtem Beton, aber mit besonderen Geometrien. Allerdings werden die Geometrien beim Umarbeiten in Tonnengewölbe und Shed-Dächer wieder konventionalisiert, sodass man das wirklich aufregend Neue dieser Geometrien und ihrer Entsprechung zu den physikalischen Theorien nicht mehr sehen kann.

Damrau/Pasing: Werden Begriffe wie 'Virtuelle Räume' und '3-D-Welten' dem Begriff des Raumes überhaupt gerecht, oder müsste man vielleicht ein neues Wort für 'Cyberspace' erfinden? Plötzlich ist die Simulation von Räumen möglich, genauso wie wir es im 2-D-Bereich bereits seit Jahrhunderten kennen. Uns ist ein Werkzeug in die Hand gegeben worden und nun gibt es die Möglichkeit, Dinge zu formulieren, zu konstruieren, die es vorher nicht gab.

Aber was ist das für ein Raum, der da entsteht, ist das überhaupt Raum? Kann man daraus überhaupt Rückschlüsse auf den tatsächlichen Raum ziehen, und welche Konsequenzen stellen sich ein im real physischen Umraum? Gibt es Auswirkungen auf unser räumliches Denken?
Entwickeln sich nicht vielleicht zwei Stränge, die sich sozusagen kontinuierlich von einander weg entwickeln und eigene Wege gehen?

Prof. Krausse: Das ist ja eine ganze Kaskade von Fragen, die ich unmöglich alle beantworten kann. Also sicher hat es Konsequenzen. Einfach deswegen, weil jede Ablösung eines alten durch ein neues Werkzeug oder Medium die Entstehungsbedingungen des Produktes oder Artefaktes verändert. Eines der wichtigsten Ergebnisse sowohl der anthropologischen Forschung als auch der Medientheorie ist die Feststellung, dass Werkzeuge – und intellektuelle Werkzeuge allemal – Rückwirkungen auf das Denken und seine Artikulationsformen haben.

In unserem Fall ist es das Entwurfswerkzeug, das sich ändert, und das zieht die Änderung des Entwerfens nach sich. Zunächst in dem Sinn, dass gegenüber der üblichen Produktorientierung die Prozessorientierung verstärkt wird, d.h. die statisch gedachte Form verflüssigt sich. Form wird ein selektiertes Standbild aus einem algorithmischen Szenario, das eine Reihe von Transformationen vorschreibt, aber keine Formen.
Die so entworfenen virtuellen Räume sind – soweit sie auf dem Bildschirm erscheinen – aber immer noch als Bilder, als bildliche Projektionen repräsentiert, und insofern sind sie auch durchaus konventionell. Euklidische Geometrie, Zentralperspektive und Stereometrie, Schattenprojektion und Licht-Luft-Perspektive – das ganze Arsenal konventioneller Bildkonstruktion geht in diese Visualisierungen ein – und macht sich nicht selten lächerlich durch Bewegungsabläufe, die nicht wissen, was für eine Art von omnipotentem Betrachter sie implizieren. Man merkt hier, wie wenig vertraut Architekten und Designer mit der Bewegungsgrammatik und -semantik des Films sind. Umgekehrt fehlt Filmemachern die Erfahrung mit dem weiten Feld der Diagrammatik einschließlich der vielfältigen Möglichkeiten, die das mapping für die Virtualisierung bietet.
Wir müssten also einerseits nach den neuen Möglichkeiten bildhafter Raumsimulation fragen, andererseits aber deren Interaktion mit Betrachtern bzw. Nutzern in realen Raumsituationen in Betracht ziehen, wie sie für Rauminstallationen typisch sind. Es ist kein Zufall, dass diese Letzteren es sind, die die neuen Immersionseffekte erkunden und die Hybridisierung von Raum und Räumen demonstrieren und auch thematisieren.
Wenn Immersion das Ziel ist, also das Eintauchen des Betrachters in ein Bild oder Bildgeschehen, dann ist außer der Interaktivität noch die Totalisierung der manipulierbaren Bilder zu veritablen Bildräumen oder Bildwelten erforderlich, und das heißt, dass der Bildrahmen verschwinden muss, und dass das Bild sich zu einem räumlichen Environment um den Betrachter schließt. Genau das hat vor 200 Jahren mit dem Panorama begonnen. Und ein weiterer Höhepunkt in der Totalisierung des Bildes zu einem Raum war das erwähnte Projektionsplanetarium von Zeiss. Ich habe es vorhin nur im Zusammenhang mit der Erfindung der Schalenbauweise genannt. Aber hier ist hervorzuheben, dass es der erste perfekte Raumsimulator war, ein rechnergesteuerter Weltraumsimulator, mit dem man alle Konstellationen der Himmelskörper durchspielen kann. Man kann Zeitreisen und Raumfahrt simulieren. Zum ersten Mal konnte man sich überhaupt die komplizierten Bewegungsverhältnisse am Sternenhimmel klarmachen. Und da das bei Kindern so gut funktionierte, dachte die Öffentlichkeit und das Publikum, das sei so eine Art Disney World.
Tatsache ist aber, dass diese großartige Maschine sehr effektiv für die Pilotenschulung im Zweiten Weltkrieg eingesetzt wurde. Und danach kam das Astronautentraining im Planetarium. Das ist nicht so bekannt, aber die Astronauten müssen sich mehrere Wochen im Planetarium aufhalten, um die Orientierung zu schulen – die Orientierung im outer space. Wenn wir von Raumfahrt reden, denken wir sofort an Raketen. Aber an die sensorische Seite, die neue Raumwahrnehmung, das Verschwinden des Horizonts, die Aufhebung von oben und unten, die Änderung der Tag-Nacht-Zyklen usw. – daran denken wir nicht. Insofern muss man sagen, dass das Planetarium der große unbekannte Komplementär zur Rakete ist, und wie diese ein notwendiger Geburtshelfer der Raumfahrt.
Man darf nicht vergessen, dass die Entwicklung der elektronischen Medien, des Computers und der digitalen Technologien im Wesentlichen auf Anforderungen der Luft– und Raumfahrt geantwortet hat, auf Anforderungen ihres zunächst militärischen Einsatzes, dem Jahrzehnte später die 'Zivilisierung' dieser Technologien folgt. Die Simulation von Räumen ist ein direktes Ergebnis der komplexen Navigationsmuster, wie sie sich ausgehend von der Schifffahrt über die Luftschifffahrt und Luftfahrt bis zur Raumfahrt herausbilden. Der Raum, der von solcher Navigation und ihren Trajektorien seine Bedeutung erhält, ist ein grundsätzlich transitorischer Raum, in dem die Orte durch (mathematische) Örter abgelöst werden. Von ortslosen Räumen hat Foucault gesprochen und sie Heterotopien genannt. Das Schiff war ihm die Heterotopie schlechthin, nämlich 'ein schaukelndes Stück Raum, ein Ort ohne Ort, der aus sich selber lebt, der in sich geschlossen ist und gleichzeitig dem Unendlichen des Meeres ausgeliefert…'[5]. Virtuelle Räume sind unsere Heterotopien, und die Standardsituationen ihrer Hervorbringung ebenso wie ihrer Wahrnehmung haben verdammt viel Ähnlichkeit mit der des Piloten im Cockpit oder eben im Flugzeugsimulator.
Nun wäre viel zu sagen über den Versuch vieler Architekten, den aristotelischen Raum mit seiner Ortsbindung der Dinge zu rehabilitieren. Das wäre ein ganz aussichtsloses Unterfangen, wenn da nicht etwas wäre, das wir aus den antiken Lehren der Gedächtniskunst kennen, und das wir in den Forschungen der Neurologen wiederfinden, nämlich die Lokalisierung von Gehirnfunktionen. Und komplementär dazu haben wir in den Kognitionswissenschaften das unverzichtbare Konzept des mental mapping. Wir können offensichtlich nicht denken – oder wenigstens das Denken nicht denken – ohne Verortung. Und so könnte es sein, dass die Architektur als gelernte Platzanweiserin auch diese heterotopischen Stürme der Virtualisierung ganz gut übersteht.

Damrau/Pasing: Sie glauben also nicht, dass man Architektur machen kann und sagen darf, das ist jetzt Architektur und nichts anderes? Alles andere ist Kunst oder Design. Wenn man von den Begriffen ausgeht, muss man also einfach offen schauen, wo existieren Versuche der verschiedenen künstlerischen Disziplinen, sich anzunähern. Anders gefragt: Sind die Künste auf dem Weg aus der disziplinären Isolation?

Prof. Krausse: Absolut, natürlich, und die gesamte Tendenz einer immer stärkeren Ausdifferenzierung, die sich auch in der Arbeitsteilung niederschlägt, erzeugt ja diese Fachidioten – und jeder ist es ja in irgendeiner Art und Weise. Für den Einzelnen bedeutet das, er landet in irgendeiner Schublade und viele Rätsel des Lebens ergeben sich eben aus der Tatsache, dass er in so eine Schublade gesteckt worden ist. Dagegen gibt es immer wieder Rebellionen, dazu zähle ich die ganze Avantgarde-Bewegung, die sich dagegen wehrt. Und die Rebellionen, gerade in der künstlerischen Avantgarde, die gehen dahin, diese Überlappungsbereiche zu bearbeiten. Wenn Sie so etwas wie z.B. die Collage im 20. Jahrhundert nehmen – jeder kennt es, was ist es eigentlich? Man stellt Überlappungszonen her zwischen der Literatur, der bildenden Kunst, dann auch der Architektur, der Musik…
Ich dachte jetzt wirklich erst mal an diese ersten Sachen, die von Braque und Picasso gemacht werden, ihre Collagen. Und das hat ja etwas total Rätselhaftes bis heute, und es fehlen weit gehend die richtigen Termini, es zu beschreiben, was da eigentlich wirklich passiert. Aber eindeutig ist, dass sie sozusagen mit der Montage und der Klebetechnik etwas zusammenführen, was bis dahin eben ein strikt getrenntes Leben geführt hat, und zwar auch zwischen Hoch und Tief, sozusagen die Sphäre der Kunst und der Schrott aus dem Alltag. Also auch das verbindet sich jetzt wieder. Und diese Nahtstellen, die durchgehen in der Collage, weil es ja Stücke sind, die aneinander stoßen, die erzeugen eine interessante Spannung. Die kommen in Interaktionen miteinander. Also die Klebestelle selbst ist nicht das Interessante, sondern die Tatsache, dass das Getrennte – und zwar das ersichtlich Getrennte – Spannungen aufbaut, die wie elektromagnetische Felder wirken – das ist jetzt bildlich gesprochen – das ist bemerkenswert. Aber in Wirklichkeit geht es darum, semantische Beziehung, Bedeutungsbeziehung, Referenzen herzustellen. Und die werden plötzlich nicht mehr erkannt als etwas, das man per definitionem herstellen kann, sondern nur in Relation zu etwas. Also mehr wie ein elektromagnetisches Feld, und daran richtet sich so ein Partikel aus. Es

bekommt auf einmal eine andere Bedeutung, wenn der Schwitters von der 'Commerzbank' das 'Com' wegschneidet und nur noch das 'Merz' bleibt. Dann erhält das jetzt als Bildelement eine neue Offenheit in Beziehung zu seinem Nachbarfeld.

Damrau/Pasing: In Deutschland gibt es kaum Diskussionen über experimentelle Ansätze in der Architektur. Blickt man ins nahe Ausland, sieht es da bereits ganz anders aus. Hat der offenkundige Stand der deutschen Architekturdiskussion mit der Geschichte Deutschlands zu tun, oder ist es Ihrer Ansicht nach eher eine Mentalitätsfrage?
Man hat das Gefühl, dass z.B. in den Niederlanden Kunst und Architektur noch als Begriff in der Öffentlichkeit diskutiert wird, Architektur ist dort noch ein Gegenstand gesellschaftlichen Interesses. Dort ist Architektur nicht etwas, das außerhalb steht, sondern die Menschen unmittelbar als Teil von Kultur interessiert und diese sich damit auseinander setzen. In Deutschland trifft man beispielsweise in der Bevölkerung eher auf Ablehnung und dumpfes Nichtverstehen.

Prof. Krausse: Ich finde den Eindruck sehr richtig. Das bleibt mir auch nicht verborgen, man erlebt das auch in den Institutionen, wie diese Fachbereiche – wie der Name schon sagt – ihre Arbeit als 'Reich', 'Gebiet' oder 'Territorium' definieren, d.h. abgrenzen; das sind Bereiche, in denen es dann scheinbar irgendeine eigene Gesetzlichkeit gibt, und die Berührungsängste sind riesengroß. Diese Haltung zieht sich aber durch die gesamte Gesellschaft: Man hat es viel lieber, wenn die Grenze dicht ist. Ich glaube, so kann man das wirklich beschreiben und ich gebe Ihnen Recht, es hat etwas mit Mentalitäten zu tun.
Es hat auch damit etwas zu tun, dass in Deutschland diese Ängstlichkeit unheimlich groß ist, das ist unser Hauptproblem.

Damrau/Pasing: Die Angst vor dem Neuen als inakzeptablem Gegenpol zum Altbekannten, Vertrauten, zur Sicherheit, auch des Verstehens?

Prof. Krausse: Ja, natürlich, und der Wandel wird nicht von vornherein begrüßt. Gut, natürlich haben viele eben auch bittere Erfahrungen gemacht mit dem Wandel, das ist klar. Nur: Ängstlichkeit ist nicht eine Disposition, die das Experiment besonders fördert. Wir sind nicht – und zwar in allen Bereichen – experimentierfreudig, das sind wir wirklich nicht. Und die Kunst – ich meine nach den Ausbruchsversuchen, die es ab Ende der Fünfzigerjahre in der Kunst immer wieder gegeben hat – ist hübsch eingekastelt, etikettiert und anlegerfreundlich selektiert worden. Alle sind doch sehr befriedigt, dass es dann eben doch eine Angelegenheit für das Museum geblieben ist und dass es nur ab und zu Auswirkungen im wirklichen Leben hatte. Das Subversive der Kunst kann natürlich immer entschärft werden, indem man sie in dieses Kunstgetto einschließt. Und die Institutionen

arbeiten natürlich immer in so einer Richtung. Deutschland denkt ja nun auch sehr institutionell und dieses institutionelle Denken ist sehr selten bereit, Parzellen zu öffnen.
Sehen Sie sich an, wie die Deutschen wohnen – auf ihren Parzellen – und welche Bedeutung diese Abgrenzung zum Nachbarn spielt. Ich meine, das sind im Grunde genommen alles Psychogramme. Es werden auch mehr Zäune errichtet, als dass man sich verständigt und sagt, komm wir lassen das. Zäune sind entbehrlich, wo immer man sich respektiert.

Damrau/Pasing: Unserer Ansicht nach nähert sich die Sprache, diese Bereitschaft, zu reflektieren, eher einem binären Code an: entweder es ist null oder eins, oder es ist schwarz oder weiß, ja oder nein, Auf der anderen Seite lernen die Maschinen immer mehr, auch Grauwerte und Unschärfe zuzulassen und zu verstehen. Ich kann mich nicht entscheiden, ob ich diesen Umstand spontan als ironisch oder tragisch ansehen soll. Es scheint, als würden wir im Vergleich zu den Maschinen eine genau umgekehrte Evolution durchmachen.

Prof. Krausse: Das ist eine interessante Beobachtung. Es ist gar keine Frage, dass der binäre Code universell geworden ist, weil alle Zeichensysteme, die bis dahin ein getrenntes Leben geführt haben als Bilder, Töne, Schrift und Ziffern, auf diesen Basiscode zurückgeführt werden können. Der binäre Code und die entsprechenden digitalen Technologien erlauben eine bis dahin unvorstellbare Integration der symbolischen Ausdrucks- und Austauschformen. Das ist die eine Seite. Auf der anderen Seite ist es uns verwehrt, direkt in null und eins zu kommunizieren, und wir denken auch nicht im binären Code. Bis zu einem gewissen Grade lässt sich die neuronale Aktivität als Computation beschreiben, aber wir wissen, in welche Sackgassen der Versuch geführt hat, die menschliche Intelligenz auf logische Operationen zurückzuführen und das Gehirn in Kategorien des Rechners zu beschreiben, es als 'Elektronengehirn' zu modellieren. Wir denken nicht digital, sondern analog. Die Sprache ist kein logisches System, sondern ein analogisches, in dem die Regeln fortlaufend umgebaut werden und die Bedeutungen sich durch die Sprachpraxis verschieben. In diesen 'Unschärfen' der Sprache liegt natürlich eine Quelle der Missverständnisse aber auch eine Ursache für Evolution und poetisches Potenzial. Da die Wissenschaften unmissverständlich sein wollen und Genauigkeit ihr Ideal darstellt, eliminieren sie – sofern sie sich als 'exakte Wissenschaften' verstehen – alle diese 'Unschärfen' aus der alltäglichen und aus der poetischen Sprache. An deren Stelle treten mathematische Formeln und 'wohl definierte' Begriffe. Aber die Geschichte der Wissenschaften zeigt, dass gerade die grundlegenden Begriffe, die so 'wohl definiert' schienen, nach einer gewissen Zeit durch die neuen Erkenntnisse revidiert werden müssen; so ist es mit 'Raum' und 'Zeit' geschehen, mit 'Atom', 'Teilchen', 'Gen' usw. Vor allem aber ist der Versuch, im Bereich der 'Elementarteilchen' zu immer größerer Messgenauigkeit zu gelangen, an eine Grenze gestoßen, die die Forscher gezwungen hat, sich mit Paradoxien anzufreunden. Eins dieser Paradoxe war das 'Photon', ein 'Teilchen' ohne Masse, ein erforderliches theoretisches Konstrukt, das der Tatsache Rechnung trägt, dass man Licht und elektromagnetische Strahlung allgemein in seinem energetischen Verhalten nur hinreichend beschreiben kann, wenn man zwei einander ausschließende Beschreibungsformen oder Modellierungen zugleich anwendet, indem man das kontinuierliche Verhalten von Wellen mit dem diskreten und diskontinuierlichen Verhalten von 'Teilchen', etwa bei Strahlungsvorgängen, kombiniert. Die klassische Logik würde sagen, entweder das eine oder das andere, nicht beide zugleich. Schon dieser einfache 'Dualismus' ist eine Herausforderung an die zweiwertige Logik, ganz zu schweigen von der Tatsache, dass 'Teilchen' wie Elektronen oder Photonen ihr Verhaltensmuster im berühmten Doppelspaltexperiment ändern, je nachdem beide Spalte offenstehen oder nacheinander geöffnet werden und die Ergebnisse addiert werden. Der Weg des einzelnen 'Teilchens' durch eine der Spalten gehorcht nur statistischen Gesetzen, und das impliziert eigentlich, dass das 'Teilchen' darüber informiert ist, ob der andere Spalt geöffnet ist oder nicht. Auf bisher unerklärliche Weise sind die 'Teilchen' im Kontakt mit dem Ganzen, hier mit dem ganzen System der Versuchsanordnung einschließlich dem Betrachter. Durch den Akt der Beobachtung wird ein System veranlasst, eine seiner Optionen zu wählen, und diese wird realisiert in der schönen Doppelbedeutung von Realisation als Verwirklichung und Wahrnehmung.
Das folgt jedenfalls aus der Kopenhagener Deutung der Quantenphysik, dem die konstruktivistische Erkenntnistheorie viel stärker entgegen kommt als die klassische Aufspaltung in Objekt und Subjekt, in Beobachtetes und Beobachter usw. Aber dieses dichotomische Denken und seine klassische zweiwertige Logik beherrschen alle unsere wissenschaftlich-technischen Operationen, und der Rechner mit dem binären Code ist das Produkt dieses effizienten, zweieinhalbtausendjährigen Denkens. Zweifel an der zweiwertigen Logik verstärkten sich mit dem Aufweis der Quantenphänomene, wobei die Paradoxien, die sie enthalten, vor allem die Denkwerkzeuge in Frage stellen, mit denen wir operieren. Also etwa: Sind Unschärferelationen nicht unausweichliches Produkt zweiwertiger Logik, oder 'verschmierte' Fuzzy-Logiken das Surrogat einer längst fälligen Revision des zweiwertigen Kalküls? Es gibt einen originellen Denker, Gotthard Günther, der nach dem 2. Weltkrieg in die USA gegangen ist und dort mit den Altmeistern der Kybernetik zusammengearbeitet hat, vor allem mit Warren S. McCulloch und Heinz von Foerster, dessen Hauptwerk den Aufbau einer nicht-aristotelischen Logik enthält [6]. Ausgehend von Hegels Dialektik, die ja die Gegensätze bereits in Bewegung bringt, fragt Günther nach der doppelten Reflexionsidentität des Subjekts, das sich jeweils in ein Ich und ein anderes Ich aufspaltet, also ein Ich und ein Du, wobei ich und du als Austauschrelation aufgefasst werden. Er will also das andere Ich im eigenen Denken als 'Du' thematisch festhalten und sowohl vom Selbstbewusstsein des Ich, als auch dem Bewusstsein des Es, des Objekts unterscheiden. Er erhält so zwei Negativoperatoren, und das leitet den Übergang zur dreiwertigen Theorie des Denkens ein. Und derartige nicht-aristotelische Drei- oder Mehrwertigkeit begegnet uns auch im Beobachterproblem, bei der Frage also, ob der Beobachter das Beobachtete selbst verändert. Hier erfolgt die Aufspaltung des Beobachters in einen Beobachter erster und einen Beobachter zweiter Ordnung. Wie Gotthard Günther und Heinz von Foerster dann gezeigt haben, implizieren die Regelkreismodelle oder Feedback-Mechanismen ebenfalls mehrwertige, nicht-aristotelische Logiken, allerdings sind sie in Steuermechanismen integriert, die nach wie vor den klassisch-aristotelischen Logiktyp repräsentieren. Die Umkehrung dieses Verhältnisses, wonach die zweiwertige Logik als Spezialfall der drei- und mehrwertigen vorkommen würde, steht uns noch bevor. Das betrifft das Kernproblem der künstlichen Intelligenz.
Es ist überhaupt ein Problem des trans-klassischen Denkens, dass die klassischen Formen rationalen Denkens in der Logik der Mathematik, der Geometrie in dem historischen Moment kritisierbar werden, wo sie in beispielloser Effizienz in Aggregaten und Artefakten implementiert werden können. Es ist ganz leicht, mit numerischen Ungeheuern umzugehen wie den irrationalen Zahlen, z.B. Pi oder Wurzel aus 2 oder Wurzel aus 3 (den Diagonalen im Quadrat und im Kubus). Da man das alles spielend handhaben kann, fragt man sich nicht mehr, ob man nicht mit willkürlichen Denkwerkzeugen wie etwa den euklidischen Axiomen oder cartesischen Koordinaten oder eben der zweiwertigen Logik arbeitet, Denkwerkzeuge also, die historisch begründet, aber aktuell keineswegs überzeugend sind. Überzeugend insofern nicht, als sie 'verschmierte' Lösungen produzieren, dem Holismus zwischen Teil und Ganzem nicht gerecht werden und uns im Unklaren darüber lassen, wo Unschärfen konstitutiv oder überflüssig sind.

[1] Krausse, Joachim / Ropohl, Dietmar / Scheiffele, Walter: Vom Großen Refraktor zum Einsteinturm. Dessau 2. Aufl. 2002.
[2] Giedion, Sigfried: Space, Time and Architecture. Cambridge/Ma 5. Aufl. 1967, S. 436.
[3] Henderson, Linda Dalrymple: The Fourth Dimension and Non-Euklidean Geometry in Modern Art, Princeton/N.J. 1983.
[4] Krausse, Joachim: The Miracle of Jena. In: World Architecture (London) 20 (1992), S. 46-53 (dt: Das Wunder von Jena. Das Zeiss-Plaetarium von Walter Bauersfeld. In: Arch+ 116 (1993), S. 40-49.
[5] Foucault, Michel: Andere Räume. In: Aisthesis. Hrsg. v. Karlheinz Barck et al. Leipzig 1990, S. 46.
[6] Günther, Gotthard: Idee und Grundriss einer nicht-aristotelischen Logik. Hamburg 3. Aufl. 1991.

PROF. JOACHIM KRAUSSE INTERVIEW WITH DAMRAU/PASING

Damrau/Pasing: Professor Krausse, do you believe that art and architecture – similarly to philosophy and other disciplines – have taken the necessary action since natural scientific research changed the term 'space'?

Prof. Krausse: This argument ran like a red thread through the entire 20th century. Answers to this question clearly reveal conflicting views, as shown at an early stage by Erich Mendelsohn. He was the first to have direct knowledge of the theory of relativity through his friend Erwin Freundlich, Einstein's assistant, who planned the Einstein Tower on the Telegraphenberg [telegraph hill] near Potsdam. He even initiated this project to procure empirical proof of the validity of the general theory of relativity. In other words: the tower was to be the instrument for proving the theory or for substantiating it by empirical research. Mendelsohn was thus the first architect who, thanks to his friend Freundlich, was confronted with the new concept of the relations between space and time. His sketches of the Einstein Tower, created during World War I, represent the very first attempt at artistic interpretation of the subject. This is what makes the sketches so interesting. Mendelsohn tried to respond 'expressively', but in the final analysis it was the dialogue with scientists that guided him to the final form [1]. Freundlich gave specific design instructions to Mendelsohn. Yet suddenly one realises that the Einstein Tower design cannot be related directly to the new concept of space and time offered by the theory of relativity, but only indirectly – via the relationship between descriptive form and utterly 'non-descriptive' theory. Yet in between, in the middle, is the fascinating field where an attempt is made to find a new instrument, including the appropriate casing, i.e. form. The medium that serves this particular science becomes the starting point for developing form. This is something entirely new and we therefore cannot speak of 'expressionist architecture' in the strict sense of the term.

For me this example is significant because it shows how architectural history with its terminology and categories of style completely evades the essence of the object. This was the case even with this very first, prominent, design. For Mendelsohn himself, the object was ambivalent because, in the years from 1917 – when he first sketched the Einstein Tower – and its construction from 1919 to 1922, he searched for the adequate form for this particular building task.

In later years, another interesting controversy took place, in response to Sigfried Giedion's book Space Time and Architecture [2], in which the author developed a canon of modernism and the new architecture based on the buildings and projects of his friends, excluding other architectural positions. This infuriated Mendelsohn, and rightly so, because his own and the work of others have no place in Giedion's critique.

Then Mendelsohn wrote to Einstein, referring to those sections in the book in which Giedion tried to relate space and time in architecture to natural science. This was a completely aborted attempt because Giedion maintained that the word 'simultaneity' played a key role in Einstein's theory and this would be just as important to artists and architects. Yet this view represents a serious fallacy as Einstein used the term 'simultaneity' exclusively in the negative. This is to say that Einstein, with his theory of relativity – already with the first specific theory of 1905 – delivered proof of the non-existence of simultaneity. That, in fact, was his conclusion.

Giedion, however, used and interpreted the term in the context of the Cubist debate and French avant-garde art, as he did know what role it played in these [headword: simultaneous contrast], and tried somehow to link it with Einstein's theory. Again, Giedion failed miserably because he neglected the fact that simultaneity is the result of the artist's work on a plane surface. The image, i.e. the flat picture in its frame, creates merely the illusion of simultaneity. This appears logical when one visualises the wonderful image of our view of the star-

studded nocturnal sky. What we see is a picture of all the stars shining simultaneously, but the physicist now enters the scene to prove that this picture is an illusion because some of the stars visible to the eye of the beholder may have become extinct long ago.
This is the mirage of the simultaneous image. In reverse it may be useful to define the meaning of the term 'image', or picture, more clearly. Traditionally understood as a framed view and a two-dimensional area, it is a synchronising machine when related to a universe of happenings. Giedion did not fathom this, his argument collapsed at this point and he only groped impotently for a kind of parallelism. Mendelsohn sent a copy of the pertinent text passages to Einstein who, of course, found Giedion's exposition hilariously funny. This satisfied Mendelsohn who thought that Giedion was now being punished for his disregard of professional authority by being ridiculed.

Damrau/Pasing: Would you say science holds potentials still undiscovered and unused by contemporary architects or artists? Have the arts unpardonably neglected scientific findings?

Prof. Krausse: Yes, they have, although I do think that the debate on the new concepts of space and time as a result of non-Euclidean geometries and the theory of relativity has induced some, at least, to study the matter in depth, whatever the resulting designs may be. But of course, the general disconcertedness was very great indeed and the relating historiography is still only in its beginnings. The American art historian Linda Henderson deservedly published book on the fourth dimension [3], but the majority of German examples is still unpublished, as are references to technical achievements.
The fact that connections which might have been made in certain areas were not created for political reasons, or rather due to political conflicts, is not known widely enough.
For example, there is a design of the Zeiss Planetarium in Jena by Adolf Meyer, the real author of many Gropius designs. This building has an interesting history because it was one of the first shell constructions, albeit based primarily on a communicative and not a tectonic concept. The building was to house media technology which required an 'all-round' projection space in the form of a spherical screen. In order to construct it, a scaffolding structure had to be erected first, adapted to the double outer curvature. Zeiss' chief structural designer, Walter Bauersfeld, therefore developed a grid-structured cupola using new geometries, a 'geodesic dome' like the ones Richard Buckminster Fuller became famous for.
However, initially Bauersfeld's structure was only intended to hold the screen. Then Widmann, a structural engineer at Dyckerhoff, had the idea of using shotcrete to form a round shell, and his design was implemented on top of the Zeiss factory in Jena in 1922. The development of this gridded dome was based entirely on the

VIDEOTENNIS ©A.M. PASING

calculations possible at the time by means of optical instruments so that it did not really represent an architectural design, but merely the dimensioning of a spherical projection screen. The idea, coupled with suitable technology, made it possible to materialise the architectural form. This is how the experimental structure, which is regarded as the first shell construction prototype ever, rose on top of the Zeiss factory [4].

The shell construction method was therefore the result of media technology's fusion with architecture. The most intriguing aspect of this process is the geometric pattern of the mullion grid that reinforces the incredibly thin concrete shell. This construction was subsequently not taken any further because the primary economic aim was not to build domes, but to adapt the new-found structural principles to vaults, especially barrel vaults. Shell construction became an extremely light-weight form of reinforced concrete, based on a special geometry to erect large free-span halls and thus made its way around the world. However, the conversion of the dome geometry into that of barrel vaults and shed roofs 'reconventionalised' the patterns so that their really exciting novelty and compliance with the laws of physics became obscured.

Damrau/Pasing: Do terms like 'virtual space' and '3D worlds' do any justice at all to the notion of space, or should a new word for 'cyberspace' be invented? It has suddenly become possible to simulate spaces three-dimensionally as we have done for centuries in two dimensions. We have been given a new tool with which to formulate and construct.

But what kind of space is it that is being created? Is it space at all? Can you draw conclusions from it, conclusions about the nature of real space? And what consequences will there be for the physical, material ambient space? Does virtual space influence our spatial thinking? Don't you think that there are two strands, continually diverging in their development, so to speak, and each going its own way?

Prof. Krausse: Well, that is a whole cascade of questions I cannot possibly answer in full. Of course there are consequences, simply because the replacement of an old by a new tool or medium changes the development process of the product or artefact. One of the most important results both of anthropological research and media theory is the discovery that tools – especially intellectual ones – have a retroactive effect on the intellect and its forms of expression. In our case, it is the design tool that alters first, followed by changes in the actual designing, first of all in the sense that the usual orientation to the end product gives way to increasingly process-oriented designing. This means the statically conceived form liquefies. Form becomes a still, selected from an algorithmic scenario which prescribes a number of transformations, but no definite shapes.

The virtual spaces designed in this way are still being rendered –

inasmuch as they appear on the screen – as images or pictorial projections and therefore remain quite conventional. Euclidean geometry, central perspective and stereometry, shadow projection as well as light and aerial perspectives – the whole gamut of conventional elements for pictorial space composition goes into the making of such visualisations and often cuts a foolish figure through the intervention of movements that are ignorant of the kind of omnipotent observer they imply. This makes you realise how little architects and designers know of the grammar and semantics of moving pictures, i.e. film, while film-makers, in turn, lack experience with the wide field of diagrammatics, including the multiple opportunities which the mapping process holds in store for virtualisations.
This is why we have to investigate new ways of pictorial simulations of space and, on the other hand, consider their interaction with viewers, i.e. users, in real spatial situations typical of space installations. It is no coincidence that it is the latter which investigate the new immersion effects and demonstrate and address the hybrid character of space and spaces.
If the aim is the immersion, or absorption, of the viewer in an image or the dynamics of a pictorial composition, then we need, apart from interaction, the 'totalisation' of manipulable images as veritable pictorial spaces or picture worlds. For this to happen, the frame must go and the flat picture must be transformed into a three-dimensional environment which surrounds the viewer. This is exactly what started with the panoramas of two hundred years ago. Another climax in the 'totalisation' of the picture into three-dimensionality was the Zeiss planetarium projection space mentioned above. So far, I have only cited it in connection with the invention of shell construction, but I must add here that it was the first perfect 3D simulator, a computer-controlled simulator of cosmic space with which to demonstrate every constellation of the celestial bodies. You could use it to simulate travels through time and space. For the first time, people were able to visualise the complex trajectories of the stars in the night sky. As this worked well with children, the grown-up public thought the planetarium was a kind of Disney World. The fact is, however, that this great machine was used effectively in training World War II bomber pilots. Since then, the Zeiss Planetarium has been used for astronaut training, a fact very few are aware of. The astronauts have to spend several weeks inside the planetarium space, training their sense of orientation in 'outer space'. When talking of space travel we immediately think of rockets, but we do not think of the sensory aspects: the new perception of space, the disappearing horizon, the lifting of 'up above' and 'down below', the change of night-and-day cycles, etc. This is why we have to say that the planetarium is the great unknown complement of the rocket and, like the rocket, the necessary assistant at the birth of space travel. One must not forget that the development of electronic media, of the computer and digital technology is essentially the result of aircraft and aerospace research in response to the requirements of planes, initially for military deployment, followed decades later by the 'civilising' of these technologies. The simulation of spaces is the direct result of the complex navigational patterns that evolved from shipping via airship transporation and aviation to space travel. The space which receives its significance from such navigations and trajectories is basically a transitory space in which places give way to (mathematical) points. Michel Foucault talks of 'placeless places', or place without locations, which he has termed heterotopes. For him, a ship is the epitome of a heterotope, i.e. 'a rolling piece of space, a place without location which lives from itself, is complete in itself and at the same time at the mercy of the endless ocean …'[5]. Virtual spaces are our own heterotopes and the standard situations in which they are created as well as perceived are damn good imitations of the environment of a pilot in his cockpit or in a flight simulator.
Much could be said about the many architects who try to rehabilitate Aristotelian space with all the things tied to it. This would be quite a futile attempt if there was not a phenomenon we know from antiquity, i.e. the art of memorising, and have also found confirmed by neurological research: the localisation of brain functions. In addition, we have the indispensable complementary concept of mental mapping provided by the cognitive sciences. Obviously we are unable to think – at least, that is, to conceive of thinking – without localisation. Thus it could happen that architecture as a trained usher, or 'localiser', will also survive such heterotopeous storms of virtualisation.

Damrau/Pasing: Are we to understand that you do not believe it possible to make architecture and then say, 'This, now, is architecture and nothing else! Everything else is art or design.'? Starting from the terminology, we therefore simply have to see where there are attempts at rapprochement in the various artistic disciplines. Put differently: are the arts on the way out of their disciplinary isolation?

Prof. Krausse: Absolutely, of course. The general tendency towards ever-increasing diversification – also evident in new job sharing models – produces blinkered specialists, including all of us in one way and another. For the individual this means that, sooner or later, he/she will be pigeonholed and many mysteries of life will result from his/her having been pigeonholed.
Again and again, rebels emerge to fight this trend, including all the various avant-garde groups. These rebellions, specially those of the artistic avant-garde, worked towards revising the overlap areas. Take 20th-century collage, for example: everybody knows about it, but what, in fact, is a collage? You produce overlappings of literature, the fine arts, then also architecture, music …
I really first of all thought of these works by Braque and Picasso, their collages. Still today, these works are absolutely full of mysteries, and we largely lack the right terminology to describe what happens when a collage is created. One thing is clear: it joins together – by aid of assemblage and pasting technique – what until then led strictly separate lives, also between up above and down below, between the sphere of art and everyday scrap, so to speak. Even these are pieced together again. The joints between the different pieces criss-cross the collage and generate its fascinating dynamics. The scraps interact with each other.
It is not the pasted 'seams' that are the most interesting, but the fact that the disjointed – visibly disjointed – builds up tensions that function like electromagnetic fields (metaphorically speaking), and this is remarkable. The real point, however, is to create semantic relationships and references to meaning. These are suddenly no longer recognised as something that can be produced by definition, but only in relation to something else, i.e. more like an electromagnetic field. And it is this something else that the pieces take their bearing from. The meaning changes when Kurt Schwitters cuts the 'Com' from the word 'Commerzbank' and leaves only the 'Merz' which becomes a picture element with a new openness in its relations to the adjoining element.

Damrau/Pasing: In Germany there is hardly any discussion on experimental architectural design, while the situation in neighbouring countries is quite different. Would you say the current state of the German architectural debate has to do with the country's history, or is it rather a matter of mentality?
Looking at the Netherlands, for example, one gets the impression that art and architecture are still publicly discussed. Architecture seems to continue to be the object of public interest and something that is not considered as 'outside', but directly concerns people as part of everyday culture which should be critically assessed. In Germany, however, contemporary architecture often meets with rejection and dull incomprehension.

Prof. Krausse: I can only confirm this impression. I have come to the same conclusion, also from the way different institutions and faculties define and set their work apart as their 'field' or 'sovereign territory' – as if these were subject to their own laws. Their fear of contact is enormous. This attitude pervades our whole society. People like it better when the borders are shut. I really think you can describe the situation in this way, and I agree with you that it is a question of mentality and, on the other hand, has to do with the fact that fear of contact with others is our main problem in Germany.

Damrau/Pasing: Fear of contact? Do you mean the fear of everything new as an inacceptabe counterpart to the old, to familiarity and security, and also to understanding?

Prof. Krausse: Yes, of course, and the change is not initially welcomed. Obviously many people have definitely had bitter experiences with changing conditions. The only thing is that anxiety and fear do not

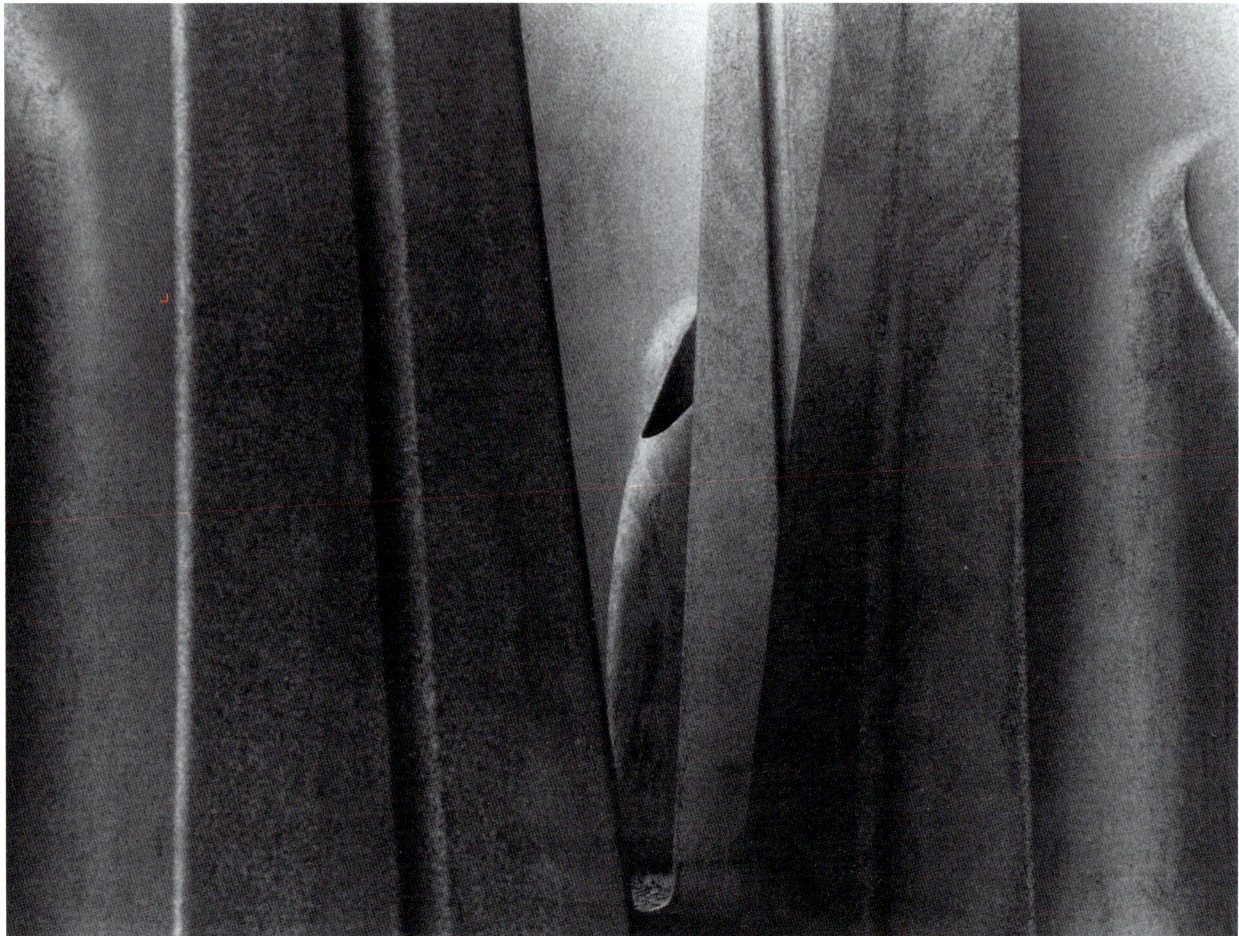

particularly advance experiments. We do not really love experiments – in any area of life. And following the attempts at breaking out of conventions that we have repeatedly experienced in the world of art since the end of the 1950s, the arts have always been prettily pigeonholed, labelled and selected in 'investor-friendly' ways. And everybody is very satisfied by the fact that it has remained a matter for the museum and has only affected real life very occasionally. The subversive character of art obviously can always be 'defused' by shutting art into a ghetto, and the art institutions work towards that kind of situation. Institutional thinking is very ingrained in Germany and people are therefore rarely prepared to fling open their 'compartment doors'.
Look at how we Germans live on our 'home-ground' plots and how important it is to us to fence ourselves in against the neighbours. All these acts are actually psychogrammes. There are more fences going up than efforts at coming to an understanding and letting the fences down. Fences are obsolete where people respect each other.

Damrau/Pasing: In our view, language – seen as this readiness to reflect – approximates a binary code: it is either naught or one, either black or white, yes or no. On the other hand, machines are increasingly learning to grasp and allow grey-scale values and uncertainties. We cannot decide whether to see this circumstance as ironic or tragic. It seems as if we humans were evolving in the exactly opposite direction to the machines.

Prof. Krausse: That is an interesting observation. There is no doubt about the binary code having become universally adopted because all the sign systems which so far led their separate lives as images, sounds, characters or numerals can be traced to this basic code. The binary code, together with the appropriate digital technology, permits the integration of symbolic forms of expression and interchange to a so far unimaginable degree. This is one side of the story. The other side is that we are prevented from communicating directly in noughts and ones and cannot think in binary terms. Up to a point, neuronal activity can be described as computation, but we know the blind alleys of all the aborted attempts to reduce human intelligence to logical operations and to define the human mind in computing terms, modelling it as an 'electronic brain'. However, our thinking is not digital, but analogous, and language is not a logical, but an analogous system in which the rules are continually being redeveloped and significations shift through use. The 'indistinct' contents of certain words are a source of misunderstandings, but also the cause of linguistic evolution and a poetic potential. Since all the scientific disciplines that see themselves as 'exact' or 'accurate' aim for unmistakableness and pursue the ideal of precision, they eliminate all the ambiguities of our everyday and poetic vocabulary and replace them by mathematical formulas and 'well-defined' terms. Yet the history of science shows that it is precisely the

basic, seemingly 'well-defined' terms that, after a while, have to be redefined on account of new pieces of knowledge. This happened with 'space' and 'time', 'atom' and 'particle', 'gene' and so on. Every attempt to achieve perfect measuring accuracy of 'elementary particles' has so far stopped short of a limit which forced researchers to acquire a taste for paradoxes. One of them is the 'photon', a 'particle' without mass, but a necessary theoretical construct to account for the fact that it is generally only possible to describe the energetical behaviour of light and electromagnetic radiation by applying two mutually exclusive definitions or models at the same time, i.e. by combining the continual flow of waves with the discrete, interrupted behaviour of 'particles', for example in radiation processes.

The classical logic would say: either the one or the other, not both simultaneously! This simple 'dualism' is enough to challenge the two-value logic, not to speak of the fact that in the famous double-slot experiment, 'particles' like electrons or photons change their behaviour depending on whether both slots are open at the same time or opened one after the other and whether the results are added up. The path of the individual 'particle' through one of the slots only obeys static laws. This actually implies that the 'particle' is informed about whether the other slot is open or closed. In some inexplicable way, the 'particles' are in touch with the whole, in this case with the entire test system – including the observer. The act of observation induces a system to chose one of its options and to implement this in the wonderful dual sense of the word realisation as both implementation and perception. This at least follows from the Copenhagen interpretation of quantum physics with which the Constructivist theory of knowledge has a much stronger affinity than the traditional division of object versus subject, observed versus observer, etc. This dichotomy of thinking and the classical two-value logic dominate all our technical-scientific operations and the computer with the binary code is the product of this efficient thinking that is two thousand five hundred years old. Doubts about the two-value logic intensified with the discovery of quantum phenomena, whilst their inherent paradoxes mainly question the instruments of thought we operate with. For example: are uncertainty relations not the inevitable product of two-value logics and is 'fuzzy' logic not the surrogate for the long overdue revision of digital calculation? We have one original thinker, Gotthard Günther (who emigrated to the States after World War II and worked with the old masters of cybernetics, primarily with Warren S McCulloch and Heinz von Foerster) who, in his main publication, expounds the structure of a non-Aristotelian logic[6].

Starting from Hegel's dialectics which already put some stir into so far fixed opposites, Günther investigates the two-way reflexive identity of the subject which splits into an I and another I, that is an I and a You, whilst these two should be interpreted as an interchange relation. Thus Günther intends to fix the other I in one's own mind as a 'You' and distinguish it both from the self-awareness of the I and the consciousness of the It, i.e. the object. As a result, he has two negative operators and this fact is the start of the transition to three-value thinking. We also encounter such non-Aristotelian three or multiple values in the problem of the observer, i.e. the question whether the observer changes the object of observation. Here we have the splitting of the observer into an observer of the first order and one of the second order. As Gotthard Günther and Heinz von Foerster have shown, feedback control models or mechanisms also imply multiple-valued non-Aristotelian logics, though integrated into the control systems which continue to represent the classical type of logic. The reversing of this relationship according to which the two-value logic would exist as a special case of the three- and multiple-valued ones, is still to come. This concerns the core problem of artificial intelligence.

One problem of trans-classical thought is that the classical rational way of reasoning represented by mathematical and geometric logic has reached the point where it can be criticised just at the historic moment when we are able to implement it with unparalleled efficiency in all sorts of aggregates and artefacts. It is very easy to deal with numerical monsters like the irrational figures π (pi or n), root of two or root of three (corresponding to the diagonals of squares and cubes). Since all this is child's play, one no longer questions whether it would not be better to work with the irrational tools of thinking like Euclid's axioms, Descartes' coordinates or the two-value logic – intellectual instruments that are historically founded, but by no means still convincing today insofar as they generate 'fuzzy' solutions, do not do justice to the holism of and between the part and the whole and leave us in doubt about whether uncertainties are constitutive or unnecessary.

[1] Krausse, Joachim, Dietmar Ropohl, Walter Scheiffele, Vom großen Refraktor zum Einsteinturm. Dessau, 2002.
[2] Giedion, Sigfried, Space, Time and Architecture. Cambridge, Mass., 1967. p. 436.
[3] Henderson, Linda Dalrymple, The Fourth Dimension and Non-Euclidean Geometry in Modern Art. Princeton, New Jersey, 1983.
[4] Krausse, Joachim, 'The Miracle of Jena'. In: World Architecture 20 (London, 1992), pp. 46–53.
[5] Quoted from the German edition: Foucault, Michel, Andere Räume. In: Karlheinz Barck et al. (eds.), Aisthesis. Leipzig, 1990, p. 46.
[6] Günther, Gotthard, Idee und Grundriss einer nicht-aristotelischen Logik. Hamburg, 1991.

Text zum Projekt aus dem 'ZEIT-magazin' Nr. 37
vom 3. September 1998

CDU: Das Spaß-Zentrum

Der Kanzler selbst hat gesagt, dass wir eine 'Freizeitgesellschaft' sind. Deshalb könnte die neue CDU-Parteizentrale konsequent auf Spaß und Halligalli setzen. 'Politainment' nennen das die Architekten Allmann, Sattler und Wappner. Das Trio ließ sich auf Volksfesten von Achterbahn und Riesenrad inspirieren. Ein besonderer Trick, mit dem die Konservativen auch die jüngere Spaß-Generation gewinnen könnte: die 'CDU-Wählmaschine'. Jeder Besucher kann in einer Riesenradgondel herumfahren und sich per Mattscheibe vom Parteiprogramm beflimmern lassen. Eine Fahrt in der Achterbahn bringt zusätzlichen Nervenkitzel: Die Schienen verlaufen teilweise unter Bildschirmen, auf denen die Parteigrößen erscheinen und die neuesten Slogans ausgeben. Gekrönt wird alles von einem 'Stimmungsbarometer' mit den jüngsten Wahlprognosen. Ob der Potenzstab im Notfall auch eingefahren werden kann, ist nicht bekannt.

1

BLICK IN DIE WÄHLMASCHINE
INSIDE VIEW OF THE DIALING APPARATUS

Project published in 'ZEIT-magazin' no. 37,
September 3, 1998

The CDU Fun Center

Even the German Chancellor has said that we are living in a 'fun-and-leisure society'. This is why the new CDU party headquarters would be able persistently to bank on fun and high life. Allmann Sattler Wappner Architects call it 'politainment'. The threesome found inspiration for their design in kermis installations like roller coasters and Ferris wheels. A special trick with which CDU Conservatives could also win the younger fun generation is the 'CDU Electoral Machine'. Every visitor can move around, sitting in a Ferris wheel seat, and watch a video of the party's program, and a roller-coaster ride provides him or her with an added kick: part of the tracks runs underneath monitors on which CDU celebrities appear giving the current party passwords. All this is topped by a 'mood barometer' that shows the latest prognoses of election results. It remains to be seen whether the power-exponential measuring rod is retractable in an emergency.

2

ROLAND BODEN LANDHEIM MODUL

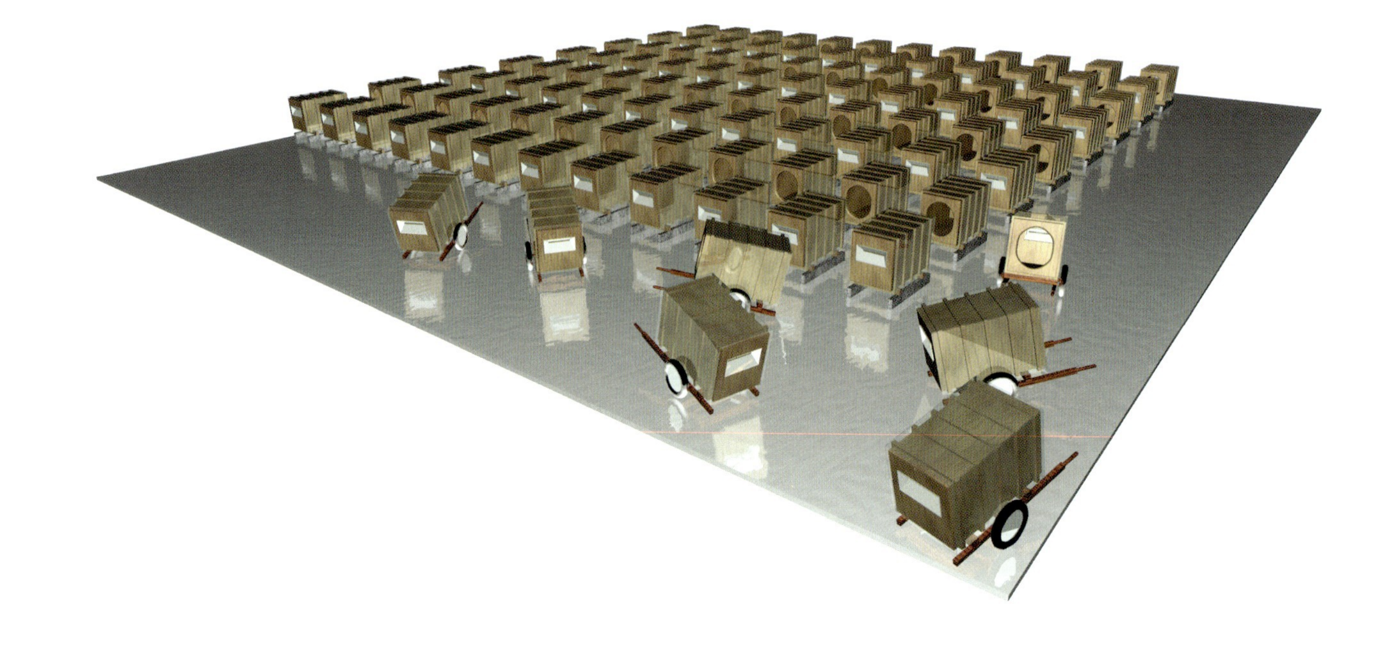

03

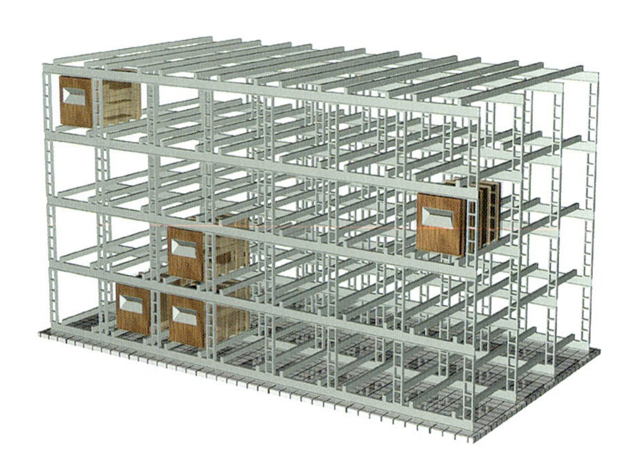

LANDHEIM-MODUL 98/VIII
BOX AUS HOLZ, PUR-SCHAUM, NÄGELN
SCHRAUBEN, RESTMÜLL

COUNTRY HOME MODULE 98/VIII
WOODEN BOX, STYROFOAM, NAILS, SCREWS,
WASTE MATTER

145 X 95 X 165 CM, 1998

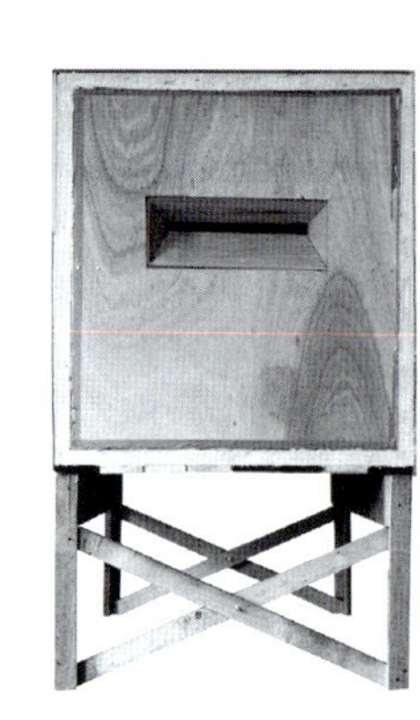

ADD-A-NICKEL
PLATING SERVICE.INC.
Specialists in all Type of Plating
5509 HOUGH. 361-0666

URBAN SHELTER UNITS™

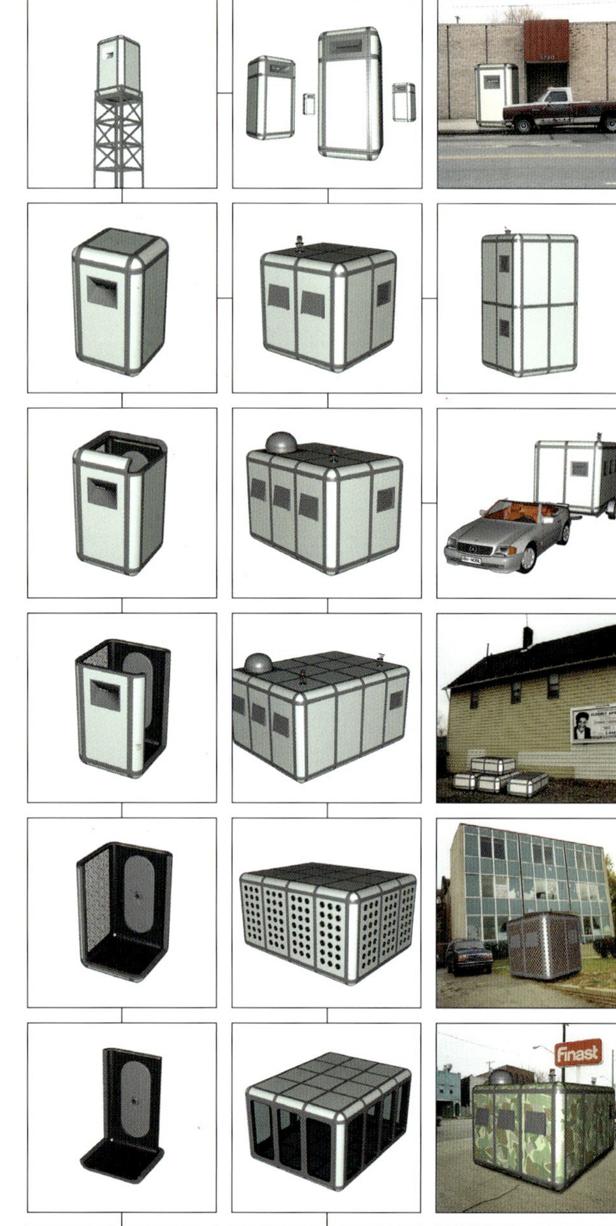

Die innovative Lösung im Kombinationsschutzbau

'Urban Shelter Units™' bietet ein modulares System zur Erhöhung der passiven Sicherheit im privaten und öffentlichen Raum. Es setzt sich aus einer Vielzahl miteinander kombinierbarer Einzelelemente zusammen, ist jederzeit erweiterbar und auch für den Laien schnell zu errichten. Bürgerkriege und Unruhen, Kriminalität und Vandalismus, Nachbarschaftskonflikte und Familienstreit gefährden das friedliche Miteinander der Bürger. Damit gewinnt die Verfügbarkeit preiswerter und komfortabler Schutzräume für jedermann immer mehr an Bedeutung. Das vorliegende System besticht durch einfache Bauweise, optimale Schutzwirkung und große Variabilität. Zahlreiche Sonderausführungen vervollständigen das Angebot. So sind mehretagige Lösungen, Turmbauten und Verbindungssysteme ebenso möglich wie eine mobile Version, die auch auf Reisen und im Urlaub die bequeme Sicherheit des 'Urban Shelter Units™' Systems gewährleistet.

Das vorliegende System verbindet zudem das Verlangen nach Schutz und Geborgenheit mit dem Bestreben zur Verschönerung der Umwelt. Eine große Zahl in ständiger Erweiterung befindlicher Dekorvarianten befriedigt den Wunsch nach individuellen Ausführungen, abhängig von den Wünschen und Möglichkeiten der Nutzer.

The innovative solution in compound shelter construction

'Urban Shelter Units™' is a modular system for increasing passive security in private and public areas. It consists of multiple combinable elements, is extendable at any time and easy to mount, even for non-professionals. Civil wars and unrest, crime and vandalism, conflicts between neighbors and family rows – all this threatens the peace of towns and cities and, in turn, increases the importance of affordable and comfortable shelter being available to everyone. The proposed system is convincing due to its simple construction, best possible sheltering effect and high flexibility. A large number of customized versions complement the range, e.g. multi-story versions, towers, connecting systems and mobile versions which guarantee the comfortable safety of 'Urban Shelter Units™' also on trips and during vacations. In addition, the system meets the human innate need for shelter and privacy while satisfying man's urge to beautify his environment. A wide range of alternative decorations is constantly being extended to provide every user with individual interior fittings and furnishings that he or she likes and can afford.

ANJA BREMER UND BEATE KIRSCH HORIZONT 2000-2001

Auf einer Sandbank in der Nordsee erforschten Anja Bremer und Beate Kirsch das Wesentliche, was es dort zu sehen gibt – den Horizont. Sie verdoppelten ihn aus der Flugperspektive als Lichtprojektion im Sand und rekonstruierten ihn in Fotoinstallationen in ihrem Hamburger Atelier. Ihr Horizont ist selbst Gegenstand, ein Horizont ohne Distanz, etwas, zu dem sich vorstoßen, in das sich eindringen lässt – bis in mikroskopische Dimensionen. Ihre Umsetzungen zeigen den Horizont als Trennungslinie, aber auch als Ort der Verschmelzung. Er ist eine Nahtstelle, die aufzuplatzen scheint und ein Eigenleben offenbart, ein Todesmoment und doch auch ein sinnlicher Höhepunkt.
Die Arbeiten sind Teil einer Projektreihe, in der die Architektinnen das Besondere von Orten untersuchen und durch ihre künstlerischen Eingriffe herausstellen und umformulieren. Zuvor arbeiteten Anja Bremer und Beate Kirsch an den Mauern Roms und auf den Dächern Hamburger Bunker.

Annette Nolte

LINIE I, LINIE II
FOTOGRAVUREN

FOLGENDE SEITEN:
PROJEKTION III
FOTOGRAFIE
HORIZONT I, II
FOTOINSTALLATION

LINE I, LINE II
PHOTOGRAVURES

NEXT PAGES:
PROJECTION III
PHOTOGRAPH
HORIZON I, II
PHOTOGRAPHIC INSTALLATIONS

On a North-Sea sandbank, Anja Bremer and Beate Kirsch studied the essential visual element of that site, i.e. the horizon. They reproduced it from a bird's-eye perspective as a light projection on the sand, and then with photographic installations in their Hamburg studio. Their horizon is an object, a horizon without distance, something which they can penetrate, or continue into microscopic dimensions. Their artistic transpositions show the horizon as a border line, but also as a place of fusion. It is a seam which seems to come open and which reveals its own life, a moment of dying and yet also a sensory climax.
These pieces are part of a project series in which the two architects investigate the specific characteristics of certain places, bringing them to the fore by their artistic intervention and by reformulating them. Previously, Anja Bremer and Beate Kirsch had created installations on walls in Rome and on the roofs of air-raid shelters in Hamburg.

Annette Nolte

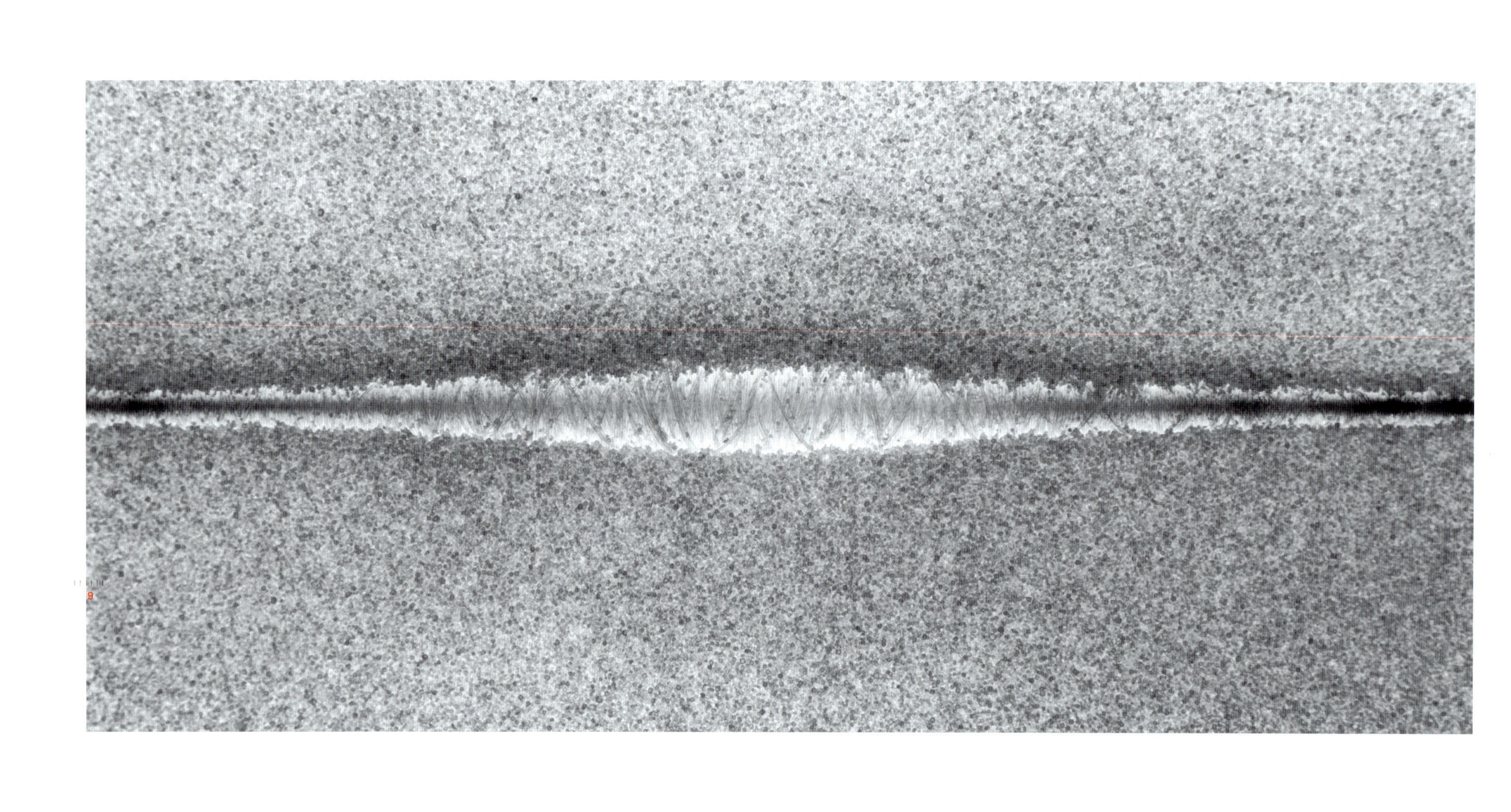

HAMBURG
DENKRÄUME
EREMITAGEN AUF BUNKERDÄCHERN 1998-99

ROM
CREPE - RISSE
PROJEKTIONEN AUF RÖMISCHE MAUERN 1999

Fünf skulpturale Rauminstallationen auf den Dächern frei stehender Hochbunker in Hamburg sind Denkräume, die als Rückzugsort gleich einer Eremitage interpretiert werden. Hierhin kann man sich begeben, um sich für einen gewissen Zeitraum aus der Gemeinschaft zurückzuziehen.
Denkräume sind visionäre Räume. Die Dächer der Bunker in Hamburg wie die weiten Mauern in Rom sind Orte, die in der Dichte der Stadt Freiraum und Distanz schaffen.
In der Dichte und Vielschichtigkeit der Stadt Rom entstehen unendlich viele Zwischenräume. Deren dynamische Formen und bizarre Konturen werden aus der Stadt herausgeschnitten und wieder auf die Stadtmauer projiziert. Sie schneiden sich ein und entwickeln sich zu eigenständigen Raum-Objekten, den antiken Ort neu definierend. Die räumlichen Metamorphosen sind Realität und Vision zugleich.

Five sculptural space installations on the roofs of free-standing above-ground air-raid shelters have been interpreted as places of refuge, similar to a hermitage. Here, one can go to withdraw for a time from human society.
Think Spaces are visionary spaces. Both the roofs of the air-raid shelters in Hamburg and many large wall surfaces in Rome are spaces which provide open areas and distance within a densely built-up city.
Amidst the density and complexity of the city of Rome, an infinite number of intermediate spaces is thus created. Their dynamic shapes and bizarre contours are cut out of the urban fabric and reprojected onto the city wall. These projections cut into it and develop into independent space objects which redefine the ancient locality. These spatial metamorphoses are realities and, at the same time, visions.

DENKRÄUME I-V
ISOLA TIBERINA, PROJEKTION I
PORTA S. SEBASTIANO, PROJEKTION II

THINK SPACES I-V
ISOLA TIBERINA, PROJECTION I
PORTA S. SEBASTIANO, PROJECTION II

MARCOS CRUZ HYPERDERMIS

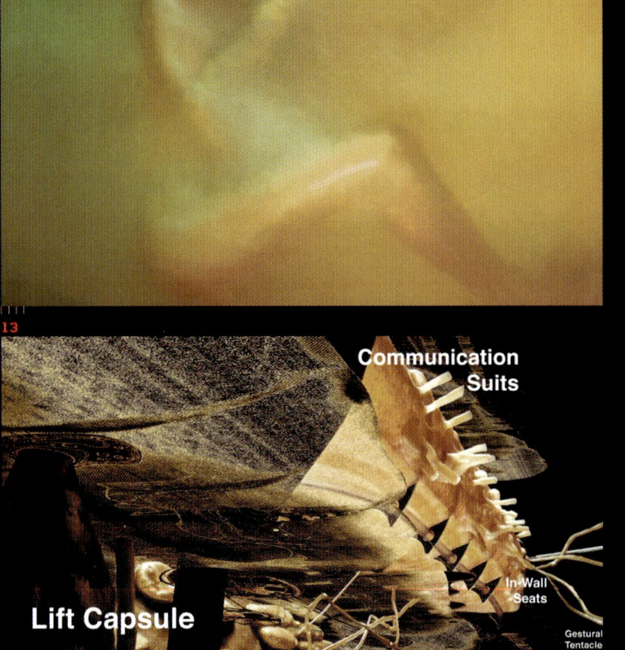

13

Bewohnbare 'Inluzenz'

Hyperdermis befasst sich mit der Ästhetik von neuen Wand- und Membranstrukturen. Diese beinhalten unterschiedliche Nutzungen wie: *Storage Capillaries, In-wall Seats, Relaxing Cocoons, Communication Suits* und *Gestural Tentacles*. Die Szenerie ist hypothetisch und in ihrer bildnerischen Gestaltung spekulativ: Bewohner schleichen sich durch dehnbare Wandmündungen in geschmeidige und nachgiebige Kammern – ein unheimliches Schauspiel von sich öffnenden und schließenden Poren, anschwellenden Narben und reagierenden Tentakeln. Entgegen dem üblichen Raumdiskurs, der sich hauptsächlich mit der Bedeutung und Nutzung von 'leerem' Raum befasst, richtet sich die Aufmerksamkeit bei Hyperdermis auf die Bewohnbarkeit physischer Strukturen bzw. materieller Wandigkeit. Das Integrieren von Funktionen, Gegenständen und technischen Ausrüstungen in diesen transluzenten Strukturen ergibt eine neue 'inluzente' Materialität. Wie William Mitchel in seinem Buch 'City of Bits' andeutet: »Inhabitation is taking on a new meaning – one that has less to do with parking your bones in architecturally defined space and more with connecting your nervous system to nearby electronic organs. Your room and your home will become part of you and you will become part of them.« Die unbeständigen Formen der *Storage Capillaries* haben ein einfaches Aufbewahrungs- bzw. Lagerungssystem. Es ist vergleichbar mit der Fettverteilung in der menschlichen Haut. Das Gebäude schwillt durch das Verstauen der überschüssigen Gebrauchsgegenständen in den Wänden an. Die *In-wall Seats* nutzen die Eigenschaften der intelligenten, mit re-aktivem Gel ausgestatteten, doppelschichtigen Wänden. Je nach Position und Bewegung des Benutzers verändert sich die Form der Wand und passt sich der Körperanatomie an. Die *Relaxing Cocoons* sind inwändige Couchettes. In ihrer Natur sind sie einer Gebärmutter ähnlich; ein schützender und regenerativer Ort. Sie bestehen innen aus einer mehrfach beschichteten, genetisch manipulierten Keratinozyten-Membran, die als großflächig wachsendes 'Futteral' die außen liegend konstruktiven Gewebe verkleidet*. Die *Communication Suits* sind ein digitales Interface, in die Benutzer hineinkriechen um sich mit diesen weichen Wandärmeln zeitweilig zu bekleiden. Diese Ärmel sind elektronische Organe, die von mikroskopisch optischen Fibern und Sensoren besiedelt sind. Sie geben regelmäßig Information an den Körper weiter und schließen das körperliche Nerven- und Muskelsystem an das globale Digitalnetz an. Die Gestural Tentacles sind Kontrollextremitäten, die den Benutztern vor störenden Einflüssen von außen schützten. Wie Insektenfühler sind sie äußerst berührungssensibel. Sie sind mit Kontrollmonitoren ausgestattet und können ungewünschte Aktionen zurückweisen.

* Das künstliche Wachstum menschlicher Haut ist ein wichtiges Kapitel von Hyperdermis. Diese Forschung wurde von Orlando de Jesus im Imperial College, School of Medicine at St. Mary's in London unterstützt.

Inhabitable 'Inlucency'

Hyperdermis is a project, which explores new aesthetics of walls and membranes in the realm of architectural space and programme. It proposes and inhabitable wall environment that incorporates in its 'dermis' several service-devices, such as: *Storage Capillaries, In-wall Seats, Relaxing Cocoons, Communication Suits* and *Gestural Tentacles*. The scenario is hypothetical and visually speculative. It describes a weird imagery punctured by moving pores, bulging scars and reactiv tentacles, in which people creep into hidden wall chambers through stretchable orifices. While the usual space discourse is mainly concerned with the use of 'empty' space, Hyperdermis increases the attention on what is actually hidden behind our physical surrounding The incorporation of different functions, objects and all technical appliances in these translucent structures triggers a new inhabitable 'inlucency'. As William Mitchel refers in his book 'City of Bits': »Inhabitation is taking on a new meaning – one that has less to do wit parking your bones in architecturally defined space and more with connecting your nervous system to nearby electronic organs. Your room and your home will become part of you and you will become part of them.« The variable forms of *Storage Capillaries* have a simple storing procedure. Comparable to the fat storage in human skin, the building swells by storing all utilitarian excess in the walls. *In-wall Sea* are proposed as soft sitting facilities. These doubled layered devices embed an intelligent gel, which is responsive to weight and movemen and adapts its shape to the users anatomy in sitting position. The *Relaxing Cocoons* are wall incorporated bed facilities. These womb-lik enclosures are proposed as a protective and regenerating sleeping device, in which a stratified layer of genetic engineered keratinocytes grown in large scale onto an exterior structural rubber mesh*. The *Communicating Suits* are computerised interfaces for communication purposes. The user slides into slits of wearable wall sleeves. These sleeves are wall incorporated electronic organs, which are colonised b microscopic optical fibres and embedded flexible sensors. They plug the body's nervous and muscle system into the world-wide-integrate digital network. The Gestural Tentacles control and prevent the insid users from external vicissitudes that might disturb their behaviour. Lik insect antennas, these surfaces are hyper sensitive to touch and equipped with monitors through which exterior action can be turned dow

* The artificial growth of human skin has for long been an important study of Hyperdermis. This research has been strongly supported by Orlando de Jesus at the Imperial College, School of Medicine at St. Mary's in London.

HYPERDERMIS WURDE VON PETER COOK, NIKOLAUS PARMASCHE UND PATRICK WEBER AN DER BARTLETT SCHOOL OF ARCHITECTURE, LONDON UNTERSTÜTZT

HYPERDERMIS WAS SUPPORTED BY PETER COOK, NIKOLAUS PARMASCHE AND PATRICK WEBER AT THE BARTLETT SCHOOL OF ARCHITECTURE, LONDON

SPONSOR: FUNDAÇÃO PARA A CIÊNCIA E A TECNOLOGIA, PORTUGAL

PERFORMANCE IN LATEX MEMBRAN, THE BARTLETT, LONDON 1998
PERFORMANCE IN LATEX MEMBRANE, THE BARTLETT, LONDON 1998

ÜBERSICHTSPLAN HYPERDERMIS, 1999
GENERAL VIEW OF HYPERDERMIS, 1999

MODELL UND DETAILZEICHNUNGEN HYPERDERMIS, 1999
MODEL AND DETAIL DRAWING OF HYPERDERMIS, 1999

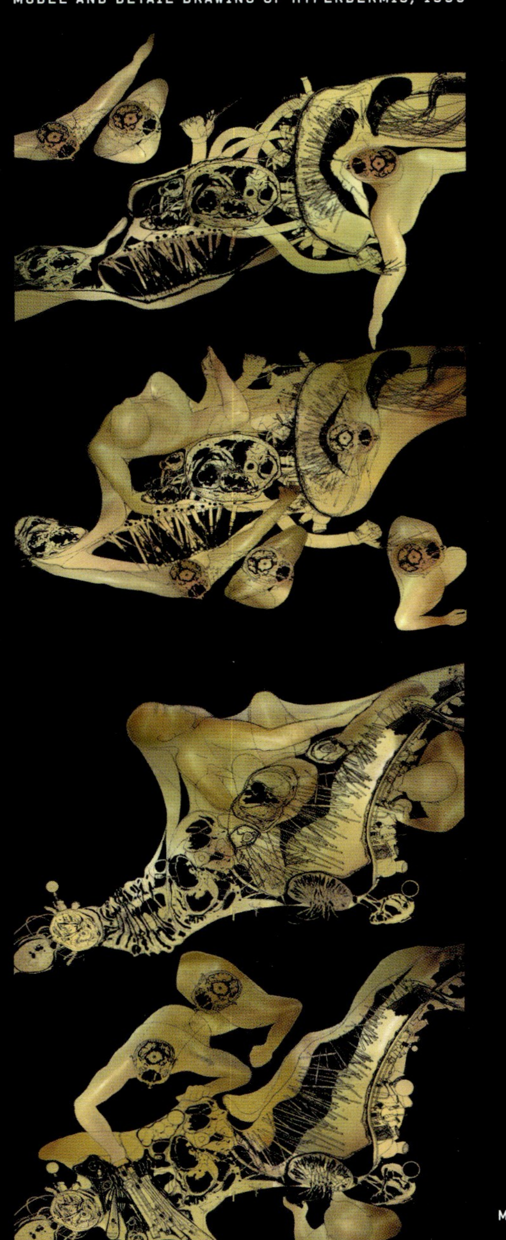

SOLID WOBBLE

Entwurf für den Internationalen Wettbewerb 'Palos Verdes Art Center', Los Angeles, USA, 2000

Das Projekt präsentiert sich als ein flexibles, auf Information reagierendes Objekt, das die natürlichen Gegebenheiten des Ortes nutzt. Die Neigung der natürlichen Topografie führt zum Entwurfskonzept; das bedeutet, dass sich das Gebäude als eine Sequenz fließender Räume den Hang hinauf entwickelt. Hierbei werden die Ausstellungszonen durch die verschiedenen Höhenniveaus aufgeteilt und gewinnen somit ihre Eigenständigkeit. Am höchsten Punkt befindet sich der Schwerpunkt des Entwurfs, ein geschützter, zentral liegender Außenraum. Dieser Raum erschließt die Künstlerateliers, den größten Ausstellungsraum sowie die Gemeinschaftsräume und das Verwaltungsgebäude.

Die zum bestehenden Boulevard orientierte Fassade schützt die Ausstellungsräume vor dem Straßenverkehr. Sie besteht aus einer großzügigen und bewohnten Wand, die (fast kurios) auf den Betrachter anziehend wirkt.

Jede einzelne Ausstellungszone ruht auf getrennten pendularen Reibungsauflagern. Die vier Zonen werden von einem leicht gefärbten flexiblen Silikonkokon mit integriertem Konstruktionsskelett umfasst. Die Silikonmasse filtert das intensive südkalifornische Sonnenlicht durch seine 'inluzente' Membran; dadurch ergibt sich ein weiches homogenes Licht in den Ausstellungsräumen. Fotochromatische Chemikalien, die in der Silikonhaut eingebettet sind, ermöglichen die Kontrolle des Wärmeflusses und der Lichtintensität in den Galerien. Außerdem nimmt das 'inluzente' Silikon eine große Anzahl von interaktiven Systemen auf.

An und auf dem Silikonkokon befinden sich Ventilationshaare. Sie pressen Luft im Venturi-Effekt in die Räume, indem der Wind die Haare kontinuierlich biegt und durchweht. Dadurch wird die Präsenz des Kunstzentrums belebt sowie Aufmerksamkeit und Interesse erweckt. Einige Ventilationshaare sind mit interaktiven Mechanismen ausgestattet, die Bewegungen wahrnehmen. Wird eine sich nähernde Person entdeckt, so reagiert das Gebäude, indem der Dachflaum zuckt und vibriert und so eine einladende Geste ausspricht.

Zusätzlich kann das Silikonskelett seine Gestalt verändern und somit auf die im Gebiet häufig auftretenden Erdbewegungen reagieren. Die natürlichen Kräfte spiegeln sich so in der architektonisch flexiblen Form wider.

Proposal for the International Competition 'Palos Verdes Art Cente[r]', Los Angeles, USA, 2000

The proposal presents itself as a malleable object, which simultaneou[sly] uses the nature of the site and the requirements of the brief to gener[ate] a flexible, responsive architectural solution. The inclination of the natural landscape prompts an architectural landscape: the building steps up the slope in a fluid series of spaces, which culminate in the main patio. The changes in level of each gallery establish a demarcati[on] of zones.

The elevated patio acts as an axis to the proposal; the Artists' Studi[os,] the community space, the Administration Building and one of the gallery spaces radiate from a central core. Consequently the patio a[cts] as both a 'path' (to the different segments) and as a 'space' in its ow[n] right.

The boulevard façade shields its interior, exhibition spaces from the daily traffic with a thick, inhabitable wall presenting an enigmatic, rather curious façade that invites engagement and investigation.

The construction of the main gallery space allows this 'engineered shiver' to be seen from a highly stable footing. It is proposed that ea[ch] gallery is arranged on isolated floor-slabs mounted on friction pendulum bearings. Around the gallery spaces a tensegrity skeleton holds in place a cocoon of lightly tinted silicon. The silicon filters a s[...] light through its 'inlucent' materiality and affords an even light to it[s] enclosed galleries. Photo-chromatic chemicals embedded within the 'inlucent' silicon allow an automatic control of light levels and heat g[ain] within the space. The silicon might also play host to a variety of int[er]active devices that inhabit its malleable surface. The ventilation 'hair[s'] on the roof of the proposal draw air through the space in a Venturi effect. As the wind blows the 'hairs' are continually buffeted and be[nt,] animating the Art Centre and drawing attention and intrigue. Select[ed] 'hairs' are mounted with an 'intelligent' interactive device capable o[f] sensing movement. The device, on sensing (visitor) movement, trigg[ers] a cam and causes the hairs to twitch or gesture at passers-by.

Furthermore the natural 'give' of the silicon material, whilst securely mounted on a rigid frame, still registers movement. Earth movemen[ts] – be they passing truck or earth-tremor – are translated into architecture movements.

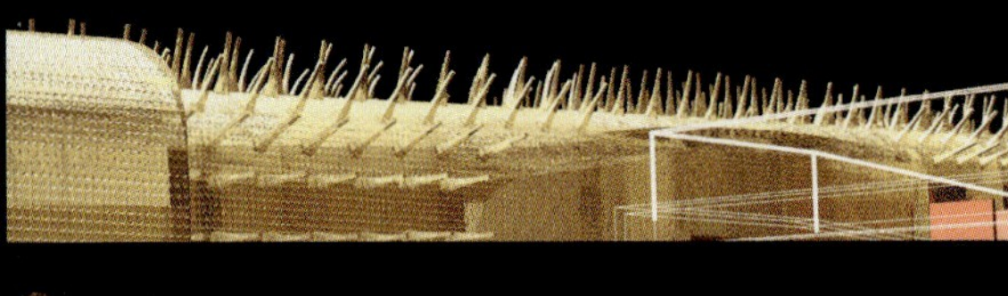

DESIGN TEAM: MARCOS CRUZ, WANDA YU-YING HU, GWENOLA KERGALL

RENDERINGS, TEXT: MATTHEW POTTER

GRAFISCHE DARSTELLUNG/GRAPHIC LAYOUT: DELAND LEONG

BERATENDE INGENIEURE/ENGINEERING: OVE ARUP AND PARTNERS, LONDON

KONZEPT MODELL VON 'INLUCENT' APPLIANCES, 2001
CONCEPT MODEL OF 'INLUCENT' APPLIANCES, 2001

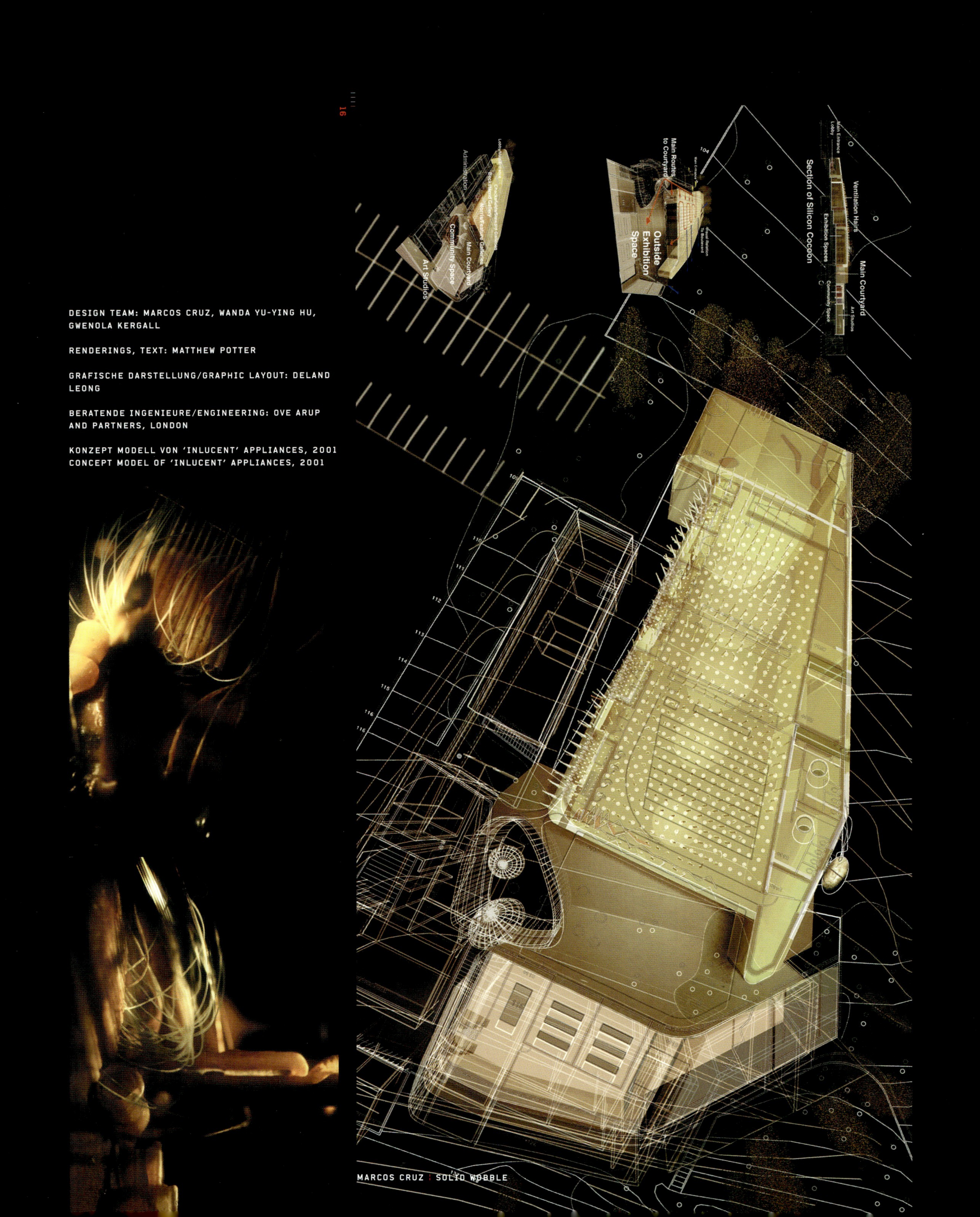

KARIN DAMRAU L.A. CITY PET

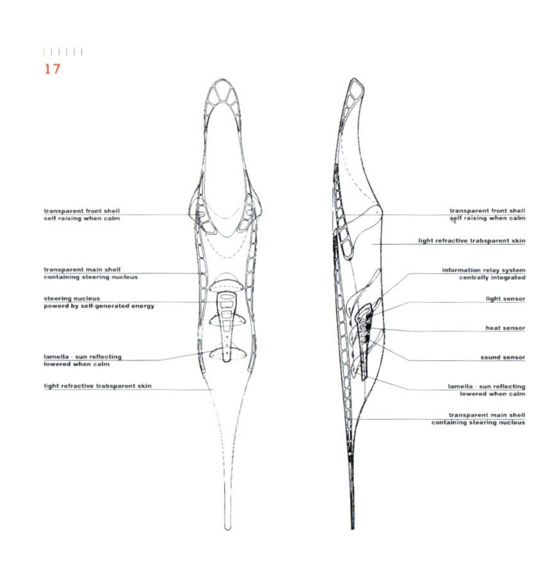

Es ist flüchtig. Wie ein Schatten. Wo ist seine derzeitige Position? In welche Richtung wird es sich weiterbewegen? An einem sonnigen Tag erkennt man es an einem Glitzern am Himmel. Das Sonnenlicht wird von den unzähligen Körpern reflektiert. Nachts spiegeln sich manchmal die Leuchtreklamen der Stadt darin – je nachdem, in welcher Höhe es sich gerade befindet. Ansonsten sind oft nur optische Irritationen sichtbar. Und doch ist es in den Köpfen der Einwohner präsent. Durch seine Anwesenheit werden Geschichten produziert, die von Stadtteil zu Stadtteil weitergetragen werden. Jeder kann sich zu ihm in Beziehung setzen.

Da das 'L.A. Pet' aus hunderten von Einzelobjekten besteht, besitzt es unendlich viele Möglichkeiten der Konstellation. Die fliegenden Objekte sind in einem ständigen Formierungsprozess. Aufgrund der von den Einwohnern erzeugten Licht-, Schall- und Temperaturverhältnisse formiert sich der Objektschwarm fortwährend neu. Jedes einzelnen Objekt übersetzt das Datenfeld der Stadtoberfläche in Bewegung und setzt sich selbst in Bezug zu den anderen Objekten. Langsam, fast unmerklich, bewegt sich der Schwarm vorwärts. In gewisser Weise wird die Bewegung von jedem einzelnen Einwohner beeinflusst. Das 'L.A. Pet' gehört allen und niemandem zugleich und vereint indirekt die Einwohner von Los Angeles. Es wird zum festen Bestandteil der Stadt – eine andere Art von Orientierungssystem.

It is on the run. Like a shadow. What is its present position? In what direction will it move? On a sunny day, you recognize it by a glittering in the sky – the sunlight reflected by innumerable bodies. At night, it is occasionally mirrored by the neon signs in the city, depending at what height it hovers at that moment. Otherwise it is frequently only visible as an optical disturbance. Yet it is always there, at the back of people's minds. Because of this presence, stories are invented and passed on from neighborhood to neighborhood, and everybody is able to relate to them.

Due to the fact that the 'L.A. Pet' consists of hundreds of individual objects, it can assume an infinite number of possible constellations. This flush of flying objects moves in a process of continual formation and re-formation, in response to the lighting, sound and temperature conditions generated by the city's inhabitants. Every single one of these objects translates the data field of the urban surface into movement and relates to the other objects in the flock. Slowly, almost imperceptibly, the flight moves forward. In a certain sense, this movement is influenced by every single inhabitant. The 'L.A. Pet' is everybody's and at the same time nobody's pet. Indirectly, it unites the people of Los Angeles and becomes an integral part of the metropolis – another kind of orientation system.

BEYOND SOLIDITY

Wenn man das Land als ein Element des Ortes beschreiben würde, dem Eigenschaften wie Stabilität oder Zuverlässigkeit zugeschrieben werden, könnte man das Wasser im Gegensatz dazu als ein universelles Element bezeichnen? Wie unterscheidet sich dann eine für das Land entworfene Architektur von einer Architektur für das Element Wasser? Die Eigenschaften des Wassers inspirieren die Suche nach einer architektonischen Ausdrucksform, die den Charakteristiken dieses Elementes Rechnung trägt: eine wurzellose Architektur, ohne feste Bezugspunkte, grenzenlos und unendlich, in ständiger Bewegung, treibend in einer kaum fassbaren Landschaft.

'Beyond Solidity' ist ein Projekt für die Londoner Stadtbevölkerung. Innerhalb einer kurzen Zeitspanne können sich die Gäste der schwimmenden Therme von dem organisierten, gegliederten Raum der Metropole lösen. Auf der Themse treibend, ändert das Objekt ständig Position und Konstellation im Rhythmus der Gezeiten. Aufgrund seiner Anwesenheit und den Positionsänderungen gestalten sich stadträumliche Zusammenhänge immer wieder neu. 'Beyond Solidity' ist die Beschreibung eines Instrumentes, einer Matrix, welche ihre Dichte ändern kann und somit auch ihre räumliche Konfiguration und Oberfläche. Es verweist auf Aspekte der Endlosigkeit und der freien Bewegung im dreidimensionalen Raum – in dem man sich frei von Fundamenten in Raum und Zeit verlieren kann.

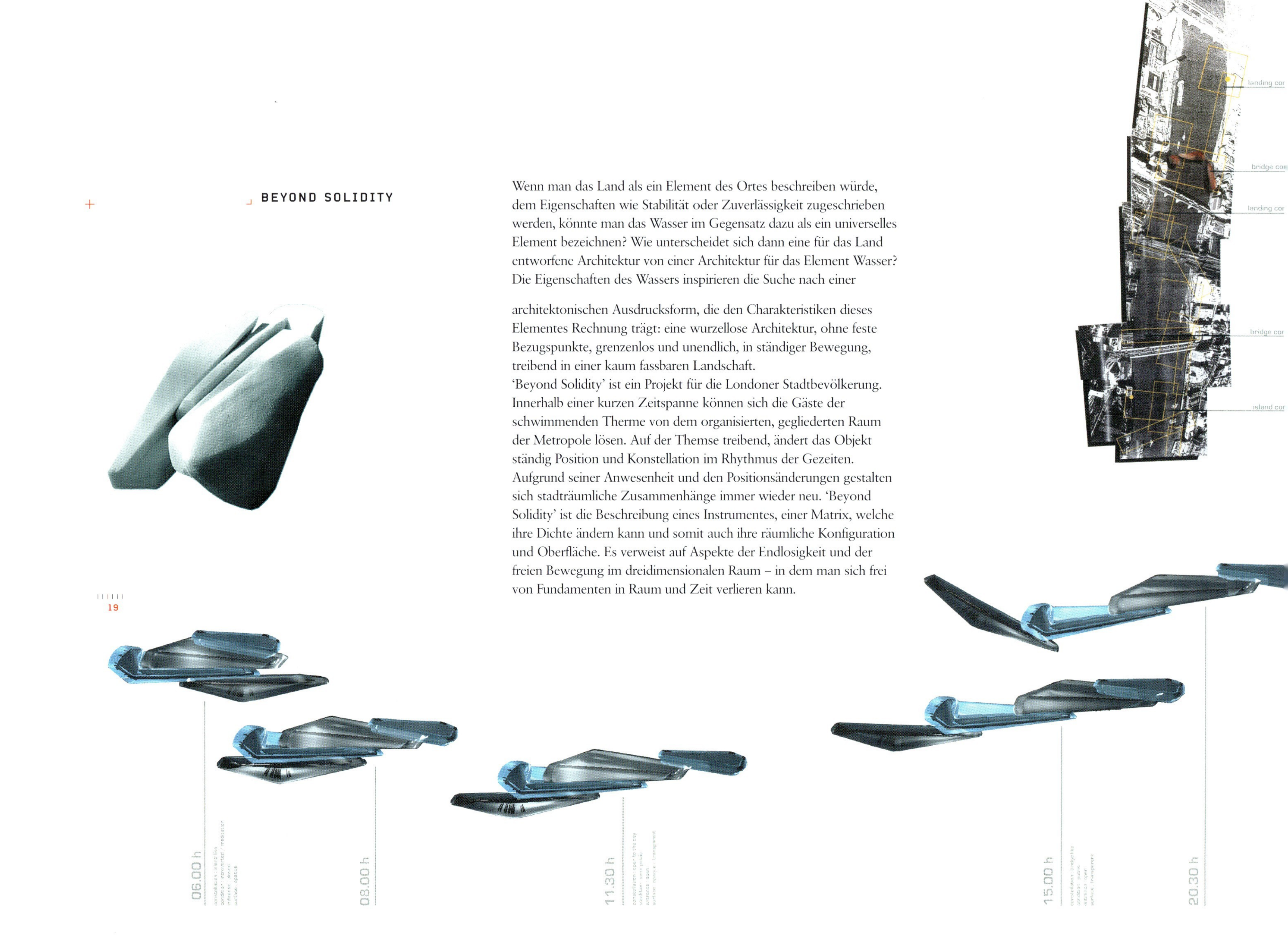

If you were to define 'land' as an element of a place to which we ascribe qualities like stability or reliability, could you then conversely denote 'water' as a universal element? This affirmed, what is the difference between an architecture designed to stand on firm ground and an architecture designed to float on water?

The qualities of the water element inspired the search for an architectural expression that takes into account the characteristics of water. It is an architecture without roots, devoid of a fixed point of reference, off-limits and infinite, in constant motion, drifting in a landscape – that is a seascape – which you cannot really get hold of. 'Beyond Solidity' is a project for the people of London. The patrons of the floating thermal baths could let go of the well-organized, structured metropolitan space already after a very short time-span. Drifting along the Thames, the object constantly changes position and constellation, following the rhythm of the tides. Due to its presence and changes of place, the urban spatial context is constantly reshaping, too. 'Beyond Solidity' is the description of an instrument, a matrix capable of changing its own density and with it both its volumetric configuration and surface. The project demonstrates certain aspects of infinity and free movement in three-dimensional space in which one can get lost, liberated from the foundations of space and time.

MEDIATOR

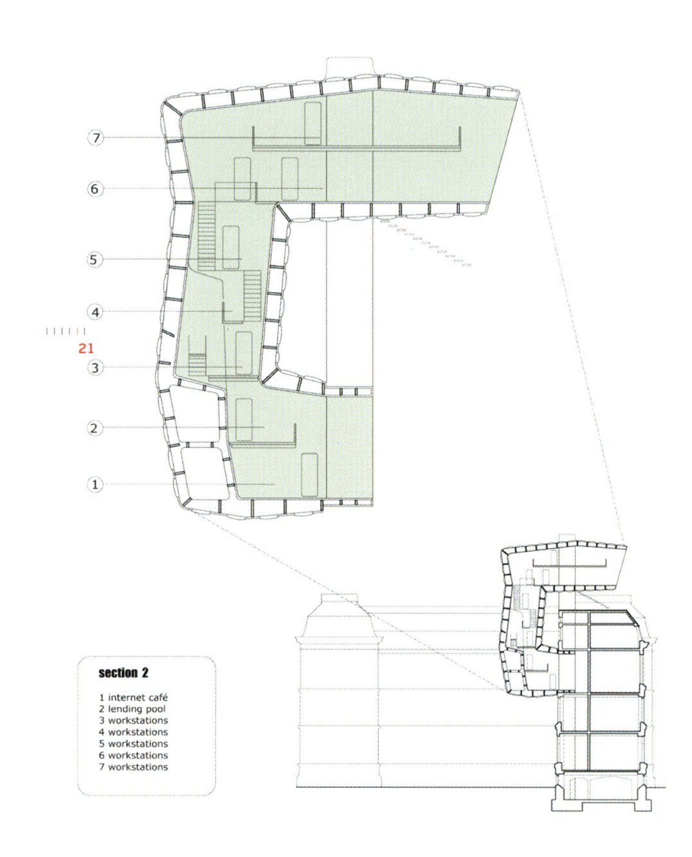

Mediator
Audiovisuelles Labor für die Hochschule für Grafik und Buchkunst Leipzig

mit Bernd Kusserow

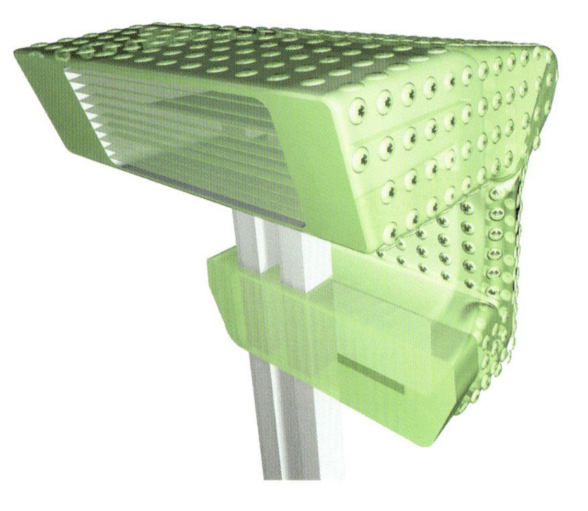

Der 'Mediator' ist ein künstliches Körperglied, eine Prothese, welche die Fähigkeiten des alten, hierarchischen und starren Hochschulgebäudes erweitert. Wie ein Plug-In-Modul ist der Mediator mit dem Altbau verbunden um dessen inhaltliche und bauliche Oberfläche zu vergrößern; ein neues Körperteil, das den Altbau mit zusätzlichen Fähigkeiten ausstattet.
Als ein Zeichen der technologischen Erneuerung mit überregionaler Wirkung, versteckt sich der 'Mediator' nicht hinter den Neo-Renaissance Fassaden des Altbaus. Als Verkörperung einer neuen Disziplin, kann er nicht nur als neues Zeichen einer führenden europäischen Hochschule im Bereich der Medienkünste gelesen werden, sondern ebenso als ein Vermittler zwischen seinem Inhalt und seiner Umwelt.
Der 'Mediator' ist neben seiner Rolle als Vermittler auch Empfänger. Er interagiert mit der Stadt, sendet Impulse und empfängt gleichzeitig Reaktionen. Der Inhalt balanciert zwischen Input und Output, der Körper balanciert buchstäblich an der Kante der existierenden Struktur.
Die Haut des 'Mediators' ist Struktur, Hülle und Nervensystem. Ihre Ausformung ist kontinuierlich. Boden wird Wand wird Decke. Die Haut trägt sich selbst und verhält sich wie ein räumliches Tragwerk. Sie beinhaltet sämtliche Gebäudeinformationen und ist gleichzeitig für die Belichtung zuständig. Durch unzählige Blenden gelangt diffuses Licht ins Gebäude. Die Hülle formt einen eigenständigen Körper mit maximaler benutzbarer Oberfläche und Intensität aus. Die Idee der kontinuierlichen Haut vermeidet starre Räume, so dass der Faktor Zeit in die Architektur eingefügt wird.

Mediator
Audio-visual Laboratory for the College of Graphic and Book Design, Leipzig

with Bernd Kusserow

The 'Mediator' is an artificial limb, a prosthesis which extends the capabilities of the old, hierarchically static university building. Like a plug-in module, the Mediator is connected with the old structure and designed to enlarge the latter's functional space and surface. It is a new limb which supplies the old building with new capabilities.
As a sign of technological renewal with supra-regional influence, the 'Mediator' does not hide behind the neo-Renaissance facades of the old structure. It embodies a new discipline and as such should not only be read as a new indicator of a leading European university college of media arts, but also as a mediator, or intermediary between the contents it offers and its environment.
However, the 'Mediator' does not only give, it also takes by interacting with the city, sending out impulses and receiving responses. The content balances between input and output, the body literally balances on the edge of the existing structure.
The 'Mediator's' skin is a structure, a covering and a nervous system all in one. It is continually being reformed. The floor becomes the wall which becomes the ceiling. The skin is self-supporting and functions like a three-dimensional structural frame. It contains all technical and other data about the building and is at the same time responsible for its interior lighting, as it lets in diffuse daylight through countless screened apertures.
The skin forms an independent body with maximum usable surface and functional intensity. The concept of an unbroken skin avoids rigid spaces so that it is possible to integrate the time factor into the architecture.

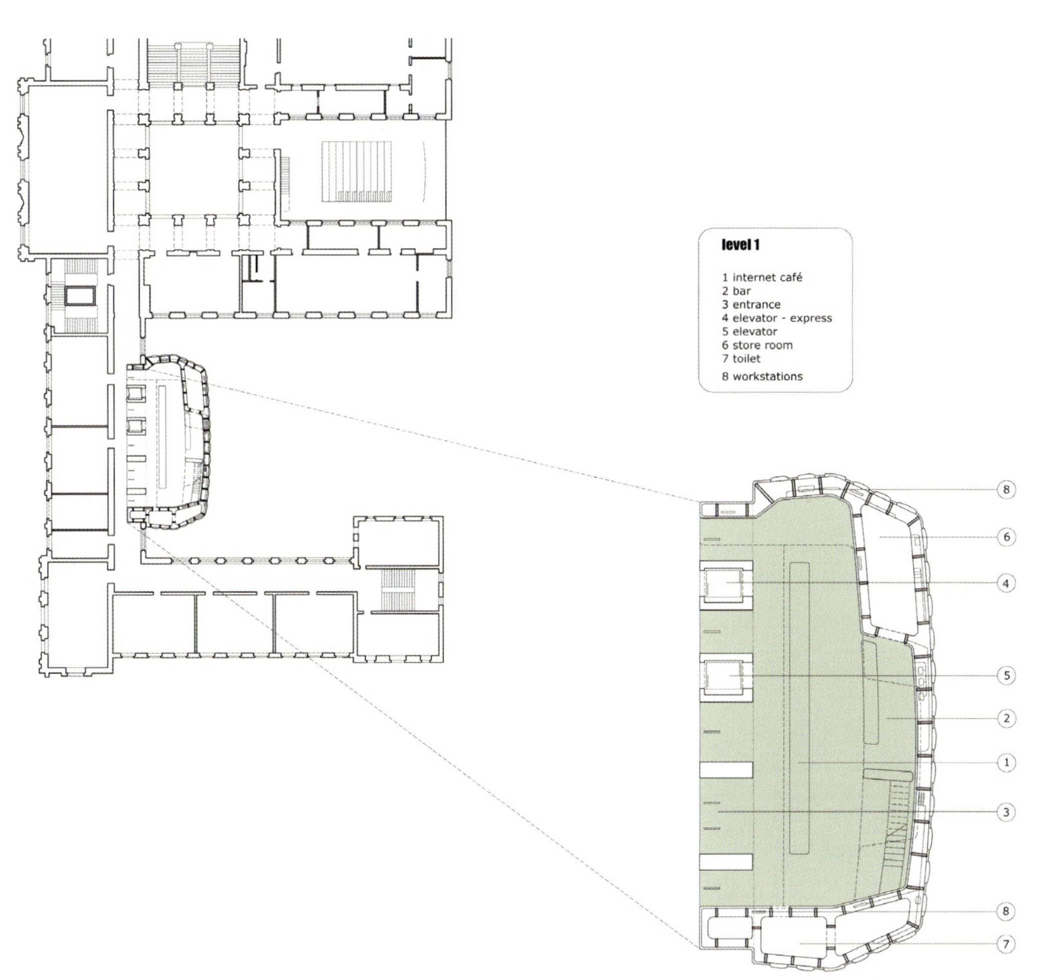

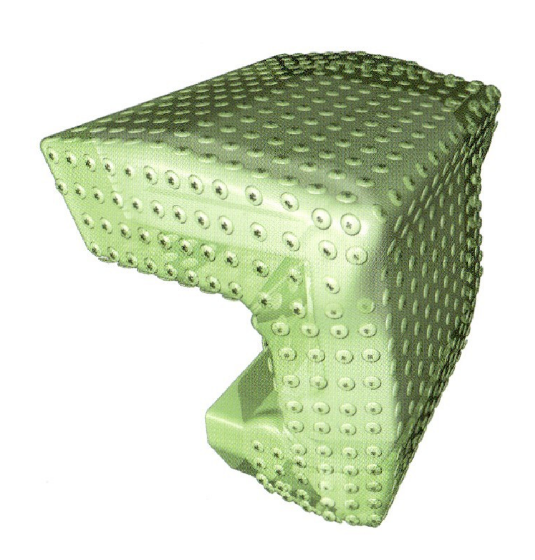

DEADLINE STADTBILDING

Experiment
Zufallsbesucher einer vermeintlichen Ausstellung bauen innerhalb von drei Wochen eine Stadt. Hierarchische Strukturen, Bauregeln oder gesetzliche Bestimmungen existieren nicht.

Apparatur
1380 A4 Papierpixel, 32 Leuchtstoffröhren, zwei Computer und ein Scanner. Die physische 'Stadt' entstand im Rahmen von zwei Pixelwänden und Licht. 'Bild', die geplante Stadt, entwickelte sich in zwei 450-Megabyte-Photoshop-Dateien.

Verfahren
Besuchern wurde angeboten, die Stadt zu bauen:
• Material mitbringen – Bilder oder Objekte einscannen und abspeichern für spätere Benutzung.
• oder: die virtuelle Stadt bauen – 'Bild' aus gespeichertem Bildmaterial konstruieren.
• oder: die physische Stadt bauen – die frisch geplotteten Pixel in 'Stadt' einbauen.

Beobachtungen
Jeder Besucher handelte unabhängig entsprechend seiner persönlichen Kriterien. Die entstandene Stadt war eine unterschiedliche und komplexe Reflexion zahlreicher Sichtweisen.
Die Aktivität band einige Besucher so stark in das Geschehen ein, dass sie selbstständig soziale Events innerhalb des Konstruktionsprozesses organisierten.

Abschluss
Nach drei Wochen wurde die Stadt in einzelne Grundstücke unterteilt. Sie wurden in einer Auktion meistbietend versteigert.

Experiment
Complete strangers build a city in three weeks without resorting to hierarchical authority, building codes, or zoning regulations.

Apparatus
An urban situation was constructed using one thousand three hundred and eighty six paper pixels, thirty two fluorescent tubes, two computers and one scanner. 'Stadt', the physical city, resided in two 'pixel walls' of paper and light. 'Bild', the planned city, evolved in two four hundred and fifty megabyte photoshop files.

Procedure
Visitors were asked to build the city by:
• bringing 'bilding' material – scanning and storing pictures or objects for later use.
• OR by assembling the virtual city – constructing 'Bild' using the stored images.
• OR by building the physical city – hanging the freshly plotted pixels in 'Stadt'.

Observations
Visitors acted independently according to their own personal criteria. The resulting city was a diverse and complex reflection of multiple viewpoints.
The activity engaged visitors so thoroughly that they independently organised social events surrounding the construction.

Conclusion
After three weeks the city was subdivided and sold by auction to the highest bidder.

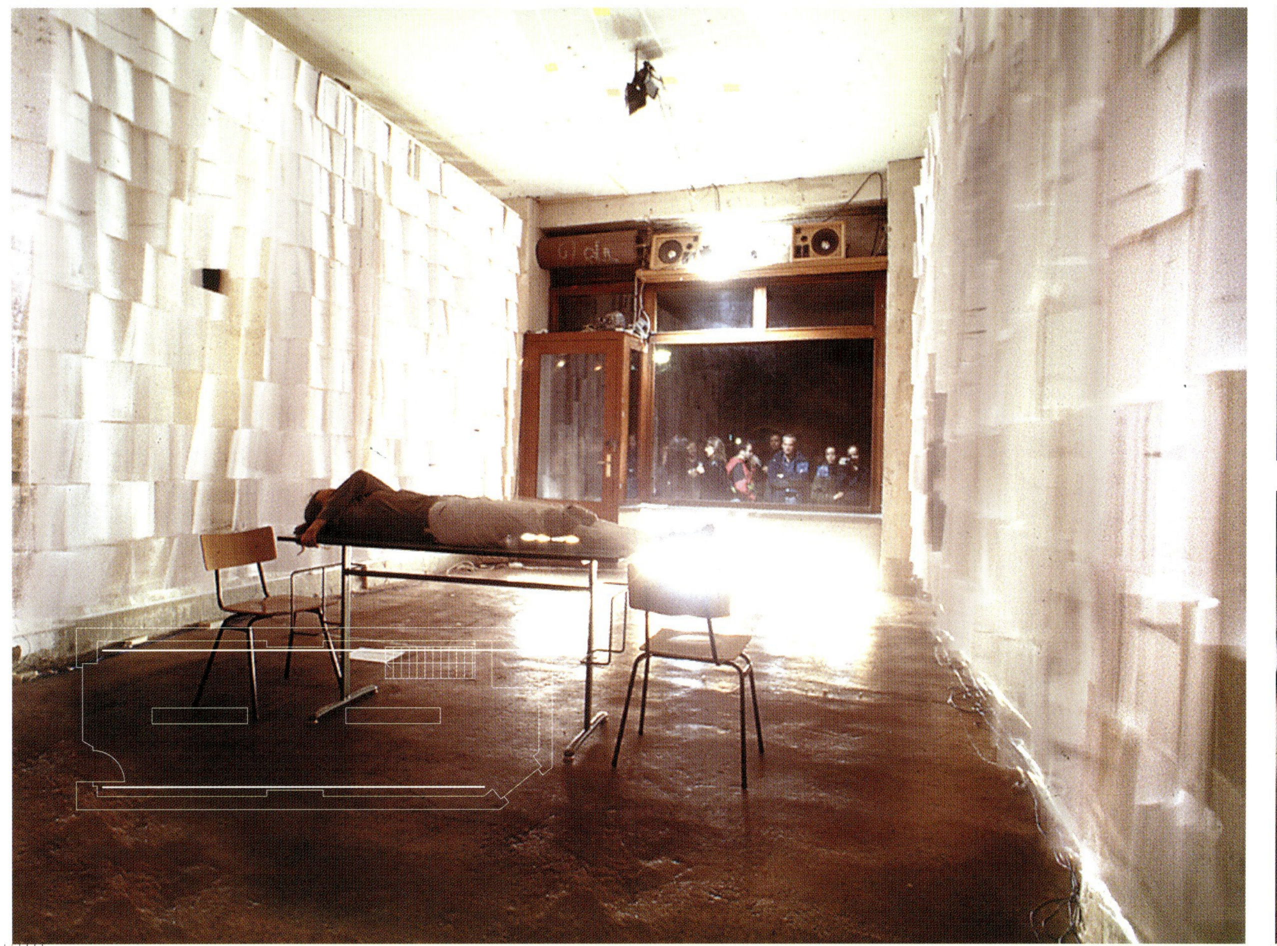

Ein 'mixed media piece': Zeitungen, Radiosender, Fernsehen, Internet, Autos und ihre Fahrer.

Intervention
Am 28. August 1999 drängte sich in einem Industriegebiet im Osten Berlins eine Masse von Autos über eine schmale Rampe in eine verlassene Güterbahnhalle. An diesem Ort extremer Leere inszenierten sie für eine einzige Nacht eine urbane Situation.
Zwischen Gleisanlagen verkeilte sich die driftende Masse auf einem zwei Meter hohen und fünf Meter schmalen Steg bis zum völligen Stillstand. Mit Einbruch der Dämmerung schalteten die Fahrer Radios und Blinker an. Die Leere wurde von Sound und Licht durchdrungen. Beobachter liefen entlang des gegenüber liegenden Bahnsteigs durch eine Serie wellenartig wechselnder Soundfelder, erzeugt von verschiedenen Radiostationen. Die Felder unterteilten die scheinbar unendliche Halle in distinguierte aurale Räume, optisch zusammengeschmolzen von einer pulsierenden Masse blinkender Autos.

Kontext
Informationstechnologie eröffnet uns neue Wege, räumliche Strukturen zu erzeugen. Ressourcen können jetzt flexibel genutzt werden, da wir effektiver kommunizieren und Informationen präziser managen können. Dies ermöglicht uns, große Strukturen durch zeitweiliges Umorganisieren von bestehendem Material zu schaffen.
Space Race kreierte eine monumentale Intervention ohne Einsatz von Material. Durch intensive Nutzung von Kommunikationstechnologie wurden existierende Verkehrsflüsse umgeleitet.

Space Race war eine Zusammenarbeit mit büro.genial.

A mixed media piece using other peoples vehicles (newspaper, radio, television, internet and cars).

Intervention
On August 28th 1999 a throng of motor vehicles swarmed up a small ramp into an abandoned railway hall in Berlin's industrial east end. The drifting mass of automobiles solidified, precariously parked on a five meter wide platform. At dusk the drivers switched on their radios, lit their blinkers and saturated the emptiness with sound and light. Visitors walked along the main deck and experienced an undulating acoustic field emanating from the radios, each tuned to different stations. This field transformed the hall's indefinite length into a succession of distinct aural spaces, optically fused by a blinking, pulsing mass of cars.

Context

Information technology offers us new ways of relating to space. Resources can now be used flexibly because we can communicate more effectively and manage information more precisely. This enables us to realise large structures by temporarily reorganising existing material.
Space Race created a monumental intervention with no physical material by diverting existing traffic flows using communication technology.

Space Race was a collaboration with büro.genial.

Prototyp
Compression Zone ist ein prototypisches Zentrum für 'edge cities'. Es wurde für einen fünf Kilometer langen Streifen in Hoofddorp geplant, eine neue Stadt neben 'Schiphol', dem internationalen Flughafen von Amsterdam.

Ein Zentrum für 15 Minuten
Wir verdichteten ein Stadtzentrum auf eine der Vorstadtdichte entsprechende Größe. Service-Punkte bedienen den Streifenpendler in angemessenen Abständen mit allen Dienstleistungen jeweils in Kombination mit 'Fast Food'.

Zeitlich verdichtet
Vergangenheit, Gegenwart und Zukunft werden gleichzeitig geplant. Um die Monotonie einer Tabula-rasa-Planung zu durchbrechen, entliehen wir die Vergangenheit dem nächstgelegenen einheimischen Streifen, planten die Hälfte der Gegenwart, überließen die andere Hälfte einem beliebigen Störungsmuster und ließen Lücken, um dem Unvorhersehbaren Raum zu geben – im Sinne einer 'Zukunftserhaltung'.

Nachts
Das Projekt dient gleichzeitig als größte Werbefläche der Welt, gerichtet an landende Flugzeuge.

Prototype
Compression Zone is a prototypical 'centre' for edge cities planned for a five kilometre strip in Hoofddorp, a new town beside Schiphol, Amsterdam's international airport.

A City Centre for Fifteen Minutes
We Compressed a city centre to make it sustainable at suburban densities. Service points combine food with fast services to supply strip commuters at appropriate intervals.

Temporally Compressed
We constructed The Past, The Present and The Future all at once. To relieve the monotony caused by tabula rasa planning we borrowed The Past from the indigenous strip next door, planned half of the present, ceding the other half to a random interference pattern, and left gaps - 'Future Preservation' to accommodate the unforeseeable.

At Night
The scheme doubled as the worlds largest advertisement, targeting landing aeroplanes.

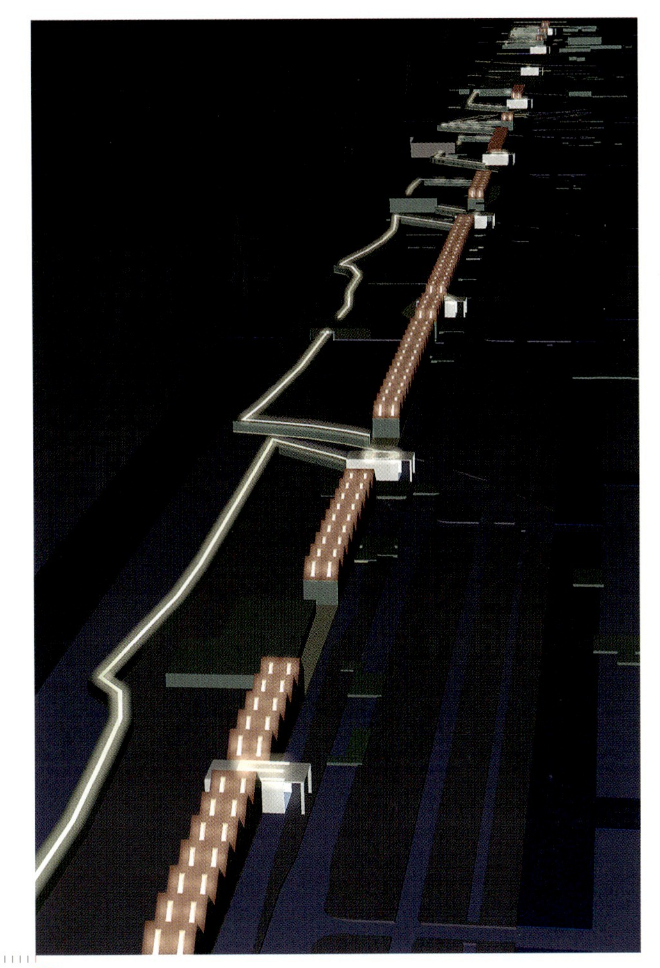

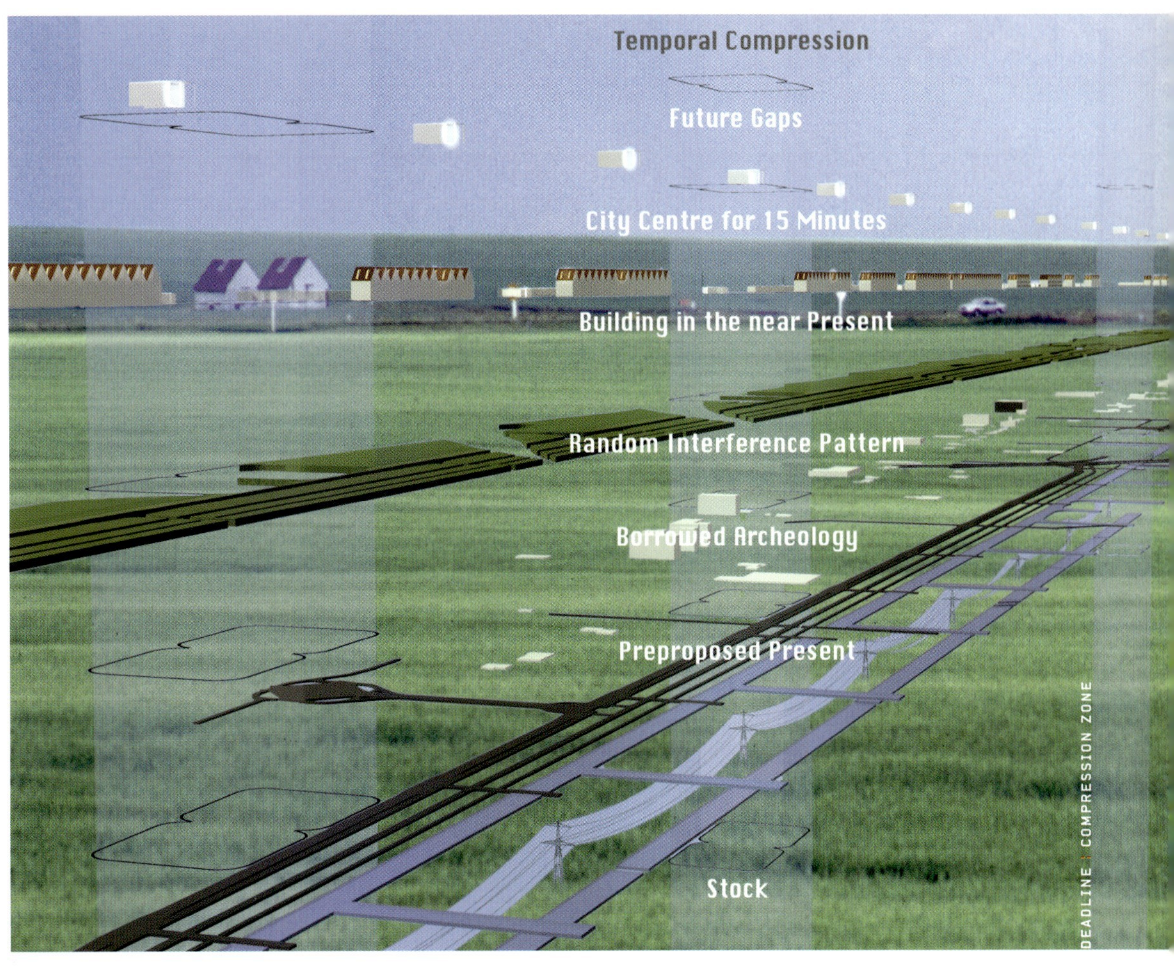
Temporal Compression
Future Gaps
City Centre for 15 Minutes
Building in the near Present
Random Interference Pattern
Borrowed Archeology
Preproposed Present
Stock

KIRSTEN DÖRMANN / MARIE-PAULE GREISEN GLAIRE

GLAIRE TRAVEL COLLECTION

Introduction to the work of GLAIRE. 1. City of 2nd heart is a project in times of mobility, tourists and strangers. City of 2nd heart is the city of the 3rd millennium. It understands the world as city, the city as 'image', the 'image' as network of over layering structures. The management of this net, its influence on space in time, appearance and use are its focus of action. It is an urban project that deals on various scales with the issues of transport, security, marketing and design. How do you want to live? Who do want to meet? Where are you going next? Are you happy today? 2. How to access strange spaces. Free your mind. Have the 2nd heart. It is your key to enter the city of destination, interest, trade&trust. A sensor of personal feelings, connected to installed objects&services, a collector of international 'heart points' containing the necessary exchange value for your daily needs, a trademark reappearing as symbol, shape and colour on everyday objects. Its development is based on the blending and interaction of divers abstract systems like currencies and the human mind. It is re-active. Each heart is setting up it's own value system. It speaks your languages. It can be your guide through the city of the world. 3. City of 2nd heart for beginners: GL 007 Travel. We offer you a journey into the city of destination. Choose one of the three stickers on these pages. Each of them is designed according to GLAIRE.org standards: enjoy, reply, change, trust. This sticker allows you to find a place unique for the moment of your stay. You will meet a friend with whom you will listen to the Memory of Trees. You are afraid, do not worry. Everything can happen to you. Take a walk through your house. Select one or two or some things that you think would be nice if somebody else could anticipate them. Put them in a paper bag, put the sticker on the outside and send it to GLAIRE@gmx.net with the name of the friend that you want to meet as a coincidence. Win a personal invitation to a piano recital at new Llandudno Beach somewhere near the High Way full of beauty. Wear a t-shirt. Become a 2nd heart member. There will be presents.

MY FRIENDS FAVOURITE

ZWAKALA PRODUCTIONS
FEATURING UZI
ZISSA SEWING
ORDER YOUR PERSONAL COPY
TODAY

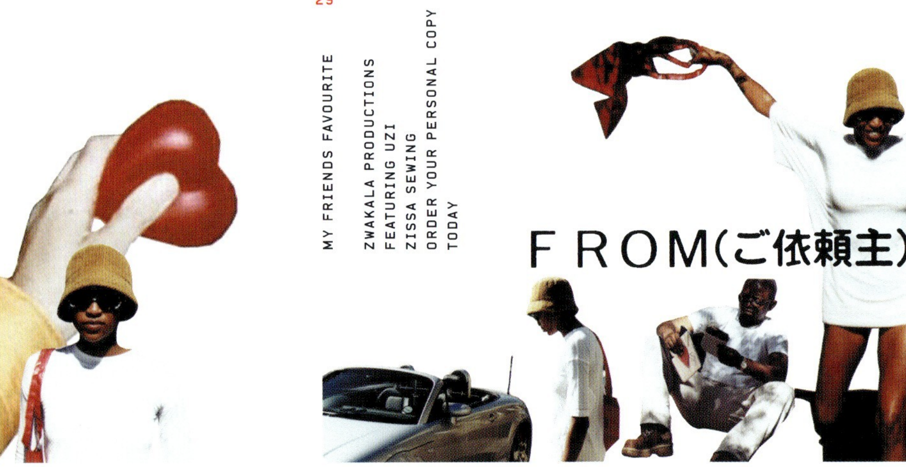

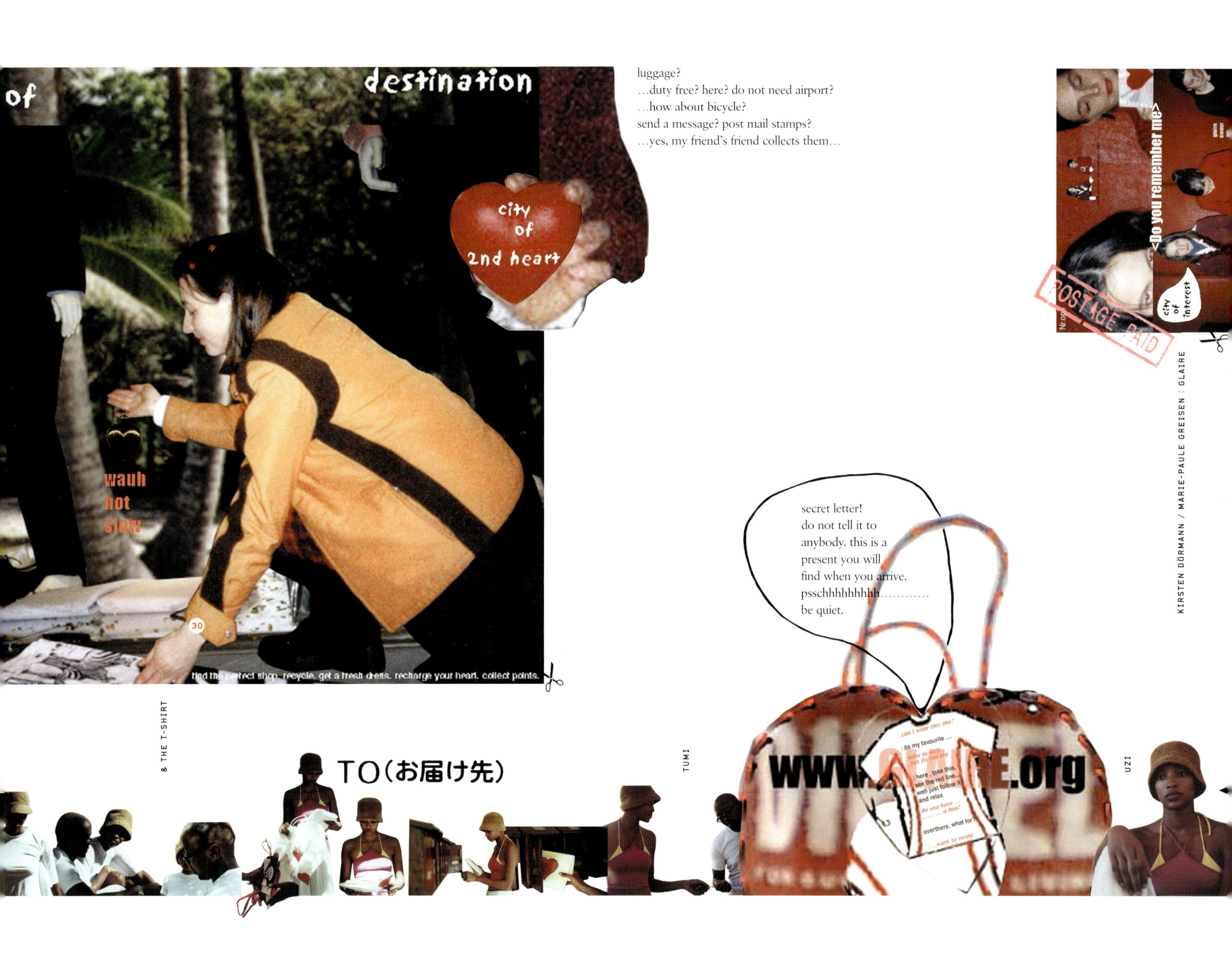
of
destination
city
of
2nd heart
wauh
hot
slow
30
find the perfect shop. recycle. get a fresh dress. recharge your heart. collect points.
luggage?
…duty free? here? do not need airport?
…how about bicycle?
send a message? post mail stamps?
…yes, my friend's friend collects them…
<Do you remember me>
POSTAGE PAID
city of interest
KIRSTEN DÖRMANN / MARIE-PAULE GREISEN : GLAIRE
secret letter!
do not tell it to
anybody. this is a
present you will
find when you arrive.
psschhhhhhhhh…………
be quiet.
& THE T-SHIRT
TO(お届け先)
TUMI
www.
.org
UZI

Jugend- und Medienpavillon
Expo 2000 Hannover
Die Jugendmedienwelten scape wurden im Rahmen des Kultur- und Ereignisprogramms der Weltausstellung auf einer Hallenfläche von 4000 qm realisiert. Das Konzept sah vor, Jugendliche zu einem experimentellen Umgang und einer kreativen Auseinandersetzung mit Neuen Medien zu inspirieren. scape wurde als vielschichtiger Wahrnehmungsraum gestaltet, der physische und virtuelle Erfahrungen zugleich ermöglichte. Die Besucher waren in der Lage, ihre Umgebung mittels interaktiver Installationen atmosphärisch zu verändern. Diese Interfaces verknüpften den Realraum von scape mit dem virtuellen Kommunikationsraum visionscape, der das Projekt aus der Abhängigkeit von Ort und Zeit löste und auf eine global zugängliche Ebene transferierte.

Die Gestaltgebung der realen und virtuellen Architektur von scape entwickelte sich aus dem konzeptionellen Ansatz der genetic architecture. Dieser verknüpft Prinzipien der Natur mit den Potenzialen der Computersimulation: Die Verwendung dynamischer 3D-Software ermöglicht eine Formgebung in Anlehnung an natürliche Bewegungsabläufe und Wachstumsprozesse.

Die organisch anmutenden Strukturformen der genetic architecture materialisierten das fluide Gefüge des virtuellen Raumes. Scheinbar natürlich gewachsen, veranschaulichten sie zudem die zunehmende Fusion von Technologie und Natur. Die Realisation dieser komplexen Gebilde erfolgte mithilfe computergestützter Fertigungsmethoden.

Young People's Media Pavilion
Expo 2000 Hanover
The 'Young People's Media Worlds' were part of the programme of cultural events at the World Exposition, where they took up 4,000 sqm of hall space. The intention was to encourage an experimental approach and a creative attitude towards New Media. scape was designed as a multi-layered perception area, enabling simultaneous experiences of the physical and the virtual. The visitors could alter the surrounding atmosphere by means of interactive installations. These interfaces linked the real space of scape with a virtual communication area named visionscape, which released the project from all dependence on time and space, transferring it to a level with global access.

The architectural design of scape, both real and virtual, derived from the concept of genetic architecture. This formal approach combines bionic principles with the potentials of computer simulation: Dynamic 3D software provides the opportunity to develop shapes in accordance with processes of motion and natural growth.

The softly shaped structures of the genetic architecture materialised the fluid framework of virtual space. Appearing to be naturally grown, they further symbolised the increasing fusion of nature and technology. The production of these complex formations was enabled by means of computer-aided manufacturing.

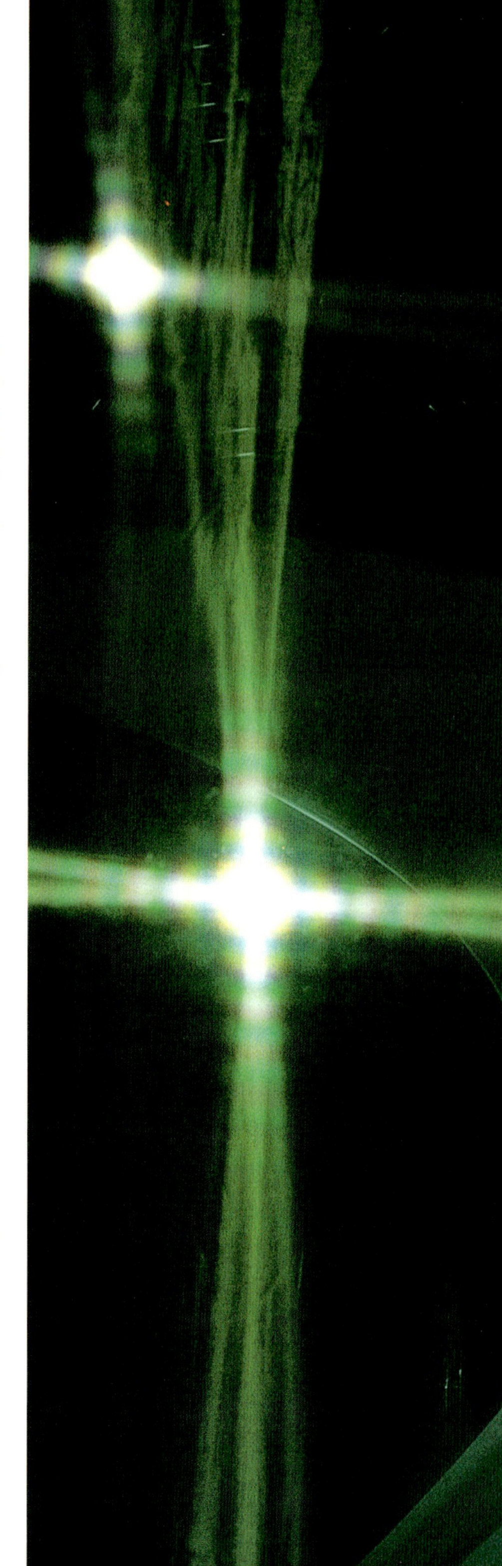

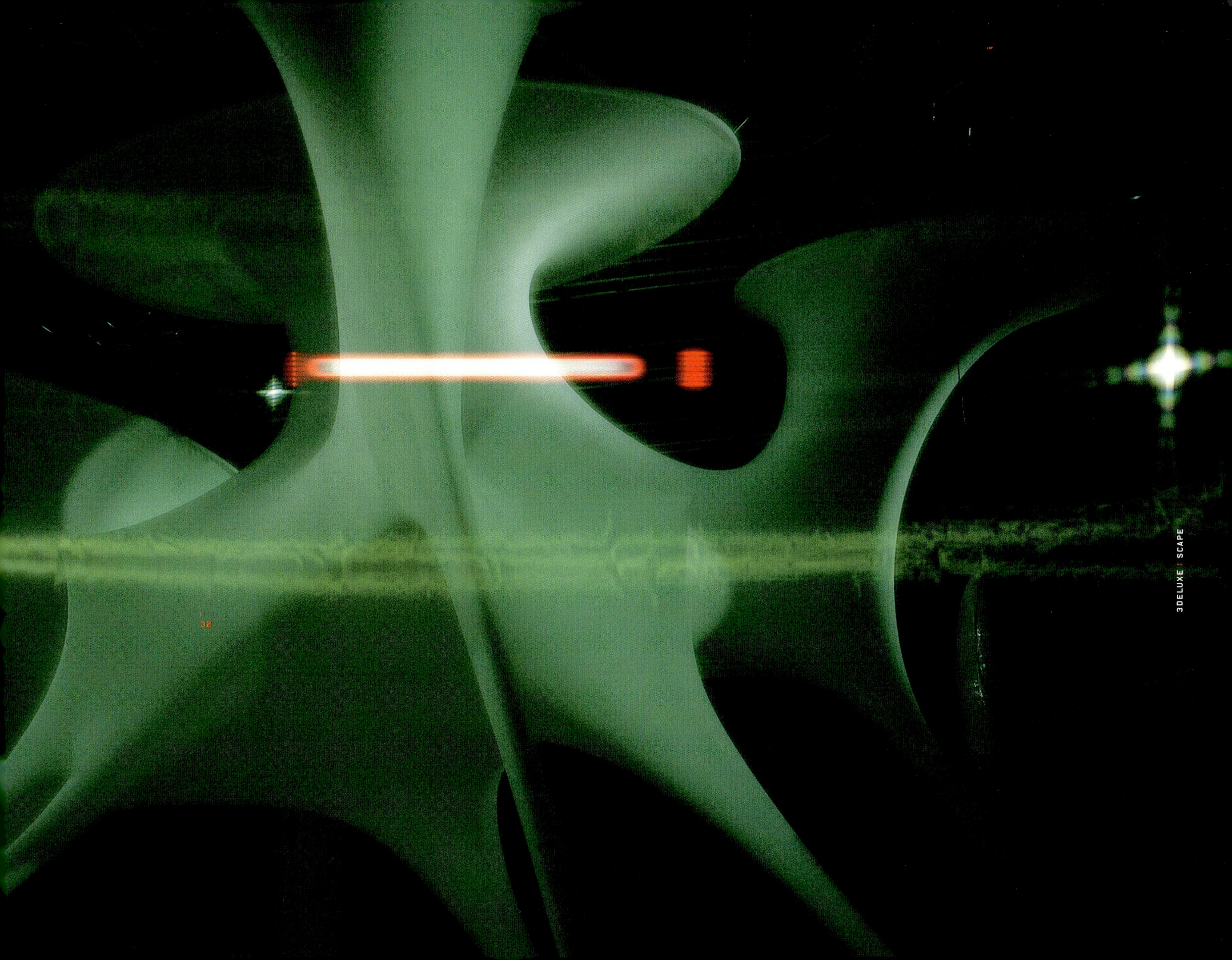

Die immaterielle Architektur von visionscape symbolisiert die Verdichtung globaler, ortunabhängiger Kommunikation. Sie erweiterte die lokal begrenzten Dimensionen von scape in die grenzenlose, virtuelle Sphäre des Internets.

Die digitalen Spuren der vergangenen Expo-Events finden sich auch weiterhin unter www.visionscape.de.

The non-material architecture of visionscape symbolised the intensification of global, location-independent communication. It abrogates the temporary and local restrictions of scape by transferring it into the endless virtual sphere of the Internet.

Digital traces of the past Expo events can still be found on www.visionscape.de.

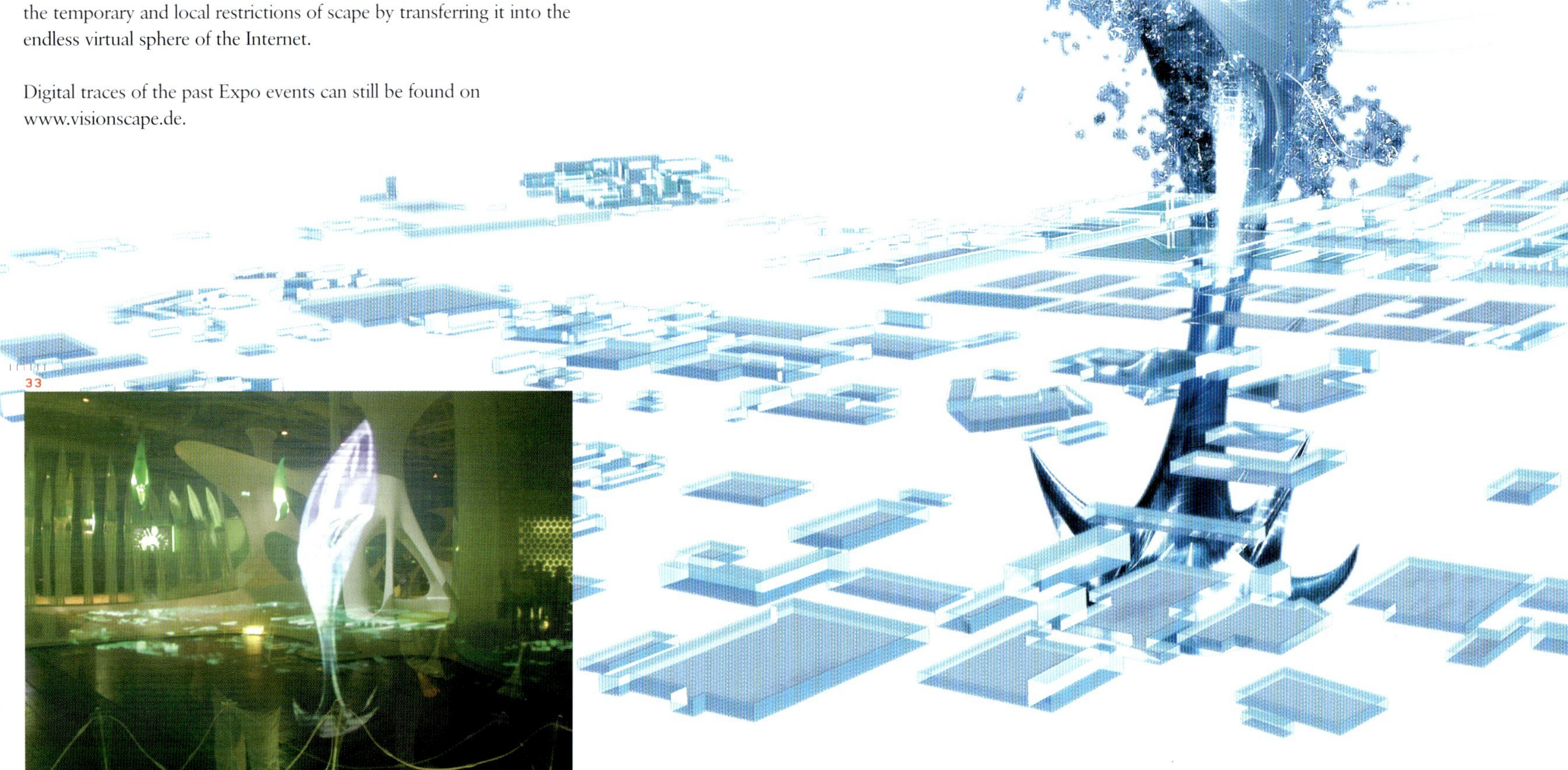

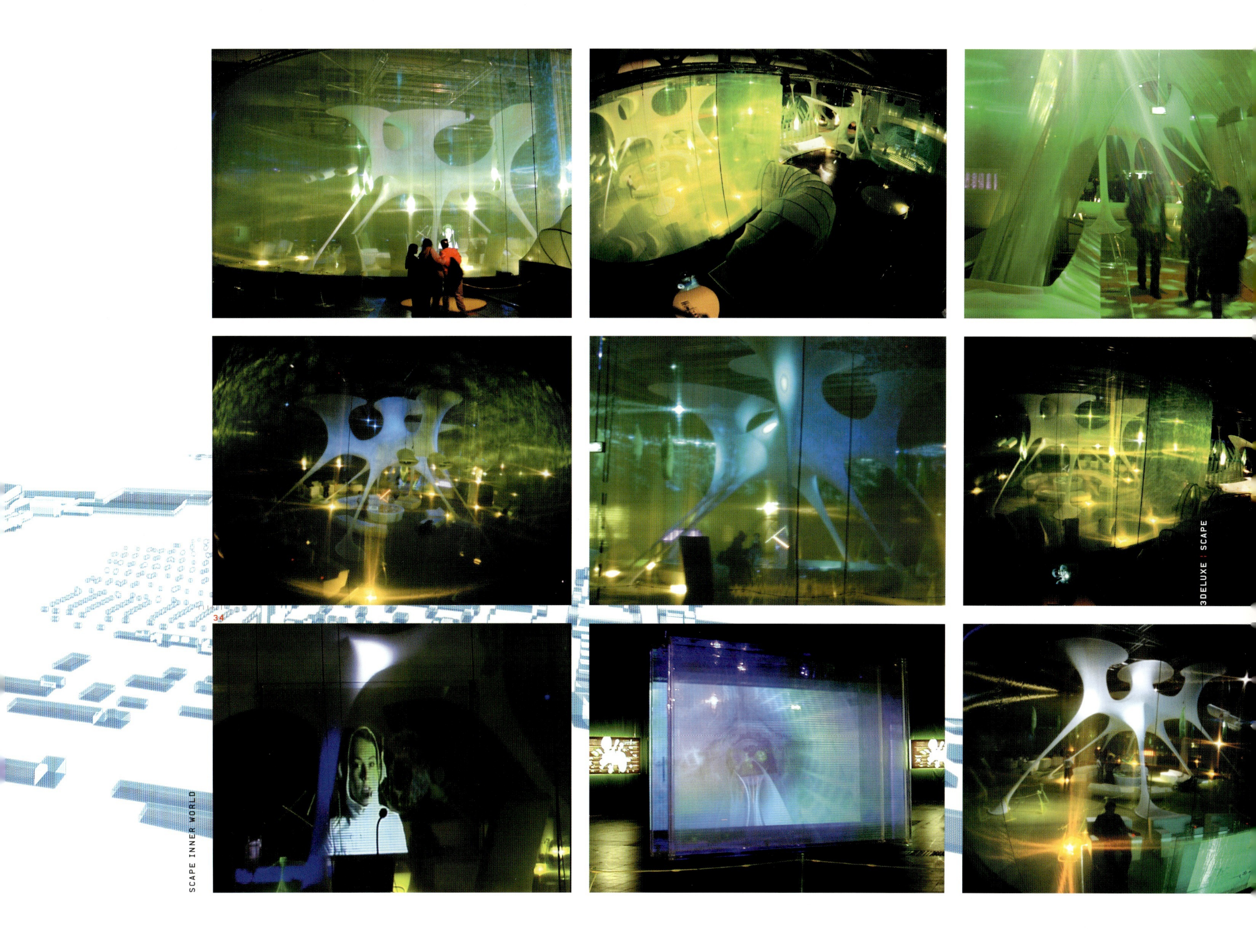

LIVING TUNNEL

LEISURE LOUNGE

KLAUS EICHENBERG ON PROJECTS

In der Malerei Klaus Eichenbergs treffen 'Raum' und 'Menschliche Gestalt' in rätselhaften und skurrilen Szenerien aufeinander.
Technisch-formale Ansätze arrangieren mechanistische Landschaften, in denen mit Maßstab und Sichtweise ironisch und collagehaft gespielt wird.
Der standardisierten architektonischen Auseinandersetzung um Form und Funktion nicht folgend, entstehen surreale Hausmaschinen, in denen die menschliche Figur als Teil einer räumlichen Typologie zum immanenten Bestandteil der Maschine wird. Dieser hybride Ansatz Eichenbergs findet sich auch in seiner Arbeitsweise; indem sich zwischen dem Medium des Computers und dem der Malerei in klonierter Folge neue Strukturen und Raumfolgen ergeben, erscheinen klassische Genregrenzen aufgehoben.
Seine Lust und Fähigkeit zur Erfindung des Fantastischen im Alltäglichen führen ihn zu Bildern, die immer wieder Einsichten in die Diskrepanz zwischen unserer bürgerlichen Sicherheit und dem

gefährlichen Umfeld unserer technisierten Existenz vermitteln.
In den hier gezeigten Beispielen mechanistischer Raumerfindungen Eichenbergs verschmelzen klassische Arbeitsweisen der Architektur und der bildenden Kunst zu mehrdeutigen Inszenierungen, welche eine architektonische Bewertung nicht mehr zulassen: Reduktion führt hier zu Komplexität, nicht zu Folgerichtigkeit. Hinter vom Sichtbaren, Vordergründigen, deutet sich etwas an, das sich dem Sprachlichen längst entzogen hat.

Anton Markus Pasing

In Klaus Eichenberg's paintings, 'space' and the 'human figure' meet in mysterious, bizarre scenery. By technoid formal strategies, the artist has created mechanistic landscapes, playing ironically and in a collage-like fashion with scale and vision.
Refusing to follow the standard architectural quest for form and function, he creates surreal houses as 'living machines' in which the human figure becomes an integral part of the machine as part of a spatial typology. This hybrid approach can also be detected in Eichenberg's working method. By moving between the digital medium (the computer) and painting on canvas, the artist creates cloned sequences of structures and spatial sequences that seem to lift the classical separation between the genres.
His delight in and talent for inventing the fantastic in the midst of the everyday allow him to produce pictures that, again and again, convey insights into the discrepancy between our bourgeois security and the dangerous environments of our mechanized existence.

The examples of Eichenberg's mechanistic three-dimensional inventions presented here fuse the classical procedures of architecture and the fine arts to produce multivalent scenarios which forbid architectural evaluation. Here, reduction leads to complexity, not to consistency. Behind the visible, the obvious, there is a hint at something that has long since escaped linguistic formulation.

Anton Markus Pasing

EXPERIMENTELLES WOHNEN
DIE FRAU KOMMT NICHT AUS DEM HAUS
ARCHITEKTURMODELLE
STADTLANDSCHAFT
TEMPEL UND EINBAUKÜCHE

EXPERIMENTAL HOME LIVING
THE WOMAN DOES NOT LEAVE THE HOUSE
ARCHITECTURAL MODELS
CITYSCAPE
TEMPLE AND FITTED KITCHEN

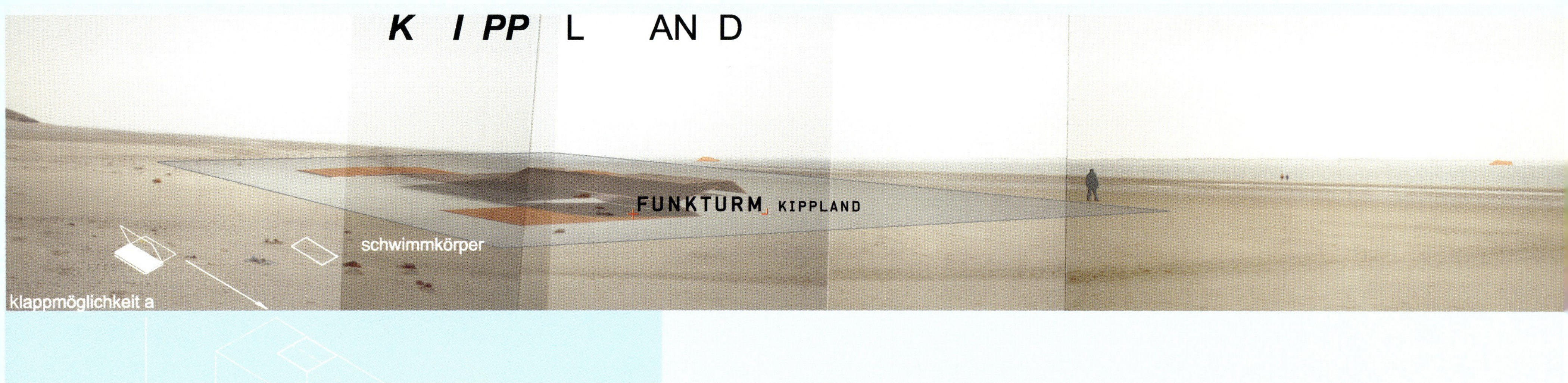

orthogonales system

klappmöglichkeit b

kombinationsmöglichkeit

zustandsvariante

39

frank holschbach
thomas wagener
nina sahebkar
hannes többer

eine küste
zwei elemente treffen aufeinander. erde und wasser.

eine linie entsteht. eine grenze, die sich ständig zwischen ebbe und flut neu definiert. ein natürlicher prozess, der maximum und minimum festlegt. hier steht kippland.
durch die kombination gleicher, geometrischer schwimmkörper entsteht ein orthogonales system. eine stütze fixiert ein element an einer bestimmten position und höhe [z.b. die des maximalen wasserstandes].
an diesem fixpunkt sind die weiteren körper, nach beliebiger oder bestimmter ordnung, über gelenke befestigt. durch die vielzahl der klapp- und kombinationsmöglichkeiten entstehen mehr oder weniger dynamische systeme.

prozess
situation 1:
kippland wird im bereich zwischen ebbe und flut positioniert. durch die kraft des steigenden und fallenden wassers wird kippland aktiv.

bei flut ist kippland eine fläche, d.h. die höhe des maximalen wasserstandes ist gleich der höhe des fixierten schwimmkörpers. alle weiteren werden vom wasser getragen und sinken so bei ebbe mit ab. es entstehen räume die von wasser und wind geformt werden. aufgrund des auftriebes der schwimmkörper bilden sich die entstandenen räume durch ansteigen des wassers wieder zu einer fläche zurück. diese ist der neue ausgangspunkt für den nächsten ebbe-flut-raum.

situation 2:
ein überwachtes absinken lässt auch bestimmte räume erzeugen, die eine temporäre nutzung zulassen. ob kletterberg, schattenspender, bar, filmkulisse, badeinsel oder wassermöbel – für kurze zeit erhält kippland eine bestimmte funktion. jeder andere standort lässt neue eigenschaften zu. nahe am strand, weit draußen im meer, ob steilküste oder sturmflut. als landmake, vogelbeobachtungspunkt, ausflugsziel oder als etwas unerreichbares – das alles ist kippland.

the coast
two elements find each other.
a line is created between water and earth. a border which regulates itself within the movement of hightide and lowtide. maximum and minimum are definded by natural process.
this is where kippland is located.

by adding simulare rectangle swimming objects an orthogonal system is born. one of the objects is fixed by a supporting post at a certain position and altitude. the other objects are connected with hinges to the fixed one – in order or by accident. so you get more or less dynamical systems initiated by different combinations and the two fold mechanisms.

process
situation 1:

kippland is located in the area between hightide and lowtide. the power of coming and going water activates kippland. hightide turns kippland into a sheet – all objects have the same level while swimming on top of the see. lowtide turns kippland into a three dymancinal sculpture – hold by the tension between the fixed and the moving objects, wind and water creates spaces: a never ending process because of the circulation of nature.

situation 2:
by controlling the objects while sinking temporary architecture can be built: playgrounds, shady pavillons, pleasure islands, bars or cinemas … for a short distance kippland gets a special definition. close to the beach, far away from the border, next to steep coasts – every location keeps other qualities – a landmark, a place to watch birds, a place for adventures or as something unreachable.
that all is kippland.

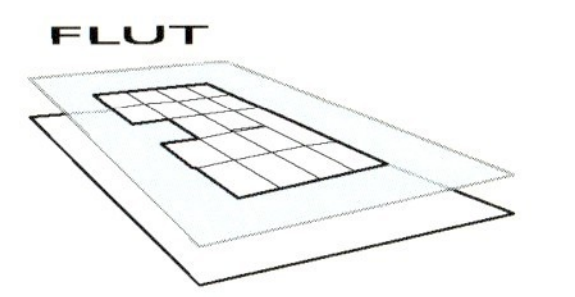

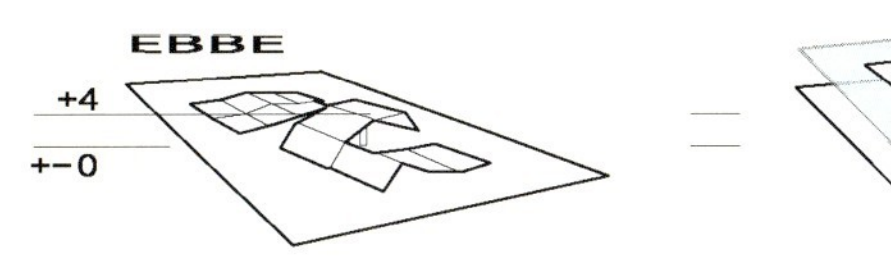

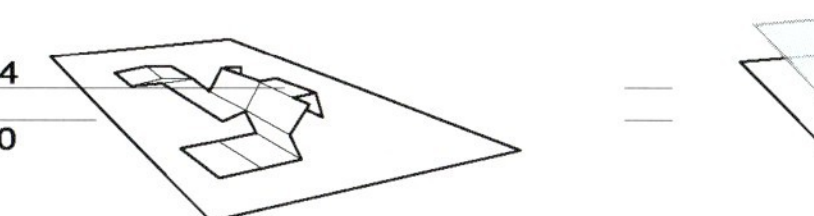

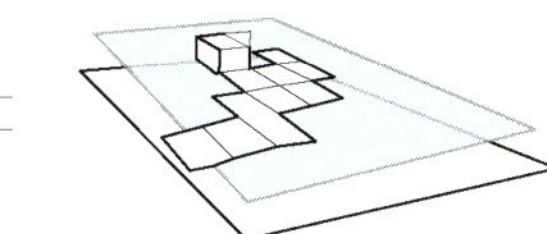

Ulrich Genth: Lesarten einer verdrehten Straßenlaterne
Das Schlagwort heißt Dislokation. Spätestens seit den 90er-Jahren gewinnt es in der Kunst an Aktualität. Letztlich steckt dahinter die alte surrealistische Strategie des Disparaten, doch sie entfernt sich von Operationstisch, Nähmaschine und Regenschirm. Sie entzieht sich dem Schock und nähert sich alltäglichen Situationen an. Häufig changiert sie zwischen Öffentlichkeit und Intimität – und liegt damit, wie Richard Sennett gezeigt hat, auf einem zentralen kulturgeschichtlichen Strang der Gegenwart. Auch die Arbeit 'Versatzstück' von Ulrich Genth steht in diesem Zusammenhang: Eine im oberen Teil gebogene Straßenlaterne wird gedreht. Sie wendet sich jetzt nicht mehr zur Straße, sondern leuchtet in ein Fenster im ersten Obergeschoss.
Was geschieht? Im Außenraum wird die Straßenbeleuchtung unterbrochen. In die gewohnte Lichterkette schaltet sich eine Zäsur. Der Innenraum, ein Zimmer wird von außen beleuchtet. Die Laterne selbst verwandelt sich. Sie biegt sich jetzt, ohne ihren vertikalen Pfahl, ins Zimmer. Ihre Biegung wird zur Neigung, zur Geste, mit aller emotionalen Aufladung. Wer will, hört den Mond ans Fenster klopfen, sieht ihn hineingleiten – ein ins Prosaische und Ironische gewendetes hochromantisches Motiv, nahe bei der Sucht und einer geheimnisvollen lunaren Erotik. Gedichte von Brentano über Tieck bis Mörike. Wer will, kann die Verwandlung aber auch ganz anders sehen. Als Veränderung einer Straßenlaterne zur Nachttischlampe. Das Motiv verlagert sich, ohne Trivialität und mit Esprit, auf Lebensräume. Hier kommt nun ein dritter Aspekt ins Spiel: die Dimension. Was als Straßenlaterne für unsere Wahrnehmung 'normal' ist, wird als Zimmerbeleuchtung überdimensional. Ein Gullivereffekt, der Maßstäbe verschiebt und verunsichert. Der Raum wird kleiner, die Möbel schrumpfen mit. Im überhellen Licht wird das präzisionistisch inszeniert.

Manfred Schneckenburger

Ulrich Genth: Readings of a Distorted Street Lamp
The key word is 'dislocation'. Since the 1990s, at least, this concept has come to the fore as a matter of topical interest in the world of art. In the final analysis, it is supported by the old surrealist strategy of the disparate, while it takes its distance from the operating table, the sewing machine and the umbrella. Dislocation avoids shocking and approaches everyday situations. Frequently it changes between publicity and intimacy and thus is part – as Richard Sennet has shown – of a contemporary mainstream of cultural history. Ulrich Genth's work, 'Set Pieces', is placed in this context: the upper part of a street lamp has been twisted so that it no longer lights the street, but beams light into a second-floor window. What is happening here? Outdoors, the street lighting undergoes an interruption. A cesura intervenes in the familiar chain of lights. An interior space is lit from outside. The lamp itself has also changed. It now bends, without its vertical post, towards the room inside the building. Its bending becomes a bowing, a gesture charged with emotional content. Whoever wishes to can hear the moon knocking on the window pane, sees it floating inside – into the prosaically and ironically altered, highly romantic motif, close to addictive longing and a mysterious lunar eroticism. This evokes poems by Clemens Brentano, Ludwig Tieck or Eduard Möricke. Whoever wishes to can read the metamorphosis in quite another way: as the change of a street lamp to a bedside table lamp. The motif shifts, without triviality and with esprit, to spaces for living. Here, a third aspect comes into play, i.e. dimension. What we perceive as 'normal' for a street lamp, is disproportionately large for an interior lighting device – a 'Gulliver effect' which displaces and destabilizes measuring scales. The room becomes smaller, and the furniture shrinks as well. This is staged with precision in the overly bright light.

Manfred Schneckenburger

Parfümerie Douglas

UNSCHÄRFERELATION. 28.02. - 29.03. 1998,
WEWERKAPAVILLON, MÜNSTER
BEWEGUNGSMELDER, SOLARZELLEN, SCHEINWERFER,
ELEKTROANTRIEB, HOLZ, KACHELN,
PHOSPHORESZIERENDE FORMMASSE, BAUSCHAUM

UNCERTAINTY RELATION, 28TH FEBRUARY-29TH
MARCH, 1998, WEWERKA PAVILION, MÜNSTER
PASSIVE INFRARED DETECTOR (PIR), SOLAR CELLS,
FLOODLIGHTS, ELECTRIC DRIVE, WOOD, TILES,
PHOSPHORESCENT MODELING MASS, FOAM SEALING

UNSCHÄRFERELATION

Die Installation schaltet sich nach Einbruch der Dunkelheit automatisch ein. Nähert sich der Betrachter dem Pavillon, erkennt er zunächst nur vage dessen gläserne Silhouette. Tritt man näher heran, werden Scheinwerfer aktiviert, die den Bau in gleißendes Licht tauchen. Die Scheinwerfer sind in das Innere des Raumes gerichtet und zielen auf einen weißen Würfelkubus, der das Zentrum der Installation bildet. Um den Kubus herum stehen in elliptischer Anordnung zehn Podeste, auf denen je eine Solarzelle einem Scheinwerfer gegenüber zugeordnet ist. Die Lichtkegel aller Scheinwerfer treffen sich auf einer Figur, die mittig auf dem zentralen Würfel platziert ist. Für einen kurzen Moment erkennt der Betrachter ihre Gestalt: Es handelt sich um ein handgeformtes, überlebensgroßes und dämonisch blassgrün wirkendes Kaninchen. Der Betrachter erfährt dieses Bild jedoch nur für einen flüchtigen Moment, denn mit dem auftreffenden Licht beginnt die Figur zu rotieren. Sie verschwimmt zu einer unscharfen Silhouette, die zu erfassen für das Auge des Betrachters nur bei größter Konzentration möglich ist. Das Vertrauen in die Sinnhaftigkeit der Beleuchtung wird gestört. Verweilt der Betrachter eine Weile in Ruhe, erlöschen die Scheinwerfer und auch die Figur kommt zur Ruhe. In der zurückkehrenden Dunkelheit bleibt sie als grünlich phosphoreszierende Lichterscheinung wahrnehmbar. Ihrer materiellen Präsenz beraubt, scheint sie zu schweben. Diesen Zustand der Ruhe erlebt der Betrachter jedoch nur, wenn er sich nicht bewegt. Versucht er, seinen Standort zu wechseln, oder geht er um das Gebäude herum, um zu einer anderen Ansicht der Figur zu gelangen, wird das System zwangsläufig reaktiviert. Die Figur beginnt sich wieder zu drehen.

When night falls, the installation switches on automatically. On approaching the pavilion, at first the visitor will only perceive its glass silhouette vaguely. From close-by the floodlights are activated and flood the building with glittering bright light. The floodlights are directed towards the depth of the room and focus on a white cube which forms the center of the installation. Ten pedestals are arranged around the cube to form an elliptical setting, each pedestal supporting a solar cell opposite a floodlight. The light beams of all the floodlights converge on a figure placed centrally on top of the middle cube. For a short moment, the viewer will recognize its shape: it is a hand-modeled larger than life-size and demonically pale-green rabbit. However, viewers see and experience this image only for a fleeting moment because the figure begins to rotate as soon as it is lit. It blurs and becomes a hazy silhouette which observers are only able to bring into focus if they concentrate very hard. Their faith in the appropriateness of lighting will be shaken. When viewers stay for a while, quiet and motionless, the floodlights go out one by one, and the figure comes to a standstill. In the (renewed) darkness it remains visible as a greenish phosphorescent apparition. Robbed of its material presence, it seems to float in space. The visitors will, however, experience this state of peace only when they do not move. Should they try to change place or walk around the building to have another viewing angle of the figure, the system will inevitably be re-activated, and the figure will again start to turn.

1. TANKSTELLE
GASOLINE STATION

2. S-BAHN
CITY RAILROAD

3. HAFEN
HARBOR

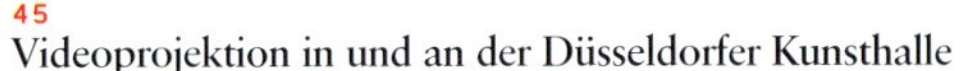

Videoprojektion in und an der Düsseldorfer Kunsthalle

Die Arbeit 'summerstills' erweiterte die Ausstellung METAFORMEN 'dekonstruktivistische Positionen in Kunst und Architektur' in den Außenraum und stellt somit einen Schnittpunkt zum städtischen Alltag her. Sie dekonstruiert die Grenzen des Gebäudes und bindet die Ausstellung in ein weitergespanntes Netz ein.

An sechs Tagen in der Woche wird jeweils ein Video auf die Außenfassade der Kunsthalle projiziert: summerstills in grey november. Erinnerungen an sechs Orte in Düsseldorf: 1. Tankstelle, 2. S-Bahn, 3. Hafen, 4. Messe, 5. Flughafen, 6. Freibad.

DIE SECHS ORTE WERDEN ALS STILLS GEFILMT UND DAUERN ZWEI STUNDEN.

Die Stadt ist Ausgangspunkt, Projektionsort und Inhalt der Videos. Sie ist überall in jedem Moment gleichzeitig real. Die Aufnahmen sind eine Art Kartografieren der Stadt als Prozess, als Austausch von Informationen. Stadtraum nicht statisch, sondern als Bewegung und Geschwindigkeit. Stadt wird weder geografisch noch hierarchisch gedacht, eher topologisch als Netzwerk von Projekten.

Das Kartografieren der Stadt soll nicht linear, nicht als vollständiges Ordnungssystem erfolgen, sondern ein Lesen der Ereignisse sein: Der Zeitraum wird wahrgenommen über die Geschwindigkeit, die in den unterschiedlichen Transportmedien vielfältige Qualität erhält. Knotenpunkt, Verdichtungspunkte werden als Fragmente aus dem Kontinuum des Stadtorganismus herausgeschnitten. Orte werden transportiert und miteinander in Beziehung gesetzt, die Geschwindigkeit des Grabbeplatzes überlagert mit der der Videos. Ereignisse mit ihren Geräuschen dringen an einen Ort, als kollektive Erinnerung. Der Grabbeplatz wird zum Laboratorium. Hier kann man Orte, Ereignisse überprüfen. Sie werden zusammengetragen, zusammengerückt, stehen im Dialog. Plötzlich mehr Stadt auf einem Punkt. Mehr als die Summe der Blicke, da sie mit einem offenen System kommunizieren.

4. MESSE
TRADE-FAIR GROUNDS

5. FLUGHAFEN
AIRPORT

6. FREIBAD
OUTDOOR PUBLIC POOL

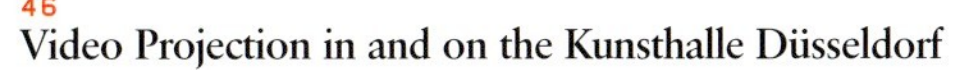

Video Projection in and on the Kunsthalle Düsseldorf

The piece 'Summer Stills' extends the exhibit 'METAFORMEN: dekonstruktivistische Positionen in Kunst und Architektur' (METAFORMS: Deconstructivist Positions in Art and Architecture) outdoors, thus forming a cross-over with urban everyday life.
It deconstructs the enclosure, or borders, of the building and integrates the exposition into a wider network.
Each day on six weekdays, a different video is projected onto the facade of the Kunsthalle, 'summer stills in grey November'.
Memories of six places in Düsseldorf: 1 gasoline station, 2 city railroad, 3 harbor, 4 trade-fair grounds, 5 airport, 6 outdoor public pool.
THESE SIX PLACES ARE FILMED AS STILLS. SCREENING TIME: 2 HOURS
The city is the starting point for the screening location and the content of the videos. The city is real at any place at any moment. The stills represent a kind of urban mapping as a process, as an exchange of information. The urban space is not static, but portrayed as mobility and velocity. The idea of the city is seen neither geographically nor hierarchically, but rather in terms of topology as a network of projects. The mapping of the city is to be effected not in a linear way, not as a complete systematic ordering, but as a reading of events. The time-span is perceived from the speed (of developments) which receives a great variety of qualities through the different transportation media. Nodal points, or points of densification, are fragments cut out of the uninterrupted urban organisms; places are being transported and related to one another; the velocity of what is happening on Grabbeplatz is overlayered by the speed of the video images flickering across the facade. What is happening (together with the noise it makes) reaches a place as a collective memory. Grabbeplatz becomes a laboratory. Here, it is possible to check on places and events. These are collated and grouped, they are in dialog with each other. Suddenly, there is more of the city in one spot. More than the sum of its views, as these are communicating with an open system.

»WAS IST MIT DEM HAKEN, IST DER NICHT GEFÄHRLICH?«
»NUR WENN DU EIN FISCH BIST.«

»WHAT'S THE MATTER WITH THE HOOK? ISN'T IT DANGEROUS?«
»ONLY IF YOU'RE A FISH!«

»KANNST DU DAS BITTE RÜBERSCHMEISSEN?«
»HE?«
»DAS.«
»DA«

»COULD YOU PLEASE TOSS THIS ACROSS?«
»WHAT?«
»THAT!«
»THERE!«

»ES IST NUR DIE JACKE, DIE SO AUSSIEHT.«
»WARUM MACHE ICH IMMER ALLES FALSCH?«

»IT'S ONLY THE JACKET THAT LOOKS LIKE THAT.«
»WHY THE HECK DO I ALWAYS DO EVERYTHING WRONG?«

Videoarbeit 2000

**»Man muss sich beeilen, wenn man noch etwas sehen will.
Alles verschwindet.« Paul Cézanne**

Ausgangspunkt für diese Videoarbeit ist ein Diskurs von Sprache und Raum. Beide sind im Laufe der Zeit Veränderungen ausgesetzt, die die Dynamik unserer Gesellschaft sichtbar werden lassen.
Im Zustand einer kollektiven Paranoia beobachten wir eine aggressive Umstrukturierung, bei einer gleichzeitigen Konservierung von gesellschaftlich gefestigten Werten.
Durch den Verlust unserer Identität wird jedoch die Auflösung unserer Wertevorstellung vorangetrieben.
Die momentane sprachliche Stagnation setzt in der Mediengesellschaft eine wahre Bilderflut frei. Diese hoch komplexen 'sprechenden Bilder' werden Projektionsfläche für Sehnsüchte und Sentimentalitäten, da ihr nicht-diskursiver Inhalt automatisch die nötigen Interpretationsrahmen aktiviert. Kritik wird durch unsere Distanzlosigkeit unmöglich. Statt Wahrheitssuche ist ein Zustand ständiger Manipulation eingetreten, statt Versenkung in die Bilder, versenken sich die Bilder in den Zuschauer. Wir erzeugen Duplikate der Wirklichkeit, die sie uns verfügbar erscheinen lässt.

Mit diesem Videoprojekt untersuchen wir eine Manipulation des Wahrnehmungsprozesses selbst, indem wir die Bilder in einen anderen Zusammenhang stellen, sie mit Sprache collagieren.

Als Bildmaterial dienen uns Filmaufnahmen von zwei Gebäuden in Berlin, die zurzeit keiner Nutzung unterliegen.
1. das ehemalige Staatsratsgebäude der DDR
2. das Apollotheater an der Friedrichstraße
Der Zustand dieser Gebäude wird dokumentiert und archiviert.

Die Gebäude selbst sind Zeitzeugen und Teil unserer kollektiven Erinnerung.

In der Bildverarbeitung werden die Aufnahmen mit Gesprächen und Kommentaren überlagert, die mit dem Ort keine Übereinstimmung aufweisen. Die Syntax und die Semantik des Bildes werden gestört, Bild und Sprache gehen eine Verbindung ein.

Die ausgewählten Gebäude sind vom Abriss bedroht, die Gespräche entstammen dem Beiläufigen des Alltags. Die sukzessive Veränderung von Räumen und Sprache wird als Momentaufnahme festgehalten.
Sich verflüchtigende Momente werden konserviert.
Über die Verkoppelung mit Sprache wird das Naturalisieren einer Botschaft gestört, die Bezüge erweitert.
Durch die Kollision entsteht ein anderes Lesen des Dokuments.
Der Raum verliert seine Unschuld.

Video Work 2000

**»One has to hurry up if one still wants to see something.
Everything vanishes.« Paul Cézanne**

The starting point of this video piece is a discourse on language and space. Both are subject to changes over time which reveal the dynamics effective within society.
In a state of collective paranoia, we observe an aggressive restructuring process and at the same time the conservation of socially accepted values. Yet our loss of identity promotes the dissolution of our notions of what is valuable.
The present stagnation in the language development of our media-focused society is releasing a genuine flood of images. These highly complex 'talking pictures' become the projection surfaces for longings and sentimentalities, because their non-discursive contents automatically activate the necessary interpretative framework. Our lack of distance makes criticism impossible. Instead of searching for truth, we have entered a state of continual manipulation. Instead of us getting absorbed in the pictures, these sink into the spectators. We generate duplicates of reality, which make reality seem available to us.
With this video project, we are investigating a form of manipulation of the perceptual process itself by putting the images in another context, by juxtaposing them with language.

Our pictorial material are films of two buildings in Berlin that are at present not being used,
1st, the former GDR State Council Building
2nd, the Apollo Theatre on Friedrichstrasse.
The present state of these buildings has been documented and filed.
The buildings themselves are both witnesses of their times and part of our collective memory.

The picture-processing has also involved an 'overlayering' of the images with dialogs and commentaries that do not fit the pictures at all. Both the syntax and the semantics of the image have been deranged. The images and the spoken word do not form a coalition.

The buildings chosen are threatened by demolition, the conversations on the sound track are taken from everyday trivial exchanges. The successive changes of spaces and language are recorded as snapshots, or 'candid takes'. Evanescent moments have thus been preserved.
The 'naturalization' of a message has been disturbed – and references extended – through the coupling of image and language.
Their clashing leads to another reading of the document. The space loses its innocence.

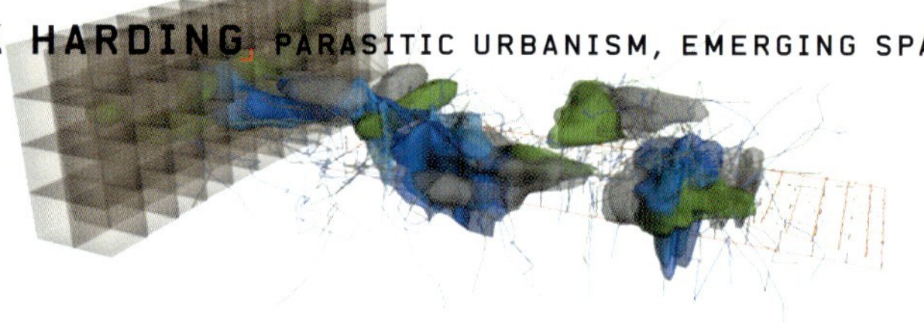

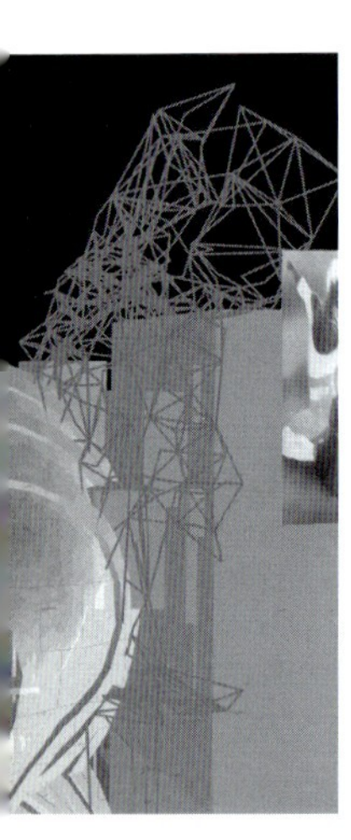

parasitic urbanism, london 1998 (new media academy. project)
Da es unmöglich ist, Ausmaß wie Geschwindigkeit des Wachstums urbaner Ballungszentren zu kontrollieren, ist eine Alternative die Auseinandersetzung mit innerstädtischem Bestand. Hoxton-Square im Londoner Stadtteil Shoreditch ist ein Beispiel für einen gewachsenen, Veränderungen unterworfenen Stadtraum mit geschwächter Blockstruktur. Lücken und Freiräume in diesen vom Zerfall gezeichneten Stadträumen können von kleinräumigen städtischen Eingriffen, 'Stadtparasiten', besetzt werden. Die Ansiedlung einer Akademie für neue Medien um den Platzraum von Hoxton-Square erschließt als 'Stadtparasit' undefinierte und unberücksichtigte Räume und unterstützt so Qualitäten existierender Strukturen. Als Teil eines Netzwerkes ist die Akademie in diverse existierende ('Wirts-') Organisationen um Hoxton-Square eingebunden, wie zum Beispiel ein Kino bzw. eine Kunstgalerie sowie andere medienbasierte Firmen. Indem einzelne Elemente nach außen durchbrechen, machen sie auf dahinter-,

zurückliegende, 'vergessene' Räume aufmerksam und verbinden diese mit Hoxton-Square als Campus.

Urban parasites are small-scale interventions within declining areas of the city. By inhabiting the urban niches of so far neglected backspaces, access-lanes, muses and courtyards they support a culture of the existing, becoming catalysts for new developments in such areas. The proposal of a new media academy at London's Hoxton Square is such an urban parasite. Working as a colllaborative institution, it makes use of existing institutions surrounding Hoxton Square, such as a gallery-space as well as other media-related enterprises.
Breaking partially through the frontages of existing buildings, these interventions contribute linking these so far forgotten and neglected spaces with the square, thus leveling thresholds between public and private. Hoxton Square then will become a campus, connecting various sections of the academy.

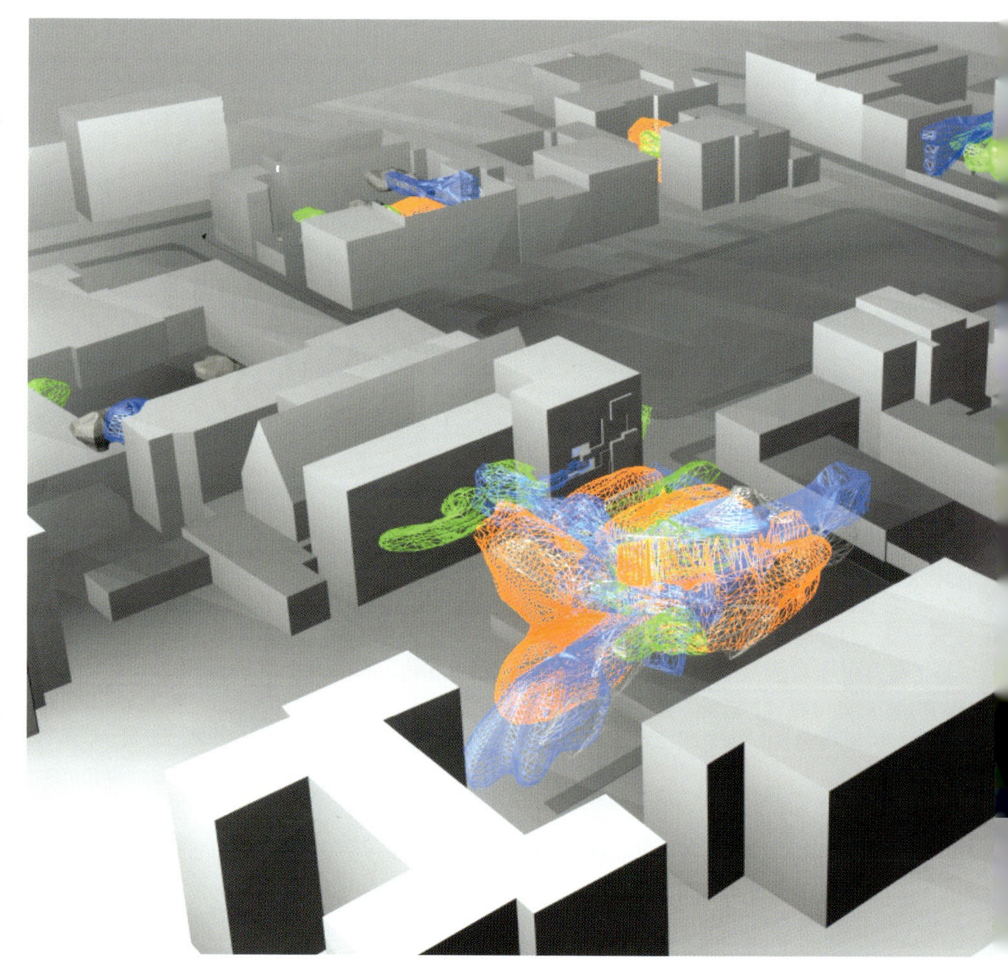

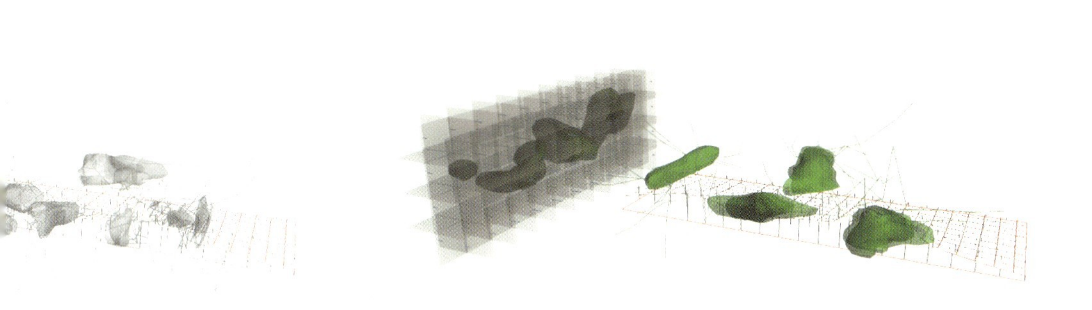

Selbstentfaltende Bedingungen des Raumes
Künstliche Evolution ist einer der leistungsfähigsten, von der Natur übernommenen Suchprozesse in der Informatik, die derzeit bekannt sind und ein außergewöhnliches Potenzial für eine Reihe möglicher Gestaltungslösungen bietet, die manuell zu viel Aufwand stellen. Die Anwendung des Verständnisses evolutionärer Prinzipien auf das Gebiet des künstlichen Lebens ermöglicht die Nachbildung natürlicher Evolution und somit die Anpassung an sich verändernde Umfelder und sozioökonomische Bedingungen. Das dynamische Generierungswerkzeug simuliert dabei in erster Linie den Entscheidungsprozess, der bei Selbstorganisation einer größeren Anzahl Beteiligter abläuft.

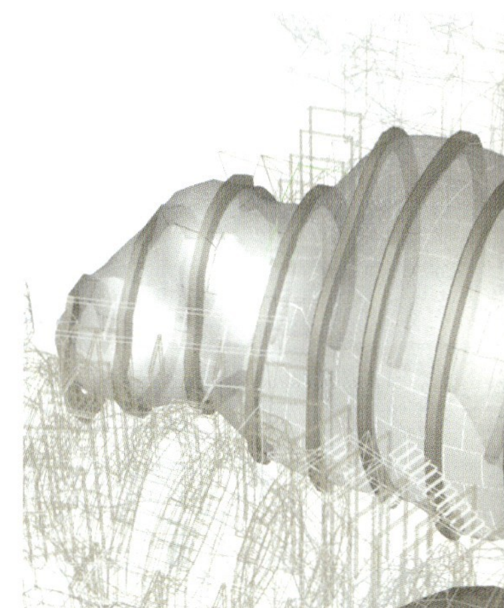

Emerging conditions of space (genetic algorithm study)
Adopted from nature, artificial evolution is one of the most powerful search processes in computation discovered nowadays, which has the striking potential of providing a range of possible design-solutions, mankind could hardly ever achieve. The idea being that if we can understand the law and the mechanism of natural evolution and apply the theories through the current field of Artificial life, we can emulate natural evolution by creating virtual architectural models which respond to changing environments and shifting socioeconomic conditions.
Yet, evolutionary modelling techniques can not predict the exact design of a particular building or space, rather than establishing typical patterns of development.

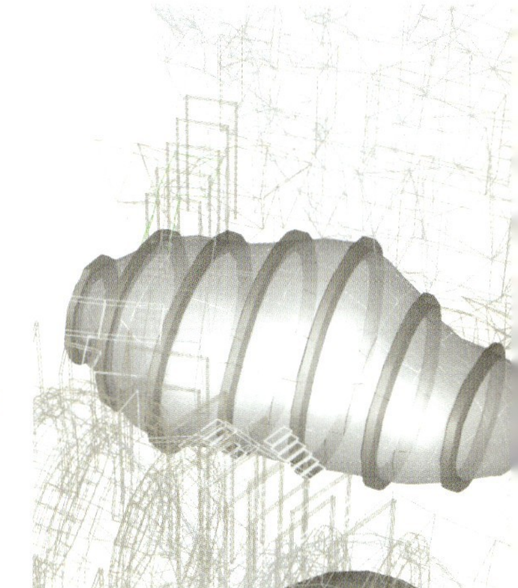

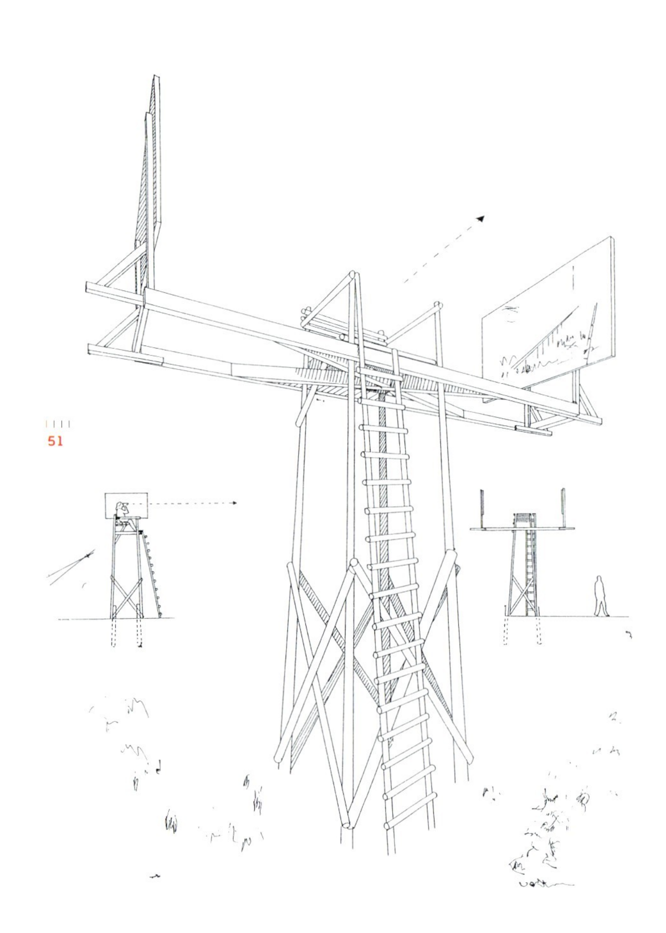

Hier und dort II
Ein Hochsitz auf einer Wiese vor dem mecklenburgischen Dorf Plüschow wird nach 358° Nordnordwest ausgerichtet. Diese Achse kreuzt in 1046 km Entfernung eine viel befahrene Straße in Trondheim, Norwegen.
Die beiden Teile eines stereoskopischen Fotos von dieser Straße sind auf wetterfeste Tafeln kaschiert. Seitlich des Hochsitzes positioniert, können sie mithilfe eines Spiegelstereoskops das Bild aus der Ferne räumlich vergegenwärtigen.

Here and there II
A high stand in a meadow near Plüschow, Northern Germany, is positioned, so that the user is looking in the direction of north-north-west 358°. Following this sight line for 1046 kilometers, one would come to a well frequented street in Trondheim, Norway.
Two stereoscopical images of this street are fixed at the sides of the high-stand. With an angle-stereoscope, the coincidental visitor is able to look threedimensionally into a virtual representation of the street.

JETZT
HERR INDIVIDUAL GEHT

JETZT

Auf einer frei stehenden, 15m hohen Fassadenmauer sitzt ein Mann täglich auf einem metallenen Stuhl. Drei Wochen lang sitzt er dort allabendlich und beobachtet die Kreuzung unter ihm. Neben ihm ist ein großer rechteckiger Kasten installiert. An subjektiv ausgewählten Zeitpunkten drückt der Sitzende auf einen Knopf und das Wort JETZT blitzt in den Abendhimmel.

NOW

On top of a 15 m high fassade-wall is a man sitting on a metal chair. He sits there every evening for a period of 3 weeks, watching the crossing below him. A big rectangular box is fixed besides him. At subjectively chosen moments, the man presses a button and the word NOW flashes into the dusky sky.

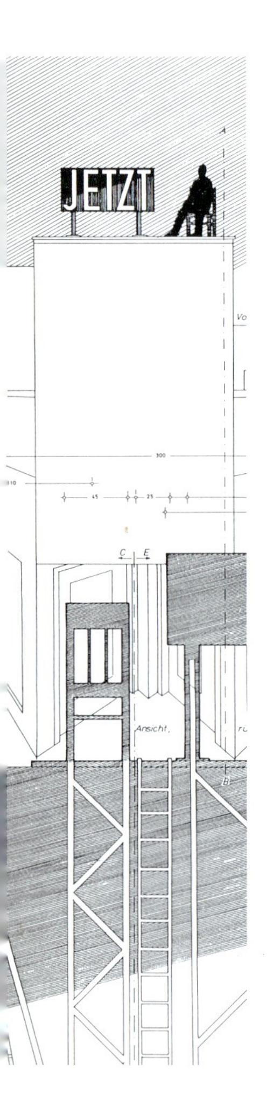

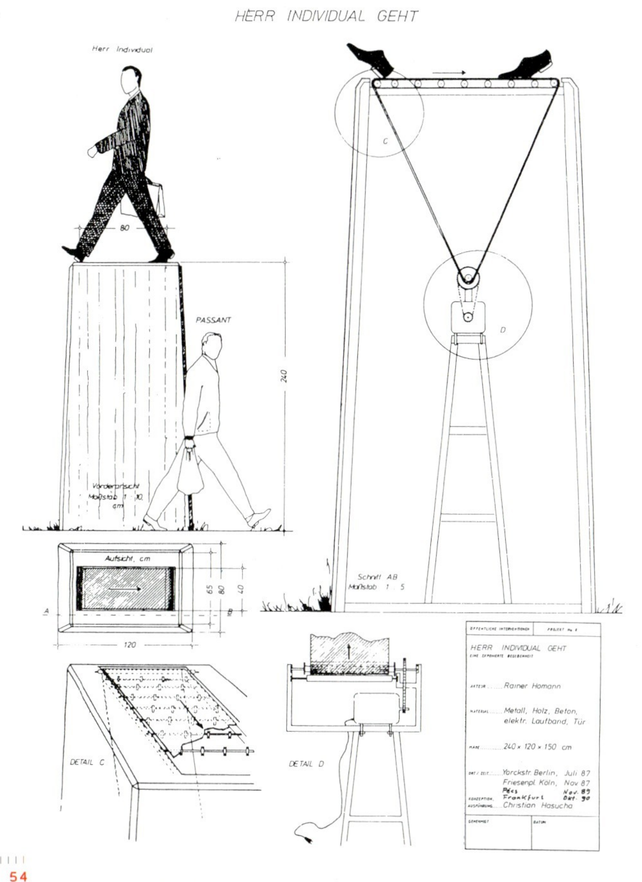

Herr Individual geht

Ein elektrisch betriebenes Laufband ist in das obere Ende eines 2,40 m hohen Betonschachtes eingebaut. Auf diesem Laufband geht ein normal gekleideter Mann mit einem alltäglichen Gegenstand in der Hand drei Stunden lang ohne Unterbrechung,. Der Mann erscheint während eines Zeitraumes von vier Wochen Tag für Tag um die Mittagszeit. Die Aktion wird weder angekündigt noch erläutert.

Mister Individual walking

An electically powered conveyor belt is integrated into the top of a 2,40 m high concrete-plinth. A normal looking man walks on this belt for 3 hours without rest, having something ordinary in his hand. The man appears every noon within a period of four weeks. The performance is neither announced nor labelled.

TILMAN HELLER ZUG

»Welche Veränderungen müssen jetzt eintreten in unserer Anschauungsweise und in unseren Vorstellungen! Sogar die Elementarbegriffe von Zeit und Raum sind schwankend geworden. Durch die Eisenbahnen wird der Raum getötet, und es bleibt nur noch die Zeit übrig.«
Heinrich Heine 1843

»Das Reisen könnte sehr viel angenehmer sein, wenn das Schwergewicht nicht mehr auf der Freude an der Geschwindigkeit liegt, sondern darauf, was man unterwegs sehen und betrachten kann.«
Cedric Price 1989

»What changes must now happen in our points of view and concepts! Even the elementary notions of space and time have been shaken. Through the railroads, space is killed and only time is left.«
Heinrich Heine 1843

»travelling can be so much enjoyable when the emphasis is not on the thrill of speed but on what one can see and observe.«
Cedric Price 1989

"welcheverän derungen
müssenjetztei

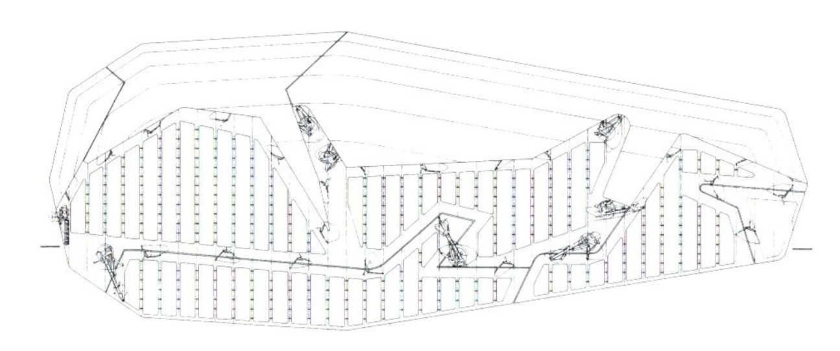

COLOUR FIELDS

Mehrere überdimensionale an den Felswänden des Grand Canyons hängende Strukturen fungieren als Andockstationen für ein amphibisches Luftschiff. Das Luftschiff transportiert zwischen seinen mit Helium gefüllten Kammern die zum Aufbau und zur Versorgung von mehreren Forschungsstationen notwendigen Materialien und Personen.
Es lenkt und öffnet sich autonom.
Die an der Oberfläche der Stationen befestigten Tentakeln verwandeln sich durch Aufblasen in riesige monochrome Farbfelder, sie bereiten dem fliegenden Objekt eine ideale Landeplattform.
Die Interaktion zwischen Luftschiff und Stationen erlaubt eine vielschichtige Untersuchung des Naturraums zwischen Lake Powell und Lake Mead.

Several large-scale structures, suspended from the rock faces of the Grand Canyon, form the docks of an amphibian airship. In the cavities between its helium-filled coffers, this airship transports the materials and personel needed to construct and supply a number of research stations.
It steers itself and open automatically.
The tentacles fixed to the outer surfaces of the research stations can be blown up to large colour fields which make ideal landing platforms.
The interaction between airship and research stations facilitates complex investigations of the natural environment between Lake Powell and Lake Mead.

Inside

The Auratic is the scale of the personal Eruv, the space which is in one's reach. It is the space which immediately embraces or envelopes an individual. The movement of an individual on an auratic level is not interrupted or obstructed by the physical layer of the environment, but only when the distance to another individual and the trace of its movement gets too small. The auratic spaces are timid of invading each other.

FOUR SCALES OF THE ERUV: THE AURATIC

THE POSSIBILITY OF TOUCH ❶ ESTABLISHES A SPACE PLANNED ON A BEHAVIOURAL LEVEL ❷ AND EFFECTED BY PROXIMITY. ❸

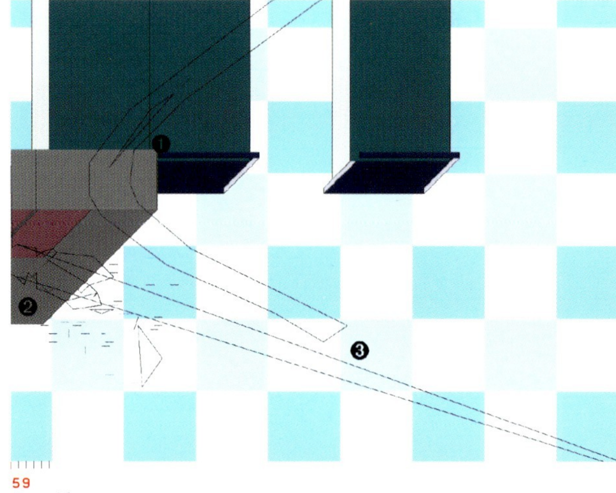

Outside

In order to intervene on the smallest scale the physical layer or component of space proves rather ineffectual, eliciting hardly any reaction. Only on the behavioural level is the intervention effective and results in a response. The planning on the behavioural level originates from a zone of arguing and debate where it is shaped and directed. This can overlay existing physical features and is not affected by them.

Inside

The Physical is the scale of the domestic Eruv, the Eruv of the home. It is the private realm in which one lives and is defined by its physical limits. The movement of an individual on the physical scale is controlled or governed by the material layer of the environment. The trace of movement reveals the testing out of the physical limits and hindrances in the environment. The final confrontation forces the individual to escape from that physical level.

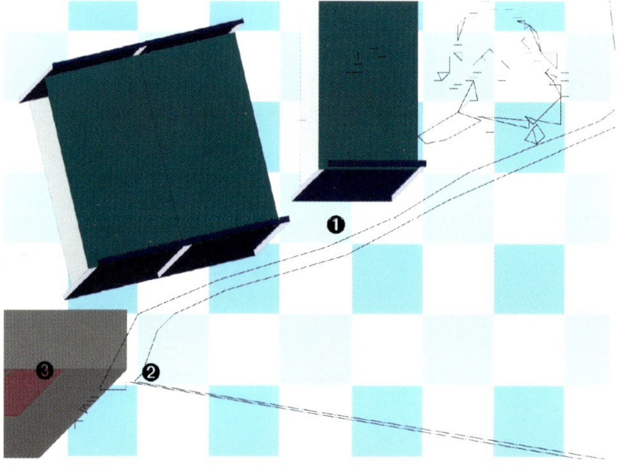

THE PHYSICAL

THE TESTING OUT OF THE LIMITS. ❶ THE ACTUALITY OF TOUCH DEFINES THE LIMITS OF THE SPACE. ❷ THE IMPERSONAL. ❸

Outside

In order to intervene on the domestic scale, it is the physical and material aspect of the environment which proves most effective. The auratic elements or the behavioural landscape are not sufficient anymore and have to be supplemented by the physical elements when one intends to establish a place on that scale. The physical elements act as concrete boundaries checking the activity of individuals inside, a plurality. Simultaneously, the physical obtains an element of the impersonal.

Inside

The Visual is the scale of the Eruv of the alley, the surroundings or the scene of the home. It is the realm of familiarity and defined through the visual. The group of individuals direct their movement by casting sightlines in the physical environment. These establish a motive, which the individuals aim for. The physical layer of the environment is the carrier of those motives, attracting the sightlines.

THE VISUAL

VISUAL CONNECTIONS ❶ TO OBJECTS WHICH ARE CARRIERS OF MEANING ESTABLISHING MOTIVES. ❷ ❸ THE IMPERSONAL IS LEFT OUT. ❹

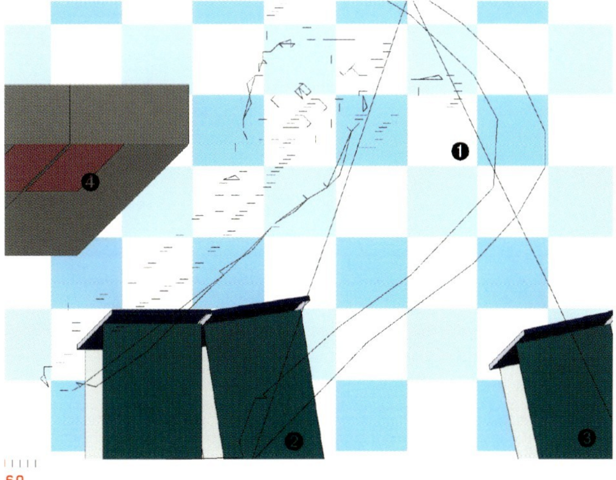

Inside

The Notational is the scale of the Eruv of the city. It encompasses all the previous scales. At the scale of the city the notational aspects of space and its constituents take over. The movement of the multitude of groups is monitored and governed by messages and by writing which structures the space and creates subdivisions and hierarchies.

THE NOTATIONAL

THE NOTATIONAL AND FUNCTIONAL ASPECTS OF OBJECTS ARE FUSED AND OVERLAYED ❶ ❷ AND A NETWORK OF MESSAGES STRUCTURES THE SPACE. ❸

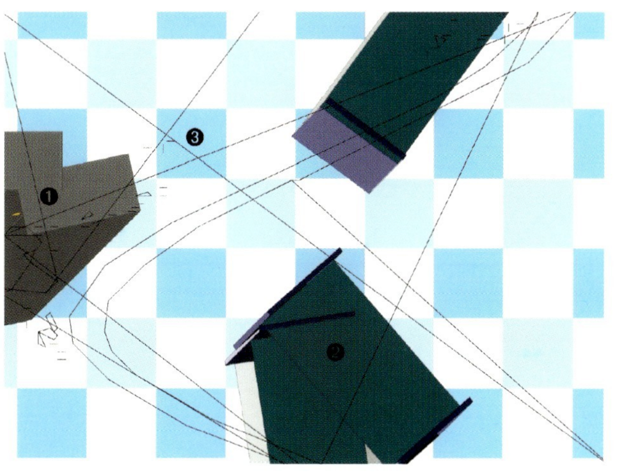

Outside

In order to construct or establish a place on the scale which goes out of the direct private realm, involving a multitude of people, the visual properties of the physical layer of the environment is the area to intervene. The objects are carriers of meaning, not of a symbolic nature, but of an unmediated nature. They convey a sense of place through their characters and are experienced over a distance and not physically.

Outside

In order to intervene on the scale of the city, the notational qualities and aspects of the physical layer needs to be addressed. The objects become carriers of signs and messages which overlay and infiltrate the function and have to be read and enacted. The strategic placement of objects and the supply of a multitude of significations can direct the groups within. But because of the plurality of messages this control is never complete and always dynamic.

…said R. Kahana b. Tahlifa in the name of R. Kahana b. Minyomi in the name of Rab Kahana b. Malkio who had it from R. Kahana the teacher of Rab (other say that R. Kahana b.

A VIRTUALLY ENDLESS CHAIN OF AUTHORITIES ARE BROUGHT TOGETHER FROM DIFFERENT TIMES AND PLACES ❶ TO CONSTRUCT A JUDGEMENT ❷ WHICH IN THE END IS STILL CHALLENGED. ❸

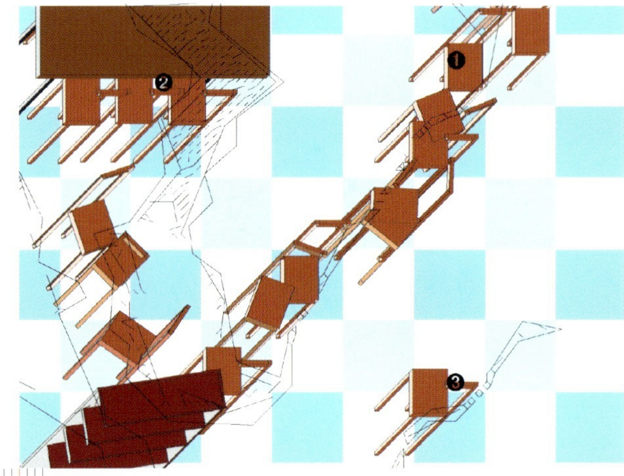

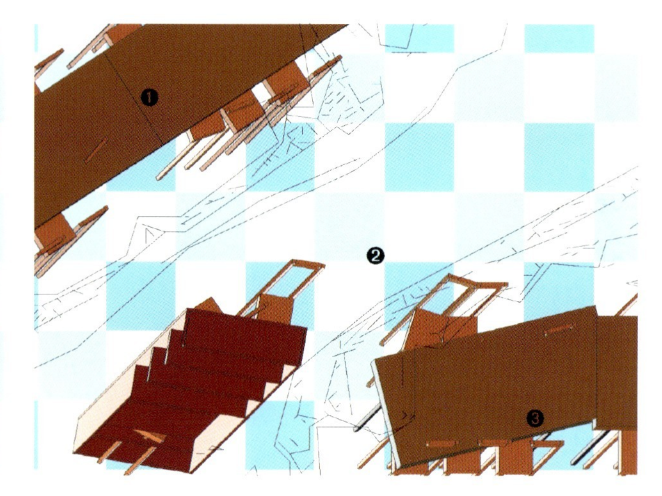

EVERY AUTHORITY ❶-❸ CLAIMS A DIFFERENT JUDGMENT AND THE ISSUE REMAINS UNDECIDED.

Malkio is the same R. Kahana who was Rab's teacher): If one side of an alley was long and the other short, and the shortage is less than four cubits, the cross-beam may be laid in a slanting position, but if it is four cubits the cross-beam is laid only at right angles to the shorter side. Raba opposed this. (Erubin, 8b)

The rendering of an alley fit for the movement of objects within it on the sabbath, Beth Shammai ruled, requires a side-post and a beam, and Beth Hillel ruled: either a side-post or a beam. R. Eliezer ruled: two side-posts. (Erubin, 11b)

…it was taught: Abide ye every man in his place refers to the four cubits; let no man go out of his place refers to the two thousand cubits. Whence do we derive this?

A NETWORK OF CROSS-REFERENCES ❶-❽, TAKEN FROM VERY DIVERSE SOURCES, IS USED IN THE CONSTRUCTION AN ARGUMENT IN THE FORM OF AN ALMOST ENDLESS CHAIN OF EXPLANATIONS. ❽

(1: EX. XVI, 29; 2: EX. XXI, 13; 3: EX. XXI, 13; 4: NUM. XXXV, 26; 5: NUM. XXXV, 26; 6: NUM. XXXV, 27; 7: NUM. XXXV, 27)

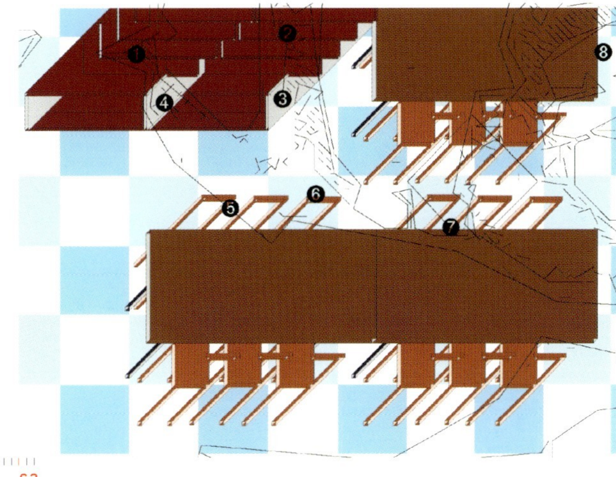

R. Hisda replied: We deduce place[1] from place[2], place[2] from flight[3], flight[3] from flight[4], flight[4] from border[5], border[5] from border[6], border[6] from without[7] and without[7] from without, since it is written, And ye shall measure without the city for the east side two thousand cubits…

Rab and Samuel are at variance about the extension of town boundaries. One learned me´aberin (מעברין) and the other learned me`aberin (מאברין). He who learned me`aberin (מאברין)

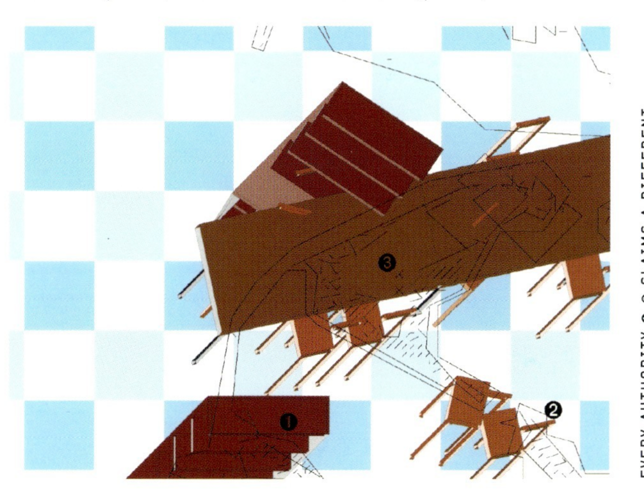

explains it as adding a wing and he who learned me´aberin (מעברין) explains it in the same sense as that of a pregnant woman. (Erubin 53a)

EVERY AUTHORITY ❶-❸ CLAIMS A DIFFERENT JUDGMENT AND THE ISSUE REMAINS UNDECIDED.

The 'Temporary Eruv Shelter' is the design of a house for orthodox Jews in north London. It is a house where orthodox Jews will come every Friday evening to spend the Sabbath in. It is architecture in time. Its site is the site of the former 'Jews Temporary Shelter', at 5 Mapesbury Road, in Kilburn, London. Since the beginning of the century this Jews Temporary Shelter, originally located in east London, has housed new Jewish immigrants coming to London. It used to be an important and very famous institution in England, the first stable building that the Jews arriving from Eastern Europe and Russia by boat would set foot in. In some areas of Russia the Jews Temporary Shelter was better known than any other building or institution in England, better known than St. Paul's Cathedral, Westminster Abbey or the Big Ben. Now, that the influx of Jews into England has declined sharply compared with the first half of this century, and that other organisations and institutions exist which offer help and services of integration to immigrants, the Jews Temporary Shelter has lost most of its original function, and fame, and offers certain community services like old peoples recreation etc. The proposal aims therefore to establish a different project on its site, the Temporary Eruv Shelter.

The Temporary Eruv Shelter (TES) is a building where orthodox Jews can move to in order to spend their Sabbath. It is a building, the layout of which is not structured according to the functions and uses that it should fulfil, but structured according to time. Every Sabbath, orthodox Jews come to the building and move through it, in the 25 hours of the Day of Rest. All functions are offered alongside this movement through the building. At the final hour of the Shabbat, one leaves the building at its other end. It is a wandering through the Sabbath, a movement through time where small events are played out and enact the space. A timely building for the 'Palace in Time.' [1]

This structure of the Temporary Eruv Shelter references the time of the Exodus, where it was exactly that movement, through which a space was appropriated. During the flight through the desert, the idea of a portable space, one's personal 'place', to be carried along, emerged. And it was at that moment, at that time of wandering, that the definition of what makes up a place, was formulated. It is this time of restlessness which lies at the source of everyone's place. Thus, the Sabbath is at the same time deeply linked with the definition of ones personal place as it is with moving, the Temporary Eruv Shelter combines these two aspects and establishes a building as an Eruv in a temporal structure, to be moved through.

The design and the planning of the TES does not employ the standard tools of the conventional architectural practice, like floorplan, elevation or section. The TES is designed and planned through the use and description of narratives and events which will enact and play out its physical and stage-like setting. The representation of the full 25 hour long building is only the stage, the platform on which events are played out. The complete representation of the house is achieved through the narratives and events that are depicted in four stages or four frames. These events are placed into the physical environment of the Temporary Eruv Shelter and start to interact with it, infiltrate it and transform it. Similarly to the Talmud, it represents a space where events that normally happen in different places and at different times are spatially located within it and act out this environment. The Talmud represents a stage for constructed discourse. Only rarely, these arguments lead to a definite result, while most of the time they are open ended. In the Temporary Eruv Shelter it is events and discourses or conflicts which normally occur in different areas, in various scales and do not necessarily take place on a spatial level at all, which are spatially located and placed into that environment and enact that physical layer of the TES.

The architecture of the TES is a description of a house. This description is always threefold: it exists on three distinct layers – text, notation and architecture – each with their own technique of representation, each adding its own personal story to the reading at large; to the architectural construction. »Because 'the way' is now divided into law, language and labour, archetypical speech in which words were deeds – the Hebrew 'da'bar' means act, event, deed, thing, word – and in which there is no distinction between thought, word, thing, is replaced by the notion of language itself as a signifying system distinct from law and labour, in which word, thought, thing may not coincide. Architecture, whether the wall around Paradise or the Tower of Babel, exhibits the limit at which human and divine agency encounter each other. It registers in the visible world outcomes of that encounter which would otherwise remain intangible.« [2]

[1] Heschel, Abraham Joshua: The Sabbath; 1951

[2] Rose, Gillian: Architecture to Philosophy – the Post-modern Complicity; in: Judaism and Modernity; Blackwell; Oxford; 1993; p 231

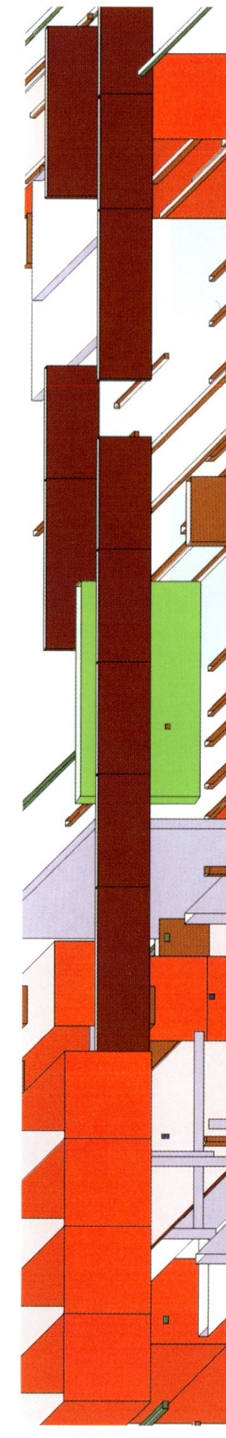

MARKUS JATSCH DER VERBORGENE RAUM

Auszug aus der Dissertation 'Raumentgrenzung' an der Architekturfakultät der Technischen Universität München

Situation

Nach der Automatisierung der Produktion und der Revolution der Übertragungstechniken ist man heute mit der beginnenden Automatisierung der Wahrnehmung der Welt konfrontiert. Sehen bedeutet nicht mehr die Möglichkeit des Sehens, sondern die Unmöglichkeit, nicht zu sehen[1]. Es findet somit ein Verlust des zentrierten, subjektfokusierten Sehens statt. Plötzlich existieren Sehsichten gleichsam an sich oder außerhalb des Subjekts und dieses Subjekt, wenn es denn noch eines ist, steht irgendwo dazwischen. Es nimmt sich das Verfügbare wie im Supermarkt oder es fühlt sich überwältigt. Auf jeden Fall ist die Perspektive verändert: Das Individuum kann keine Entscheidung, etwas zu sehen, mehr treffen, sondern das Sehen und die Bilder sind einfach da und es muss versuchen, damit umzugehen[2].

Ähnliches lässt sich auch für die Wahrnehmung von Raum feststellen. Wie John Urie in seiner Reisesoziologie festgestellt hat, ist Raum ein Verbrauchsgut geworden, das durch den 'Blick des Touristen' konsumiert wird: eine Optik, die in erster Linie Erfahrungen 'sehen' will[3]. Dementsprechend wird der Raum konfiguriert, um seinen visuellen Verzehr zu erleichtern. Raum erscheint weniger erlebt, sondern vielmehr als etwas, das man vorübergehend aufsucht und konsumiert, ohne Berücksichtigung der Nähe zum täglichen Leben seiner Benutzer. Das heutige 'life on the move' erzeugt die von Marc Augé 'Nicht-Orte' genannten Räume der zeitgenössischen Stadt[4]. Geprägt sind diese Räume davon, dass Passanten sie durchmessen, sodass eine Teilnahme zum simplen Akt des Schauens wird.
Weil heute die Beziehung zwischen dem 'reisenden' Individuum und dem Raum derart abstrakt ist, sieht sich das Raumerlebnis als ein zeittypisches Phänomen im Warenangebot integriert. Es wird aus den Einschränkungen der Realität befreit und damit zu einer selbstreferen-

Extract from the dissertation titled 'Raumentgrenzung' (Lifting the Borders of Space) at the School of Architecture, Munich Technical University

Situation

Following the mechanization of production processes and the revolution in communication technologies, we now face an increasing 'automatization' in the way we perceive the world around us. Vision no longer signifies the opportunity, or possibility, to see but the impossibility not to see[1]. We experience a loss of centered, subject-focused vision. Suddenly, there are quasi intrinsic lines and angles of vision, ways of seeing that happen outside the subject which – if it is a subject at all – stands somewhere in between. It takes what is available, as does a supermarket customer, or else it feels overwhelmed. In any case, the perspective has changed: the individual can no longer choose to view something, but finds sight and pictures already there and has to try and come to terms with both[2].
Spatial perception offers a similar experience. As John Urie stated in his sociology of traveling, space has become a consumer article. It is consumed by touristic 'sight-seeing', a way of viewing primarily geared to taking in experience[3]. Space is configured in such a way that its visual consumption is facilitated and it appears less 'experienced' but rather a place visited for a time and absorbed (consumed) visually, regardless of its link with the everyday lives of its users. Contemporary modes of 'living in motion' generate the kind of contemporary urban spaces Marc Augé calls 'non-places'[4]. These spaces are marked by people passing through them and interacting with them by the simple act of viewing.
Today, the relationship of 'traveling' individuals with the spaces and places they traverse is abstract to the point of spatial experience being integrated into the stock in trade of consumer articles as a contemporary phenomenon. The experience of space is freed from the

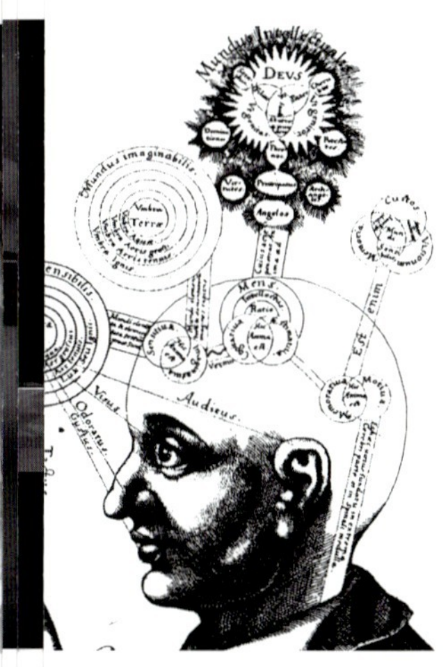

ziellen Abstraktion, die ihre eigenen Produktionszusammenhänge verbirgt. Somit erscheint das Raumerlebnis lediglich als ein weiteres Verbrauchsgut, das gemäß Marshall McLuhan wie ein 'heißes' Medium fungiert: es offeriert dem Nutzer einen derartigen Überfluss an Informationen, dass dieser sich nur geringfügig aktiv daran beteiligen muss[5]. Am deutlichsten tritt diese Empfindung zu Tage im »been there, done that« des Touristen, der seine Sehenswürdigkeiten nur noch abhakt. Doch mit dem Aufkommen verschiedener Bildmedien im 20. Jahrhundert wurde auch die Illusion des Menschen zunehmend zerstört. Das Wirkliche wurde übersteigert und zur Schaffung einer fehlerfreien Illusion wurde dem Wirklichen noch mehr Wirkliches beigemischt. Der Gipfel dieser Desimagination des Bildes wird in der Digitalität erreicht, im synthetischen, nummerischen Bild der virtuellen Realität. Ein Bild ist immer eine Abstraktion der Welt in zwei Dimensionen. Es entzieht der wirklichen Welt eine Dimension und ermöglicht dadurch die Macht der Illusion. Die Virtualität hingegen zerstört die Illusion, indem sie einen in das Bild 'eintreten' lässt, indem sie ein dreidimensionales, realistisches Bild schafft und dem Wirklichen sogar eine vierte Dimension hinzufügt, um aus ihm das Hyperreale zu machen. Die Virtualität steuert auf die vollkommene Illusion zu. Es handelt sich dabei jedoch keinesfalls um die gleiche schöpferische Illusion wie der des Bildes oder auch des Zeichens, sondern um eine mimetische und hologrammatische Illusion, die dem Spiel der Illusion durch die Vervollkommnung der Reproduktion ein Ende bereitet. Die Virtualität zielt nur auf die Prostitution, auf die Auslöschung des Wirklichen durch sein Double.
Die Illusion, d.h. die Kunst oder die Macht, sich durch die Erfindung von Formen dem Wirklichen zu entziehen, ihm eine andere Szene entgegenzusetzen und ein anderes Spiel mit anderen Regeln zu erfinden, ist unmöglich geworden, weil die Bilder in die Dinge eingedrungen sind. Sie sind nicht mehr der Spiegel der Wirklichkeit, sie sind im Kern des Realen verankert und haben es in Hyperrealität verwandelt, in der es für das Bild kein anderes Schicksal mehr gibt als nur noch das Bild. Das Bild kann das Reale nicht mehr bildlich darstellen, weil es das Reale selbst ist. Es kann es nicht mehr transzendieren, verklären oder träumen, weil es dessen virtuelle Realität ist. In der virtuellen Realität scheint es so, als hätten die Dinge ihren Spiegel verschluckt und seien so sich selber gegenüber transparent geworden. Sie besitzen kein Geheimnis mehr und können deswegen auch keine Illusion mehr erzeugen. Die Illusion ist hingegen an das Geheimnis gebunden, an die Tatsache, dass die Dinge von sich selbst abwesend sind, sich in sich selbst zurückgezogen haben und nur noch in ihrer Erscheinung auftreten[6].
Aufgrund einer ausgiebigen Entmystifizierung der westlichen Hemisphäre erleben Gesellschaften ein exponentielles Wachstum der Unsicherheit, was ein stärkeres Bedürfnis nach neuen Rollenmodellen zur Folge hat. Die Auflösung der kulturellen Wertesysteme lässt neue Lebensstilkonzepte entstehen, die globale Umwandlung geistiger

constraints of reality and thus becomes a self-referential abstraction which hides the connections inherent in its production. Thus, the experience of space appears as just another consumer article which – according to Marshal McLuhan – functions like a 'hot' medium by offering its users such a wealth of information that they have to make little effort to participate in it[5]. The most obvious example of this experience is the 'been there, done that' of the tourists who only ticks off the various sights on their list once they have seen them.
With the emergence of the various new picture media in the 20th century, however, illusions produced in the human mind were increasingly eliminated. Reality was exaggerated and mixed with yet more reality to create absolutely flawless artificial illusion. The culmination of this 'disimagination' of the image was achieved digitally, i.e. through the synthetic, numerical, virtual reproduction of reality. Every picture is a two-dimensional abstraction of the world. It removes one dimension of the real world and thus promotes the power of illusion. Virtuality, on the contrary, destroys illusion by allowing the observer to 'enter' the image, by creating a three-dimensional realistic picture – even adding a fourth dimension to transform it into hyper-reality. Virtuality is steering towards perfect illusion. This is by no means the same creative phantasmagoria as that provided by a picture or a sign, but a hologrammatic mimetic mirage which uses immaculate reproduction to end the play of illusion. The sole aim of virtuality is prostitution, i.e. the extermination of the real by means of its duplication.
Illusion is the art or power of withdrawing from reality by inventing shapes, by setting up a contrasting scenario to reality and creating another game with different rules. Illusion in this sense has become impossible because pictures have entered the core of physical things. They are no longer the reflection of reality, they have become part of the core of reality and have transformed it into hyper-reality where the image has no destiny but itself. The image can no longer represent what is real because it is real itself. It can no longer transcend, sublimate or dream what is real because it is in itself reality turned virtual.
In virtual reality things seem to have swallowed their reflections and become transparent to themselves. They no longer hold any secrets and therefore cannot generate illusion. Illusion, in turn, is bound to secrecy, to the fact that things have taken leave of themselves, have retreated into themselves and continue to exist only as their own appearance[6].
Due to the comprehensive demystification of the real world in the western hemisphere, societies experience an exponential growth of uncertainties which result in an increased need for new role models. The dissolution of cultural value systems has led to the creation of new lifestyle concepts and to the global transformation of intellectual and spiritual aspirations. In a world in which fixed social, economic and political statements are constantly being altered and replaced by new ones, every individual has to shape his/her own identity and

Ausstellung im Landesmuseum Joanneum, Graz
Für die Ausstellung 'Die Farben Schwarz' wurde ein neues Konzept des Corporate Design gewählt; um in Werbung und Öffentlichkeitsarbeit die Spannweite des Themas anzudeuten, sollten die unterschiedlichen Emotionen, die mit Schwarz verbunden werden, in lesbare Formen gebracht werden. Bewusst wurde kein Sujet aus der Ausstellung selbst transportiert, sondern eine Idee, die den Titel der Ausstellung reflektiert. Dies geschieht mit einem computergenerierten 3D-Bild, das einen virtuellen Körper darstellt, der für jeden Anwendungszweck gedreht, gewendet und beleuchtet werden kann und aufgrund seiner Ausdrucksstärke eine besondere Identität für die Ausstellung bietet.
Ein schwarzer Körper bewegt sich in einem schwarzen Raum.
Nur Licht und reflektierende Oberfläche machen ihn sichtbar. In seiner Mutation erscheint der Körper sanft, aggressiv, heiter und bedrohlich, still oder laut, maskulin und feminin in verschiedenen Ansichten. Ästhetik und Interpretation entstehen im Auge des Betrachters. Durch die räumliche Erfahrung, die das Sujet möglich macht, wird Schwarz auch als Symbol der Tiefe erfahrbar.

Exhibition at the Regional Museum Joanneum, Graz, Austria
A new corporate design concept was implemented at the exhibition 'Die Farben Schwarz' (The Colors Black) to indicate the subject range in advertising and public relations: the different emotions associated with the color black were to be transposed into readable forms. The designers deliberately did not depict an object from the exhibit, but translated the idea expressed in the title into a 3D computer-generated image of a virtual body which may be turned around and lit from every possible angle to serve every possible application. Due to its powerful expression, it gives the exhibition a special flair.
A black mass moves inside a black space and becomes visible only through the reflections on its surfaces under lighting. In its mutant version, the mass appears gentle or aggressive, serene or threatening, quiet or loud, masculine or feminine, depending on the viewing angle. Both its aesthetics and interpretation are in the eyes of the beholder. The image offers a spatial experience which also makes it possible to see black as a symbol of depth.

11
74

KÖNIGS ARCHITEKTEN DIVERCITY©, INSTALLATION ARCHITEKTUR-BIENNALE VENEDIG 2000

DIVERCITY©-FIELDSTUCY
ARCHITEKTUR-BIENNALE VENEDIG 2000
TEAM:
ULRICH KÖNIGS, ILSE MARIA KÖNIGS
ROSARIO DISTASO, MATHIAS KÖHLER,
CLAUDIA PANNHAUSEN, CHRISTOPH SCHMIDT,
CHRISTOPH HEINEMANN

DETAIL: TEXT SCREEN WITH RUBBER GLOVES

Strategien zur Entwicklung des urbanen Raums
DIVERCITY© betrachtet Städteplanung als Open-Source-Projekt und untersucht die daraus resultierenden Chancen und Konsequenzen für alle Beteiligten. Insbesondere wurde der Aspekt der evolutiven Entwicklung unter Aufgabe der städtebaulichen Planungshoheit betrachtet: Während in sich abgeschlossene Planungssysteme nicht in der Lage sind, auf plötzliche Veränderungen zu reagieren, kann DIVERCITY© auftretende Konvergenzen und Divergenzen in Form von Krisen, Katastrophen und Konkurrenzen produktiv einbauen. Durch sie wird der Planungsprozess stetig hinterfragt, angepasst und reguliert. Der Planer wird zum Organisator eines Prozesses, anstatt wie bisher Autor eines Entwurfs zu sein.

Open Source
Überträgt man das Modell Open Source auf die Stadt, bedeutet dies die Abgabe der Planungssouveränität der Stadt bezogen auf zeit-/räumlich

fixierte Festlegungen: Der Quellcode muss offenliegen. Die Abgabe der Planungssouveränität bezieht sich vor allem auf das System der vorab definierten, ergebnisfixierten Planung, bei der städtische Räume prognostisch ungenau festgelegt werden. DIVERCITY© heißt also operativer Pragmatismus statt ideellem Konformismus.
Zunächst wird eine topologische Karte erstellt, ein Plan, auf dem alle geografischen, infrastrukturellen sowie kontextuellen Daten grafisch dargestellt sind. Dieser Plan unterliegt wie eine Wetterkarte ständigen Veränderungen durch neue Eingaben, Modifikationen, Mutationen. Im Gegensatz zum Masterplan ist somit das Prinzip der Unschärfe ein prozessimmanentes Charakteristikum des Plots.
DIVERCITY©, die Vielfalt der Stadt mit ihrem komplexen Beziehungsgeflecht, entsteht im Prozess ohne direkte administrative Einflussnahme. Die Stadt, als politische Instanz, ist nicht mehr Verwalter und Visionär in einem. Sie nimmt weiterhin alle Schutzfunktionen war, analysiert das Geschehen und beobachtet, was sich auf den einzelnen

Divercity©–Field Study
In essence, DIVERCITY© describes town planning as an open source project and looks at the opportunities and consequences for the participants in the process of developing urban areas. The particular aspect that has been dealt with up to now is the aspect of co-operative development despite abandoning town planning sovereignty and possible strategies for planning and action in dealing with an open, process-orientated planning method.
Evolving cities like DIVERCITY© based on an open source principle are expected to remain in a conceptual state of unequilibrium, which consists a maximum of possibilities, adaptivness and resistance, strongly referring to the title of the exhibition – Città: Less Aesthetics, More Ethics.
Fixed rule based projects should be transformed into negotiation based, flexible planning instruments. From controlling to chairing. While self-contained planning systems cannot respond to sudden changes,

in an open source System new convergences an divergences in the form of crisis, catastrophes and concurrences may be productively inserted; they are an integral part of methodological considerations. They lead to a constant questioning, adaptation and regulation of the planning process.
Similar to the game theory models of behavioural-ecological research, modeis must be developed corresponding to the open and process-oriented logic of such planning, which allow for increasing complexity and which can integrate time in the sense of possibility of modification and development. The game theory may be of help in analysing the evolution of the co-operation and providing information on the development of the planning process, as well as in speeding up emergence and co-operation.
In order to be in a position to make predictions it makes sense to quantitatively determine the extent of complexity with the help of the notion of entropy. Entropy, derived from thermodynamics is

INTERAKTIVES PFLANZENLABOR

Plots ereignet. Sie moniert einzelne Vorschläge oder verbietet sie, wenn sie gegen übergeordnete Gesetze verstoßen. Es entsteht ein informativer 'Trampelpfad' in der offenen Möglichkeitsebene, die nicht durch Regulation, sondern durch kooperierendes Verhalten generiert wird. DIVERCITY© muss nicht künstlich erzeugt werden, sondern es wird evolutiv entstehen. Seine Vielfalt ist Voraussetzung für einen offenen und dialogischen Kommunikationsraum, da aus ihr das Potenzial, zu verhandeln und zu einem Kompromiss zu gelangen, erst entsteht.

Entropie

Wir gehen davon aus, dass die Stadt in der Summe ihrer Teile vollständig ist. In einem solchen abgeschlossenen System steigt die Gesamt-Entropie evolutiv an. Der Ausgleich von Defiziten, die Herstellung von Gleichgewicht, ist also eine Frage der Lokalisierung und Generierung entropischer Prozesse. Mangelsituationen sind jedoch integraler Bestandteil von DIVERCITY©: Der Druck wird im

Verhandlungsraum direkt spürbar und kann innerhalb neuer Planungsvorhaben abgebaut werden. Die Verschleppung belastender Defizite durch fixierte Planungsstände ist nicht mehr möglich; somit ist das System schnell und flexibel in der Lage, den entropischen Ausgleich lokal zu provozieren. Gestützt durch das Open-Source-Prinzip ist zu erwarten, dass die Stadtentwicklung sich somit in einem konzeptionellen Ungleichgewichtszustand bewegen wird, welche jedoch ein Höchstmaß an Entwicklungsfähigkeit, Anpassungsfähigkeit und Widerstandsfähigkeit besitzt.

an ordinal measure which characterises the state of balance of a system.The compensation of deficits, the production of balance is thus a question of localising and generating entropic processes, while the level of potential informations is ever increasing. The DIVERCITY©-FIELD STUDY creates a laboratory situation. The visitor can see a plantfield inside a glassbox. By using gloves, wich are fixed in the glasswalls, the visitor is encouraged to intervent in the scenario of the plantfield, for example implant seeds, give water or supporting sticks, repaire or destroy. The growing of the plantfield obviously is an process oriented development wich depends intensively on the co-operation of the Biennale participants. What might happen to the field of flowers during the Summer 2000 in Venice?

DIVERCITY©-FIELDSTUDY
CREATES A LABORATORY SITUATION

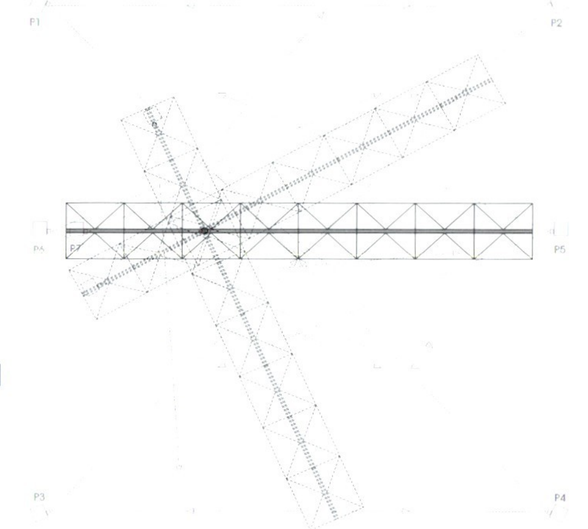

[KUNST UND TECHNIK] [LICHTWAAGE]

Seit 1997 besteht die Berliner Plattform [kunst und technik]. Künstler, Gestalter und Architekten bilden den neunköpfigen Kern der Gruppe. [kunst und technik] operiert überdisziplinär ohne verbindliche Ausrichtung. Mit Beginn des Jahres 2000 wurde die Gruppe nach außen geöffnet. [kunst und technik] wird sich danach zukünftig auf die Bündelung und Veröffentlichung von eigenen und fremden Projekten konzentrieren. Die praktische Entwicklungsarbeit in eigenen Projekten wird auf eine Reihe von neu gegründeten 'spin-offs' verlagert (realities: united/XTH-Berlin).
Die Projekte, die für diese Veröffentlichung ausgewählt wurden gehören überwiegend zu dem Themenschwerpunkt »Synthetische Räume / augmented reality: Überlagerung natürlicher und simulierter Raumwirklichkeit«

Weitere Info: http://www.kut-berlin.de

[lichtwaage]
Verfasser: R.Hartl, M. Janekovic, H. Schröder, U. Rieger
Ort: [kt]-lab (1997), Künstlerhaus Dortmund (1998), FH Münster (1998)
Link: http://www.xth-berlin.de/lichtwaage
Spielerisch generiert die Rauminstallation [lichtwaage] aus CAD-Konstruktionszeichnungen die Illusion von im Raum schwebenden und begehbaren dreidimensionalen Lichtkörpern. 13 gekoppelte Projektoren projizieren einen am Rechner konstruierten virtuellen Lichtraum. Die auf einem Punktlager balancierende, tanzende, knapp 11 m lange Leichtkonstruktion aus Aluminium, Stahlseilen und Glasfibergaze bildet die Projektionsfläche, die von den Ausstellungsbesuchern durch leichte Berührung in raumgreifende Schwingungen versetzt wird. Ein Spannungsverhältnis zwischen Real- und Datenraum wird erzeugt, welches die Grenzen von Materie und Lichtkonstruktion verschwimmen lässt.

The Berlin platform [kunst und technik] was established in 1997. Artists, designers and architects are the core members of the group. [kunst und technik] operates in interdisciplinary fashion and does not exclusively follow any specific direction. At the beginning of the year 2000, the group opened itself to wider public horizons and from then on has concentrated on connecting and publishing its own projects and those of others. The practical development work on its own projects has been shifted to a number of newly established 'spin-offs' (e.g. realities: united/XTH-Berlin).
Thematically, most of the projects selected for this publication deal with the priority subject of »synthetic spaces / augmented reality«, namely the layering and overlapping of natural and simulated spatial realities.

For further information contact: http://www.kut-berlin.de

[scale of light]
Authors: R. Hartl, M. Janekovic, H. Schröder, U. Rieger
Locations: [kt] laboratory (1997); Artists' House, Dortmund (1998); University of Applied Sciences, Münster (1998)
Link: http://www.xth-berlin.de/lichtwaage
This space installation of CAD construction plans playfully generates the illusion of three-dimensional walk-in bodies of light floating in the room. Thirteen interconnected projectors produce a computer-constructed virtual light space. A light-weight structure of aluminum, steel cables and glassfibre gauze, almost 11 meters long, forms the projection area. It balances and seems to dance on a point bearing. By touching it lightly, visitors trigger its space-embracing vibrations. These build up tension between the real and the virtual space which blur the line between the material and the luminous structure.

VERWANDTE PROJEKTE
RELATED PROJECTS

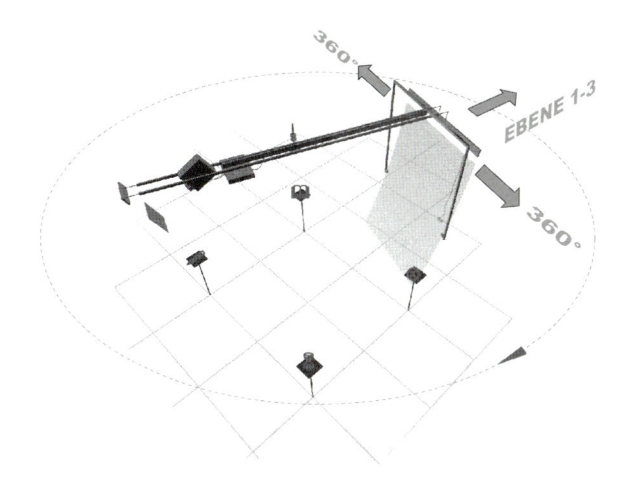

[VZdTz]
Verfasser: U. Rieger, V. Seifried, Ravenstein Brain Pool
Kurz-Beschreibung: 360°-Lichtzellen als digitale Informationseinheit
Ort: Expoprojekt der Stadt Verden, 2000
Link: http://www.xth-berlin.de/vzdtz

[VZdTz]
Authors: U. Rieger, V. Seifried, Ravenstein Brain Pool
Brief description: digital information unit of 360° light cells
Location: EXPO project in the town of Verden, 2000
Link: http://www.xth-berlin.de/vzdtz

[Industrielles Gartenreich]
Verfasser: M. Janekovic, H. Schröder, U. Rieger
Kurzbeschreibung: Projektionsraum mit drehenden Videoprojektoren
Ort: Weltkongress Urban 21, 2000
Link: http://www.xth-berlin.de/urban21

[Industrial Garden Realm]
Authors: M. Janekovic, H. Schröder, U. Rieger
Brief description: projection room with revolving video projectors
Location: World Congress Urban 21, 2000
Link: http://www.xth-berlin.de/urban21

* 1. »WOHIN KEIN AUGE REICHT«
AK PHOTOGRAPHIE HAMBURG/GUNDLACH/SCHÜRMANN

»WHAT NO EYE CAN SEE«
AK PHOTOGRAPHY HAMBURG/GUNDLACH/SCHÜRMANN
+
2. »DIGITALE PHOTOGRAPHIE«
DEICHTORHALLEN HAMBURG/FELIX; 21.5.–5.9.1999

»DIGITAL PHOTOGRAPHY«
DEICHTORHALLEN, HAMBURG/FELIX, 21ST MAY TO
5TH SEPTEMBER 1999

[MULTI MIND]

[multi mind]
Verfasser: Jan Edler, Tim Edler, Ajoy Misra
Organisation: [realities united] in Kooperation mit [kunst und technik]
Ort/Zeit: Hamburg, Deichtorhallen, Triennale der Photographie 1999*
URL: http://www.multi.mind.de

Die Installation [multi mind] besteht aus 16 stationären und 16 mobilen, miteinander vernetzten Computern. Die stationären Rechner sind im Foyer der Ausstellungshalle in einer mechanisierten Konstruktion aufgereiht, die mobilen Einheiten werden an Ausstellungsbesucher verliehen. Sie können wie ein Rucksack getragen werden und bestehen aus einem Notebook, einer Digitalkamera und einem leichten TFT-Display.
Im Netzwerk sind die Videodaten, die von den 16 mobilen Kameras laufend als 'streams' erzeugt werden, von allen Rechnern abrufbar. Sie erzeugen eine zusätzliche dynamische Ebene der Ausstellung und sind das Rohmaterial eines kontinuierlich verbindenden, dafür aber niedrigintensiven Kommunikationssystems zwischen den Teilnehmern. Im Gegensatz zu konventionellen Kommunikationssystemen werden die Mitteilungen des Kommunikationspartners vom isolierten Fragment zum einem integrierten Teil der eigenen Realitätswahrnehmung. Mit der parallelen Wahrnehmung der natürlichen Umgebung und der künstlich übermittelten Realität entsteht eine synthetisch zusammengesetzte Wirklichkeit. Der Versuchs thematisiert so die Überwindung des vermeintlichen Antagonismus zwischen der natürlichen und einer künstlichen, virtuellen Wirklichkeit.
Auf seiner strukturellen Ebene antizipiert [multi mind] eine mögliche öffentliche Entwicklungsumgebung, in der technologische Konzepte parallel mit korrespondierenden Anwendungskulturen entwickelt werden. Damit wird die spürbar zunehmende Ungenauigkeit einer laborhaften, von gesellschaftlichen Strömungen getrennten technologischen Entwicklung thematisiert.

[multi mind]
Authors: Jan Edler, Tim Edler, Ajoy Misra
Organization:[realities united] in cooperation with [kunst und technik]
Location/dates: Hamburg, Deichtorhallen, Triennial of Photography 1999*
URL: http://www.multi.mind.de

The installation [multi mind] consists of sixteen stationary and sixteen mobile computers which are interconnected. The stationary ones are aligned to form a mechanized construction in the foyer of the exhibition hall; the mobile units are lent to the exhibition visitors. They are portable like backpacks and comprise a notebook, a digital camera and a light-weight TFT display.
The video data continually generated by the sixteen mobile cameras in the form of 'streams' can be called up on the computer screens. They create an additional dynamic exhibition level and are the raw material of a continuously connecting, low-intensity system of communication between the participants. Unlike conventional communications systems, every message you receive changes from an isolated fragment to an integral part of your own perception of reality. With the perception of both the natural environment and the artificially transmitted reality, a synthetic reality emerges. In this way, the test addresses the overcoming of an assumed antagonism between the natural, real, and an artificial, virtual, reality.
On the structural plane, [multi mind] envisages potential public surroundings for the project in which technological concepts are developed parallel to corresponding application cultures. This addresses the increasingly felt imprecision of lab-engendered technical developments severed from social trends.

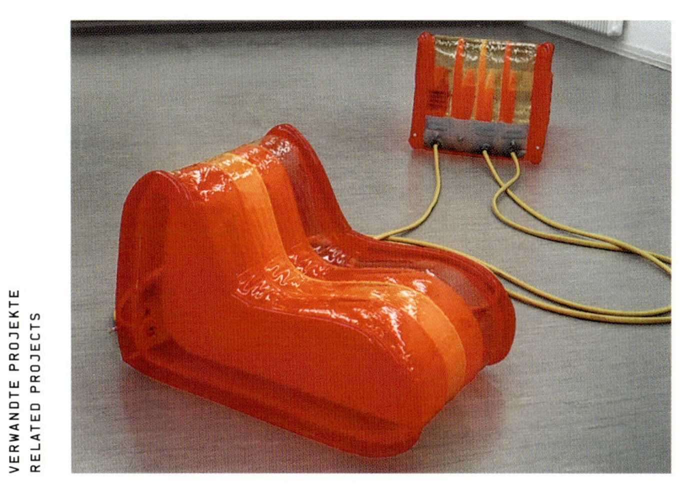

[combuTT]
J. Edler, T. Edler / [realities united]: »peripheres« Kommunikationssystem; zwei miteinander gekoppelte, aufblasbare Sessel; Prototyp, 2000
Link: http://www.realities-united.de/combutt

[combuTT]
J. Edler, T. Edler / [realities united]: 'peripheral' communications system; two joined pneumatic lounge chairs; prototype, 2000
Link: http://www.realities-united.de/combutt

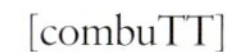

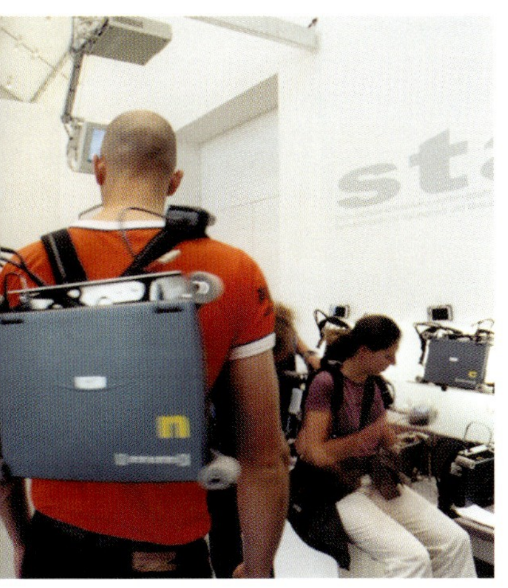

[modell-modell]
J. Edler, T. Edler / [realities united]: temporärer Ausstellungspavillon aus Containermodulen und Spezialeinbauten; nachts Dia-Projektionen. Neuer Aachener Kunstverein, 2000
Link: http://www.realities-united.de/modellmodell

[modell-modell]
J. Edler, T. Edler / [realities united]: temporary exhibition pavilion, consisting of container modules and special built-in elements; slide projections at night. Neuer Aachener Kunstverein (New Aachen Art Association), 2000
Link: http://www.realities-united.de/modellmodell

[reinraus]
J. Edler, T. Edler / [realities united]: mobile Raumerweiterung/temporärer Balkonstuhl; Aluminium-Stahl-Auslegerkonstruktion;
Prototyp FSW P3-01, 2001
Link: http://www.realities-united.de/reinraus

[reinraus]
J. Edler, T. Edler / [realities united]: mobile room extension/temporary balcony chair; steel and aluminum cantilever structure; prototype FSW P3-01, 2001
Link: http://www.realities-united.de/reinraus

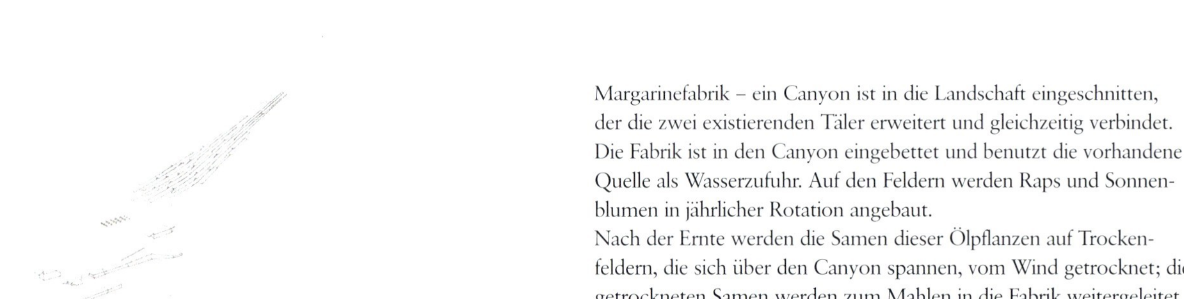

Margarinefabrik – ein Canyon ist in die Landschaft eingeschnitten, der die zwei existierenden Täler erweitert und gleichzeitig verbindet. Die Fabrik ist in den Canyon eingebettet und benutzt die vorhandene Quelle als Wasserzufuhr. Auf den Feldern werden Raps und Sonnenblumen in jährlicher Rotation angebaut.
Nach der Ernte werden die Samen dieser Ölpflanzen auf Trockenfeldern, die sich über den Canyon spannen, vom Wind getrocknet; die getrockneten Samen werden zum Mahlen in die Fabrik weitergeleitet. Das dabei gewonnene Öl fließt langsam in einer offenen Leitung, einem künstlichen Fluss. Entsprechend den einzelnen Stationen der Raffinierung – als Rohöl, Pflanzenöl oder Margarine – wird das Öl mithilfe der Gravitation den Canyon hinunter transportiert.
Die fertigen Produkte werden verpackt und im Canyonbett gelagert, bis sie für die Auslieferung in Lastwagen verladen werden.
Die Integration der Margarinefabrik in die Landschaft, die die Rohstoffe liefert, erfordert eine Neuinterpretation sowohl von industriellen als auch kultivierten Landschaften. Organisatorisch wie auch konzeptionell gibt es keinen Gegensatz zwischen den Prozessen, die auf den Feldern und im Canyon vonstatten gehen.
Beide sind Artifice, beide sind Natur – von Menschenhand geschaffen, aber abhängig vom natürlichen Kreislauf des Wassers, des Windes und der Sonne.

The margarine factory: a canyon has been cut into the landscape which extends and at the same time links the two existing valleys. The factory is inserted into the canyon and uses the existing source for its water supplies. The fields are cultivated with annual rotational crops of rape seed and sunflowers. After harvesting, the seeds of these oil plants are wind-dried on the drying trays that span the canyon. The dried seeds are then transported to the factory to be milled. The oil flows slowly in an open channel, an artificial stream. Corresponding to the individual refining and processing stages – from raw oil to vegetable oil or margarine – the oil gravitates down the canyon. The finished products are packaged and stored on the canyon floor before they are loaded onto trucks for delivery.
The integration of the margarine factory into the landscape which supplies the raw materials requires a new interpretation of both industrial and cultivated landscapes. Neither in terms of organization nor of concept is there any conflict between the working processes on the fields and on the canyon floor. Both are artifices, both are nature – created by man, but dependent on the natural cycles of water, wind and sun.

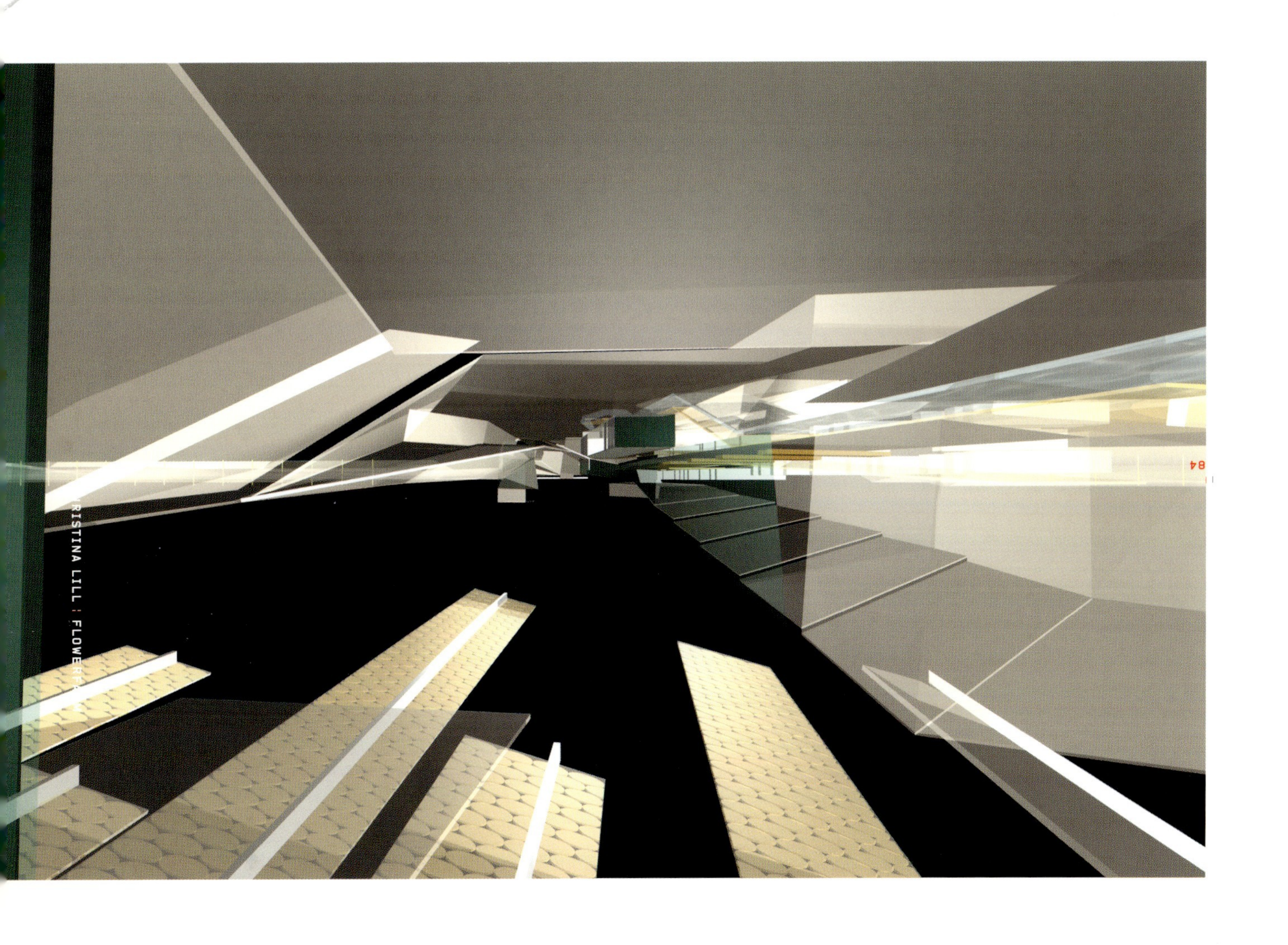
RISTINA LILL : FLOWER

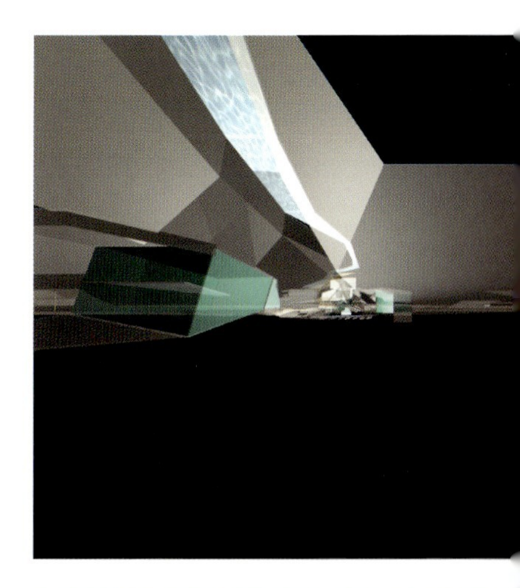

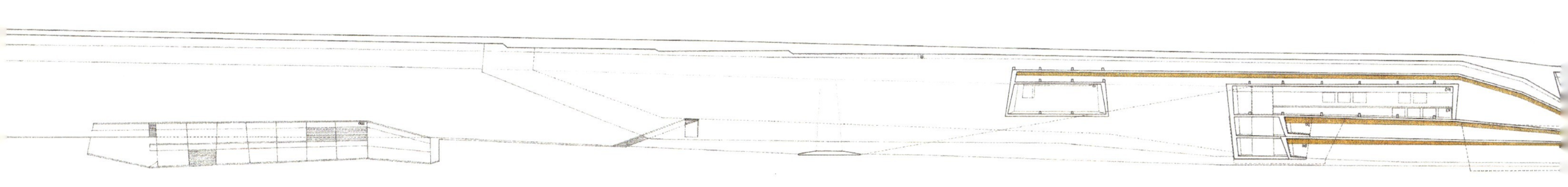

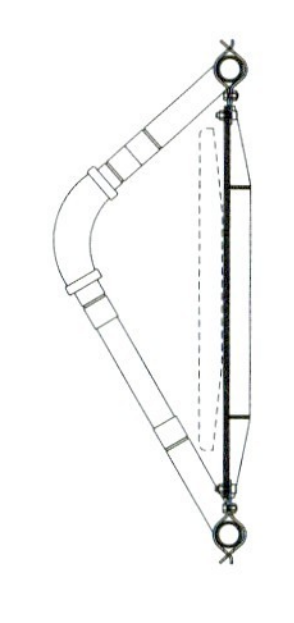

VIRTUAL WINDOW

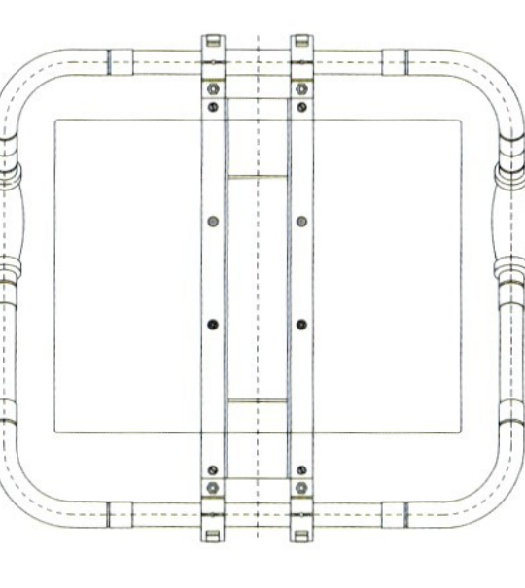

DIE PROJEKTION DES VIRTUELLEN RAUMES – WOHNHAUS IN RERGENWIES

THE PROJECTION OF VIRTUAL SPACE: RESIDENTIAL BUILDING IN RERGENWIES

MATTHIAS LUDWIG + ANTJE KRAUTER – BÜRO FÜR ARCHITEKTUR RAUMSTRATEGIEN

INSTALLATION IM ARCHITEKTURMUSEUM AUGSBURG

INSTALLATION AT THE ARCHITEKTURMUSEUM AUGSBURG

Raumstrategien

In unserem Bewusstsein wird Architektur durch unterschiedliche Erscheinungsformen repräsentiert. Versteht man Architektur ursprünglich als Umsetzung von sozialen und funktionalen Abläufen in reale Räume oder Gebäude, so wird zunehmend auch der virtuelle Raum digitaler Medien, wie Internet oder räumliche Simulationen, mit ebensolchen sozialen Interaktionen akzeptiert. Die Abbildung von realen Räumen in Druckmedien ersetzt unsere traditionellen Vorstellungen von Architektur ebenfalls. Durch die inflationäre Vermehrung von Druckmedien kennt man sehr viele Räume und Gebäude nur noch von Abbildungen.

Das büro für architektur setzt sich mit diesen verschiedenen Aspekten von Raum- und Architekturverständnis auseinander. Das Wohnhaus in Rorgenwies am Bodensee zeigt unsere Arbeitsweise in drei Stufen:

- die Projektion virtuellen Raums
- das Erstellen von realem Raum
- die Abbildung von realem Raum

Der architektonische Raum des Wohnhauses wird auf verschiedene Arten erfahrbar gemacht. Durch VR-Virtual Reality wird der reale Raum auf ein Bildschirm (Virtual Window) projeziert. Die Abbildung des Raumes ist interaktiv, das heißt der oder die Betrachter können die Perspektive mittels eines Gerätes – Virtual Window – in Echtzeit beeinflussen. Die Bewegung und die Position des menschlichen Körpers wird ermittelt und auf die aktuelle Abbildung umgerechnet. Die Installation im Architekturmuseum Augsburg bestehend aus einem 'Virtual Window', einem Tracker, einer kardanischer Aufhängung, der Software 'Lightning' und einem Hochleistungs-Grafikrechner wurde in Zusammenarbeit mit dem IAO der Fraunhofer Gesellschaft in Stuttgart entwickelt.

Spatial Strategies

In our conscious mind, architecture is represented by a number of different forms and aspects. While initially, architecture was interpreted as the transposition of social and functional processes into real spaces and buildings, the virtual space of digital media – the internet, 3D-simulations – is increasingly being accepted as being able to provide the same social interactions. Our traditional notions of architecture are also changed by reproductions of real space in the print media. Their inflationary multiplication is responsible for the fact that we now know many interior spaces and whole buildings only from illustrations.

The 'büro für architektur' deals with these different views of space and architecture. The residential building in Rorgenwies on Lake Constance demonstrates our three-stage working method that consists of

- the projection of virtual space
- the building of real space
- the illustration of real space.

The architectonic interior space of the residential building is represented in different ways to convey different experiences. Virtual reality (VR) is created by real space being projected onto a monitor screen. This space reproduction is interactive, that is: visitors can intervene in it in real time by means of a technical device – a virtual window. The movements and positions of a human body are calculated and transferred onto the screen image at hand.

The installation at the Architekturmuseum Augsburg consists of a 'virtual window', a tracker, a Cardan's suspension, the software program 'Lightning', and a high-speed graphic computer. It was developed in cooperation with the IAO from the Fraunhofer Society in Stuttgart.

98

Kloster
»Sie sagen, die Lavafelder da oben seien magisch. Ist einer leergelaufen, die Seele gibt nichts mehr her, kann er sich dort oben aufladen.«[1]

ULRIKE MANSFELD KLOSTER MASTERPLANNING-MACHINE

…wo der streng geregelte Tagesablauf eines Gläubigen in der Kulisse des Kraterrandes auf die neugierige Betrachtung durch Touristen stößt, dort sollen zum herkömmlichen Programm eines Klosters Orte der Aus/Ein/Anders-Setzung entstehen. Durch die kontrollierte Überlagerung zweier Kreis-Läufe (die Wege der Beteiligten: Attraktor und Initiator) werden räumliche Entscheidungen herbeigeführt.

Two circulations are shifting in program and geometrical condition. Cutting the 'point de vue' the garden of senses brings the way of the attracted out-standing and the way of the in-habitant as much into line with each other as wanted.
Through the passage the outstanding is in an observing position while being involved tangentially in order to loose daily relations: animale sociale > materia > logos > kosmos > pneuma.

»…und sie sagen auch, diese Inseln seien ein Landeplatz für UFOs.«[2]

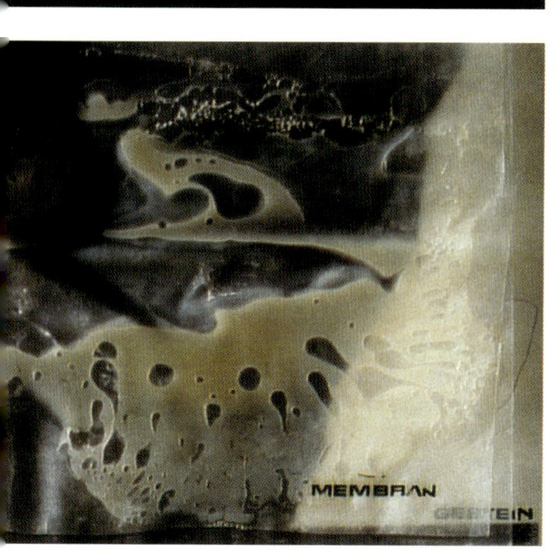

[1, 2] Janosch in Merian, 'Kanarische Inseln'

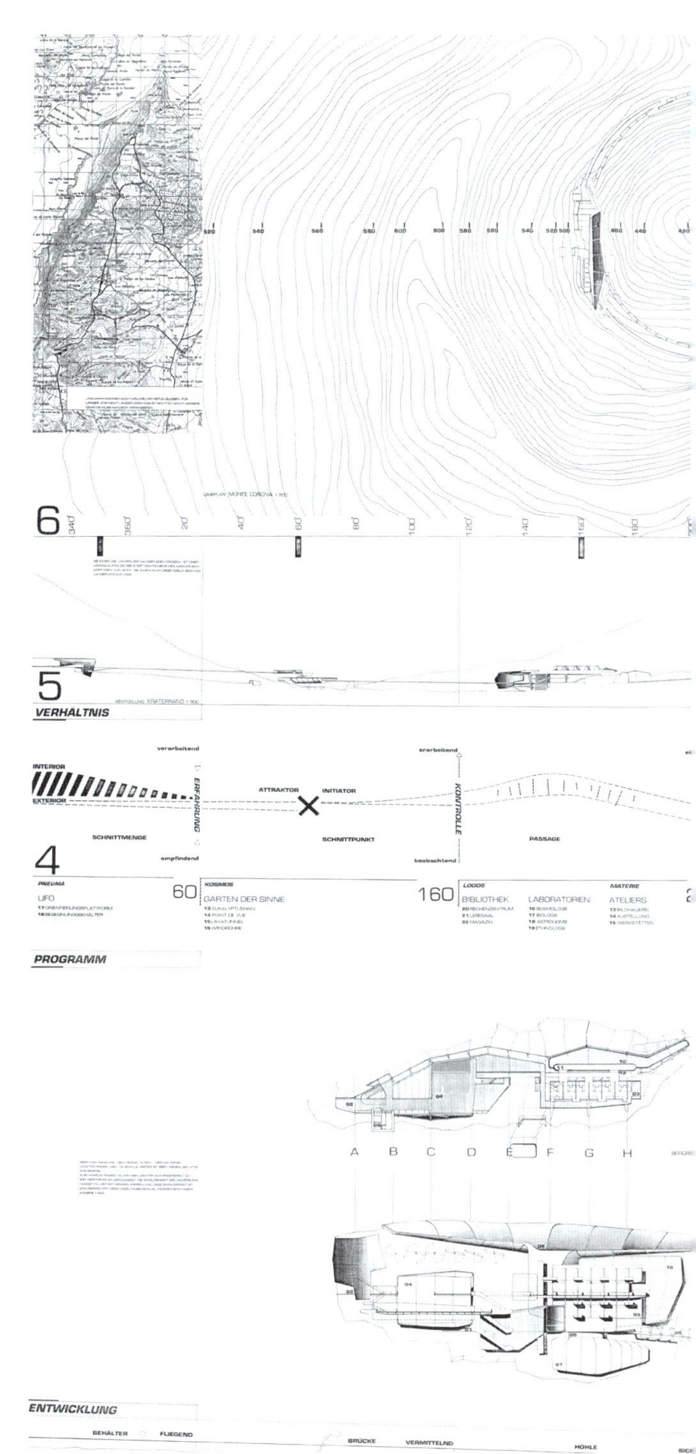

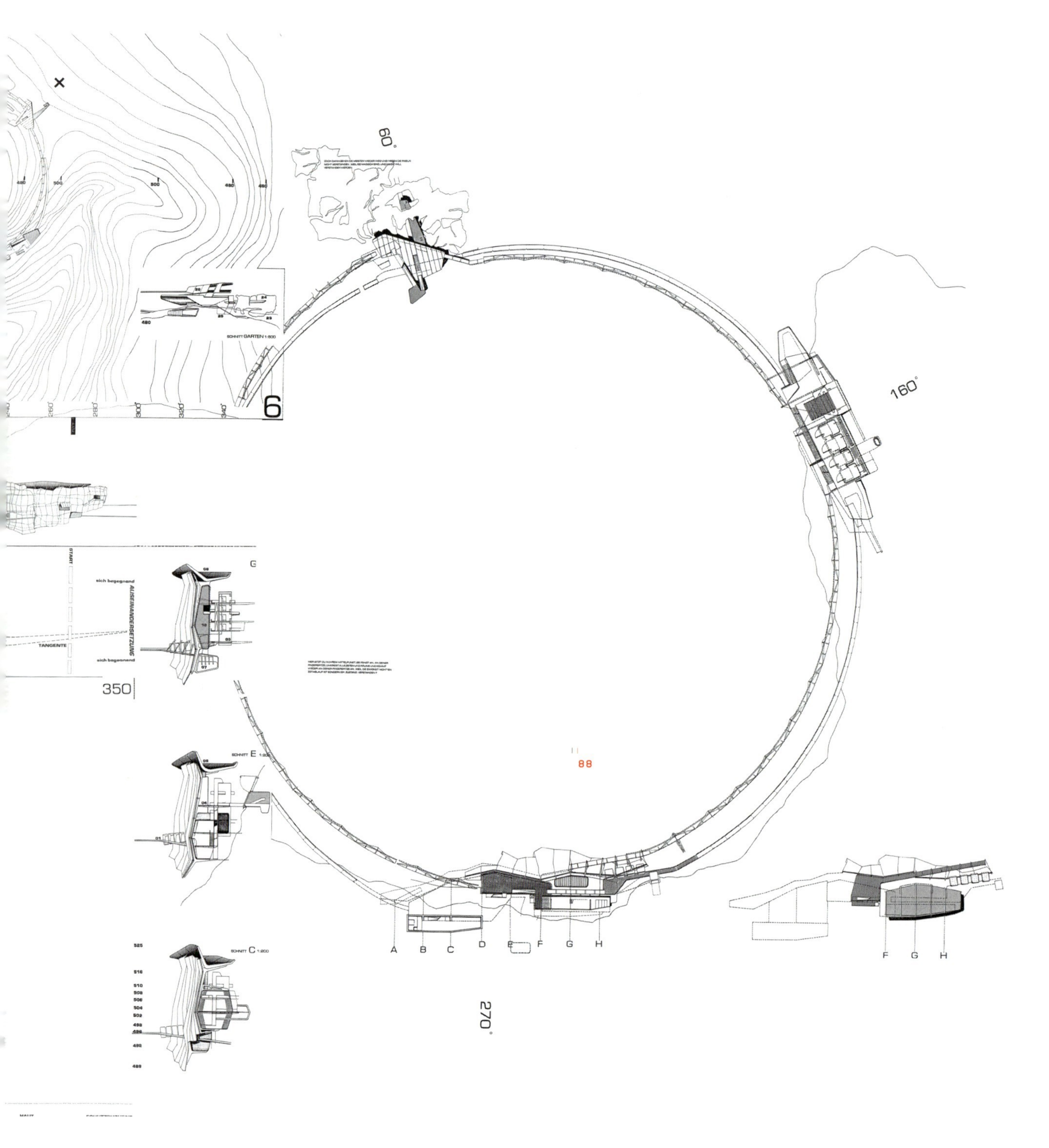

Masterplanning-Machine
In London the Lea-Valley is taken as the site for this machine, which exploits the tension between the control and the lack of control of the designer through the themes of water.

Auf dem Experimentierfeld des Masters werden Pigmente mit dem Trinkwasser des River Lea angesetzt, um entlang kontrolliert gesetzter Bahnen durch den fossilisierten Filter der Metropole auf den Masterplan zu tropfen. Ein Instrument, mit dem die Kontrolle des Entwerfers über die Entwicklung einer Idee zwischen Ideal und komplexer Wirklichkeit erforscht wird.

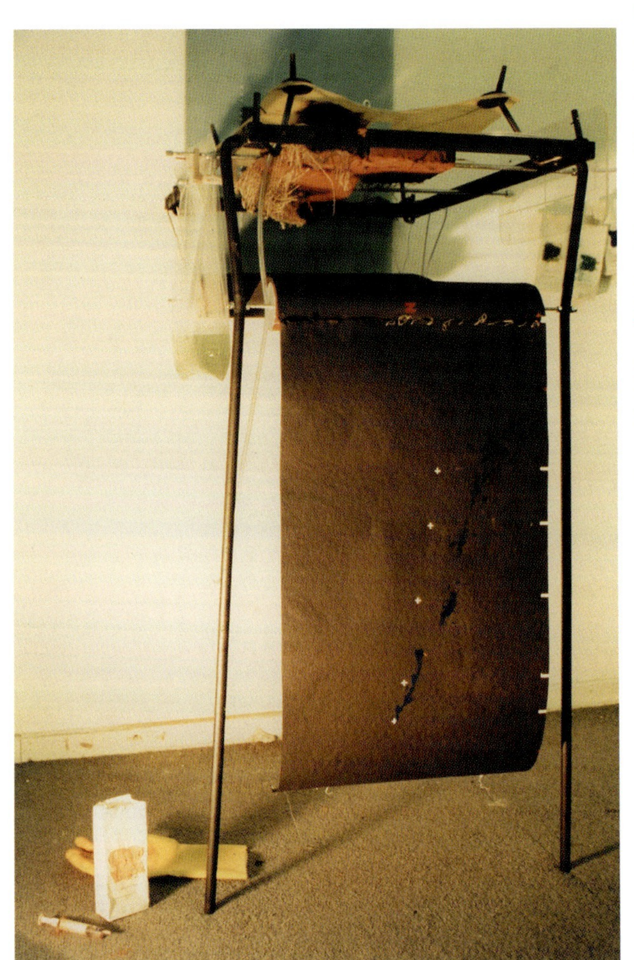

Masterplanning-Machine
The recording sheet is a notation for the effects of inventions on urban conditions. Opening up new land artificial surfaces are generated between the outline of existing urban squatters, and the streamline of the water. Joining the sides of the valley the waterskater acts as a place for recuperation which depends in its extension on the use of water in the London area.

Wie ein Wasserläufer erschließen sich die Räume zwischen den beiden Ufern der Trinkwasserreservoirs. Mit dem sich ändernden Wasserpegel werden Ströme ermöglicht oder verwehrt. Im Idealzustand treiben die Hausboote bis in die City of Westminster, die Bewohner des Ost- und des Westufers am River Lea treffen sich auf dessen Mitte 'zum Austausch' im schwimmenden Bad.

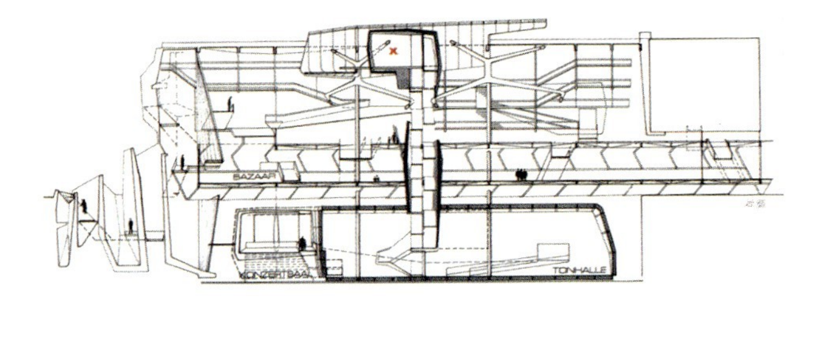

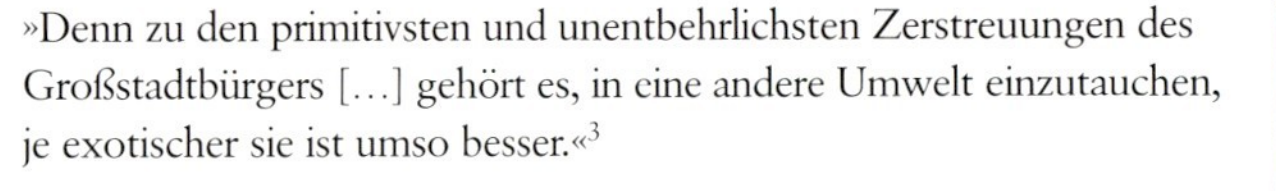

»Denn zu den primitivsten und unentbehrlichsten Zerstreuungen des Großstadtbürgers […] gehört es, in eine andere Umwelt einzutauchen, je exotischer sie ist umso besser.«[3]

Stadtoase

Der Ort wird von drei Einsiedlern bewohnt, die Eindrücke der Stadt sammeln, transformieren und der Öffentlichkeit auf neue Weise vermitteln. Sie lassen ein Kunstwerk im Kokon reifen; im Inneren befindet sich ein Ort äußerster Ruhe. Sobald die Zeit reif ist, wird der Ort des Ereignisses einsehbar zur Kulisse. Der Schmetterling schlüpft, die Einsiedler verlassen die Oase, ihre Zellen werden neu belegt.

»Wir können nicht einfach unsere Schachtel ablegen, nur um in unsere frühere Welt zurückzukehren. Wir können das – so wie Insekten sich verwandeln – nur dann, wenn wir uns dadurch in eine andere Welt zu häuten vermögen.«[4]

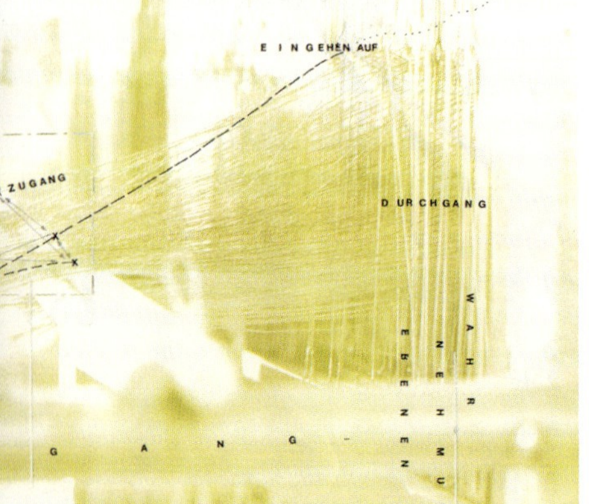

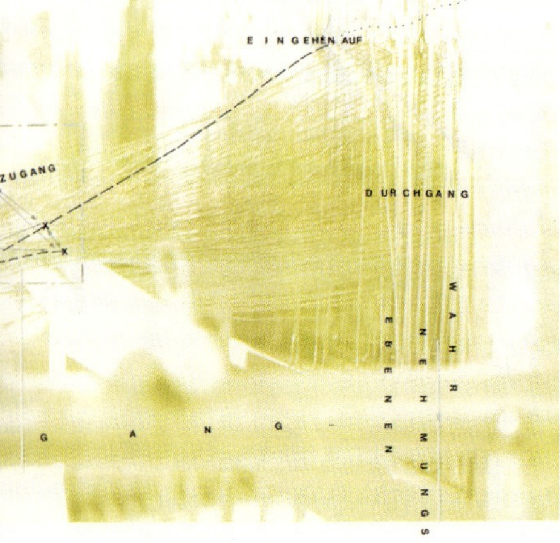

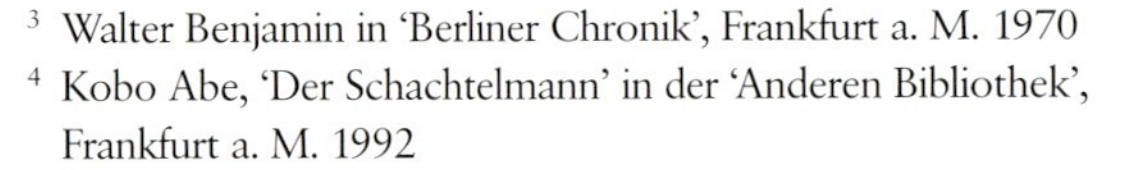

[3] Walter Benjamin in 'Berliner Chronik', Frankfurt a. M. 1970

[4] Kobo Abe, 'Der Schachtelmann' in der 'Anderen Bibliothek', Frankfurt a. M. 1992

MARC MER, VON KONTINGENZEN, MEDIEN UND EINER PRAKTIK NAMENS RAUM (REINHARD BRAUN)

Gegeben sei: 1° Ein Anlass 2° Räume
Gegeben sei weiters: 3° Sharon Stone 4° Eine sehr belebte Straße
5° Der bloße Zufall 6° Spiegel 7° Glas 8° Bildschirme 9° Bewegung
10° Der Blick ...

(1)

Marcel Duchamps' »Etant donnés …« inszeniert zweifelsohne ein Blickverhältnis, ein Raumverhältnis, ein Verhältnis der Annäherung (Bewegung) und der konstruierten und konditionierten Wahrnehmung. Und in »hinter robbe-grillet durch eine sehr belebte straße auf dem weg zum bordell«[1] treffen wir auf eine ähnlich inszenierte, konstruierte Raumorganisation, die nicht nur Objekte, Metaphern, Zitate und Ähnliches in eine spezifische Ordnung bringt, sondern vielmehr Subjekte in ihrer Bewegung durch den »privaten öffentlichen Raum«, Individuen in ihrem Lesevorgang der Welt, in ihrer Kommunikation über Welt steuert. Sind es bei »coitus by mere coincidence« Versatzstücke aus der Geschichte der Kunst (und der Geschichte der Sexualität), so sind es bei »come to be / sightseeing talks« (Kassel 2000) und »local talks / ortsgespräche« (Köln 1999) Versatzstücke aus der Geschichte der Literatur, die Subjekte in ihrer Bewegung durch öffentlichen privaten Raum steuern, in ihrer Kommunikation über Welt vielleicht nicht steuern, aber eminent in diese intervenieren. Das kontingente und also immer auch anders mögliche wenn auch beileibe nicht beliebige Zusammentreffen von Objekten, Ideen, Zitaten, Medienfragmenten und ähnlichem scheint einen Anlassfall zu konstruieren, der Raum in Bedeutungen und Bedeutungen in Raum konvertiert.

(1.1)

Diese Konvertierung, diese kontingenten Lesevorgänge haben natürlich mit Räumen zu tun. »der raum hat keine ausdehnung, nur die räumlichen gegenstände sind ausgedehnt, aber die unendlichkeit ist eine eigenschaft des raumes.« (ludwig wittgenstein, »come to be / sightseeing talks«) Das Unendliche am Raum ist aber keine räumliche

1° occasion, 2° spaces should be given
furthermore: 3° Sharon Stone, 4° an extremely busy street
5° mere coincidence, 6° mirrors, 7° glass, 8° monitors,
9° movement, 10° the look …

(1)

Marcel Duchamp's 'Étant donnés …' no doubt stages conditions of looks, of space, of approaching objects (i.e. movement) and of our constructed and conditioned perception. And in the work titled 'behind robbe-grillet along an extremely busy street on the way to the brothel'[1], we find a similarly staged and constructed spatial organization which does not only arrange objects, metaphors, quotes and the like in a specific order, but rather directs and controls subjects in their movements through the 'private public space' as well as individuals in their reading of the world, their communication about the world. Whereas 'coitus by mere coincidence' uses set pieces from the history of art (and the history of sexuality), the projects 'come to be / sightseeing talks' (Kassel 2000) and 'local talks / ortsgespräche' (Cologne 1999) include set pieces from the history of literature. These set pieces also direct subjects in their movement through public private space, yet – though they do not control them in their communication about the world – intervene in such communication in an eminently significant way. Alternative configurations of the contingent meeting of objects, ideas, quotes, media fragments and the like are always possible, but by no means (co)incidental. This seems to construct an occasion for the conversion of space into meaning, and of meaning into space.

(1.1)

Of course, such conversions and contingent reading processes have to do with spaces. 'space has no scope, it is only the three-dimensional objects that are extended, but infinity is a quality of space.' (ludwig wittgenstein, 'come to be / sightseeing talks') Yet it is not the infinite part of space that is a spatial category, it is the never-ending contingency, the illimitable quality of chance connections in the areas of

COITUS BY MERE COINCIDENCE
(PRIVATE PUBLIC SPACE)
RAUMINSTALLATION, MUSEUM DE BEYERD,
BREDA (NL) 2000
FOTO: LOTHAR SCHNEPF, KÖLN

COITUS BY MERE COINCIDENCE
(PRIVATE PUBLIC SPACE)
RAUMINSTALLATION/DETAIL, MUSEUM DE BEYERD
BREDA (NL) 2000
FOTO: LOTHAR SCHNEPF, KÖLN

Kategorie, sondern die unendliche Kontingenz, das Unendliche des Zufalls der Wahrnehmungs- und Erfahrungs-, Kontroll- und Macht-, Genuss- und Liebesbeziehungen, die ihn nicht besiedeln, sondern ihn ständig und überhaupt erst konstituieren und produzieren. Die »Kunst des Handelns«, wie sie Michel de Certeau für den (öffentlichen) Raum entworfen hat, ist eben keineswegs nur eine Manipulation der Gegenstände (der Fassaden, der Beleuchtungskörper, der Denkmale, des Schmutzes oder der Körper), sondern eine Manipulation von Bedeutungen, von Zeichensystemen, von Kommunikations- und Austauschverhältnissen. Wir können uns gar nicht mehr so sicher sein, wer wodurch manipuliert wird, wo die Gegenstände aufhören, wo die Medien ihre Grenze haben und unser Leben beginnt – gerade in Bezug auf öffentliche Räume. »in dem augenblick, als ich zurück sah, quoll marthas geschlecht aus meinem fenster heraus, einer monumentalen, unnatürlich bunten träne ähnelnd.« (jindrich styrsky, »local talks / ortsgespräche«) Nicht, dass sich auf unseren Wegen durch Städte oder Netze derartige Visionen unser ständig bemächtigten, dennoch begleiten uns andauernd unvorhersehbare Momente des Hereinbrechens von eigenartigen Signifikanten und dies nicht nur dann, wenn sich Künstler ihrerseits der öffentlichen Räume vorübergehend bemächtigen. Auf dem Weg mit Robbe-Grillet ins Bordell ereignen sich eben Überraschungen. Man muss fragen, ob man sich nicht ohnehin ständig auf diesem verwerflichen Weg befindet, egal, wohin man unterwegs ist (sei es zu Fuß, mit Mäusen oder der Fernbedienung).

(2)

Zunächst erschien »coitus by mere coincidence (private public space)« allerdings als ein Raum, in dem Objekte miteinander kommunizieren, als Raum eines »ungehörigen Dialogs« (Marc Mer) zwischen den Objekten: aufgeschlagene Sexzeitschriften, ein Essay von Peter Sloterdijk, eine Reproduktion von Duchamps »Etants donnés ...«, Jean Clairs »Metamorphosen des Eros«, »Giacomettis Nase« und anderes. Es schien, als würden die Bücher, die Oberflächen (Glas, Spiegel, Bildschirm) und die Gegenstände (Bügelbrett, Abfalleimer, Wäschetrockner, Zeitungen, Bücher) sozusagen über uns kommunizieren – erzählen sie sich von unserem Begehren? Von unserem Begehren an der Rekonstruktion unseres eigenen Begehrens? Und um welches Begehren könnte es sich handeln? Ist es Sharon Stone als Metapher von Glamour und Sex, als Verkörperung unseres »Basic Instinct«? Oder ist es gar nicht so sehr ein Begehren an anderen Körpern, als vielmehr ein Begehren an den Dingen, an den Objekten, an der gegenständlichen Welt, den Räumen und ihrer Organisation zu einem Spiegel unseres Selbst? Ein Begehren an der Erweckung einer Produktivität des Anderen, des Gegenübers, des Unbekannten, das in seiner Differenz zum Selbst es diesem überhaupt erst erlaubt zu erscheinen? Es handelt sich dabei allerdings um eine äußerst zwiespältige Situation: In der Organisation dieses Anderen formiert sich überhaupt erst Welt. Zugleich errichtet dieses Andere eine unüberbrückbare Schwelle gegenüber allem, was jenseits dieser Organisation zu liegen kommen

perception, experience, control, power, sensual pleasure and love. None of these inhabit space, but continually constitute and produce it. The 'art of doing' as devised by Michel de Certeau for (public) spaces is by no means merely a manipulation of objects, of facades, lighting fixtures, monuments and dirt, of masses, or bodies), but a manipulation of meanings and codes, communicative conditions and exchanges. We can no longer be so sure who is manipulated by what, where objects end, where the media have their limits and where our life begins – especially with reference to public spaces. 'the moment I looked back, martha's sexual organs welled out of my window, resembling a monumental, unnaturally colored tear.' (jindrich styrsky, 'local talks / ortsgespräche') Not that such visions take hold of us permanently, as we make our way through cities and networks, but we constantly have unforeseen happenings accompanying us, moments in which peculiar significants break into our lives, and these do not restrict themselves to the times of temporary appropriation of public spaces by the artists. Indeed, there are a number of surprises on the way, with Robbe-Grillet, to the brothel! You have to ask yourself whether you are not walking this path to damnation wherever it is you may be going (on foot, by mouse click or by remote control).

(2)

Initially however, 'coitus by mere coincidence (private public space)' appeared as a space in which objects communicate with each other, as the space of 'an unseemly dialog' (Marc Mer) between the objects: opened pornographic magazines, an essay by Peter Sloterdijk, a reproduction of Duchamp's 'Étant donnés ...', Jean Clair's 'Metamorphoses of Eros' and 'Giacometti's Nose' as well as other things. It seemed as if the books, the surfaces (of glass, mirror and monitor) and the objects (ironing board, trash can, laundry drier and newspapers) are somehow talking about us. Are they talking of our desire? Of our desire to reconstruct our own desires? What kind of desire might they be talking about? Is it Sharon Stone as the metaphor of glamour and sex, as the embodiment of our own 'basic instincts'? Or is it not so much a desire for other bodies, but rather for things, for objects, for the figurative world with its spaces and organization as a mirror held up to our own selves? A longing to rouse the productivity of the other, the person facing you, the unknown human who, by being different from you, allows your Self to appear in the first place?

This is indeed a highly ambiguous situation: the world is actually formed only if and when this 'other' is organized. At the same time, the 'other' erects an insurmountable barrier against all that may come to lie beyond this organization. Is space infinite, or is it not? Is there anything there, outside our constructions (i.e. outside the media, the cities and nature)? After all, no appropriation is conceivable in its totality, there always remains an inconceivable rest. Is this something real which, according to Lacan, can never be reached and occupied? One thing is certain: this piece of reality is created by suppositions, by motion and series of movements, by coming closer, retreating and encircling it. It is

mag. Ist der Raum nun unendlich? Gibt es etwas außerhalb unserer Konstruktionen (Medien, Städte, Natur)? Immerhin – keine Aneignung ist vollständig denkbar, es bleibt immer ein Rest. Handelt es sich bei diesem Rest um ein Reales, das, nach Lacan, niemals erreicht und besetzt werden kann?

Jedenfalls: Dieses Reale entsteht durch Mutmaßungen, durch Bewegungen, durch Bewegungsfolgen, Annäherungen, Zurückweichen, Umkreisen – es entsteht durch räumliche Verhältnisse, die als Folgen von Praktiken, sozusagen diskursiven Handlungsfeldern, entstehen, sich etablieren und zusammenbrechen. – Die antiken Rhetoriker organisierten ihre Reden anhand von imaginierten Räumen und Topografien. Räume wurden also schon lange von Bedeutungen markiert, zusammengesetzt, zusammengehalten. Und aus diesem Grund muss man nach den Topografien fragen, nach der Rede, die Marc Mer mit Projekten wie »local talks / ortsgespräche« und »come to be / sightseeing talks« zu entwerfen trachtet, und darf die Räume nicht als ästhetische Organisation in den Blick nehmen, sondern als durch Bedeutungen, Lesevorgänge und Interpretationsmuster kodierte und erzeugte. Und sind es nicht vielleicht überhaupt die Orte selbst, die hier miteinander sprechen?

(3)

»Identität und körperliche Integrität werden zur Kunst, sich im Anonymen, Heteronomen und Pseudonymen als Eigenart zu begreifen, Körper wird zu einem Stil, mit medialen Umgebungen umzugehen.« (Manfred Faßler)

In vielen Arbeiten der letzten Jahre umkreiste Marc Mer Fragestellungen zu diesem »Stil«, mit medialen Umgebungen umzugehen, wobei gerade diese Perspektive keine Räume zum Verschwinden bringt. Er bezieht sich dabei sowohl auf spezifische Formen einer »Grammatik«, wie sie Erscheinungs- und Verkehrsformen von Mediensystemen entwerfen, als auch von Grammatiken, wie sie innerhalb des Kunstkontextes zirkulieren [in »coitus by mere coincidence (private public space)« etwa durch Marcel Duchamp oder auch Alberto Giacometti und Jean Clair skizziert] – beispielhaft dafür sind »zeittische/time-tables« (Wien 1992) und »'wittgensteinscher' sockel. schachteltatsache / standbildes fall« (Düren 1998) oder zuletzt zwei Projekte im öffentlichen Raum: »local talks / ortsgespräche« (Köln 1999) und »come to be / sightseeing talks« (Kassel 2000). Die Environments bzw. Topografien, die Marc Mer solcherart entwirft, stellen dabei immer auch die Frage nach der Position des Subjekts angesichts dieser zahllosen Medienoberflächen und Weltentwürfe, der unausgesetzten Produktion und Reproduktion von Wirklichkeiten und den zahllosen Formen und Formationen, durch die diese handlungsstiftenden Charakter annehmen, zur Grundlage von Handlungsmustern und Wahrnehmungsmustern werden, welche uns nicht nur angesichts von Bildschirmen beeinflussen, sondern eben auch, wenn wir »hinter robbe-grillet durch eine sehr belebte straße auf dem weg zum bordell« sind (vgl. zudem »scene/obscene«, 1997, »'wittgensteinscher' sockel.

shaped by spatial situations that are the result of certain practices – discursive action fields, so to speak, that emerge, establish themselves and break down again. The rhetoricians of antiquity modeled the construction of their speeches on imaginary spaces and topographies. For a long time spaces have thus been assembled from, marked and held together by signification. It is for this reason that one has to ask about topographies, about the 'speech' which Marc Mer tries to design with projects like 'local talks / ortsgespräche' and 'come to be / sightseeing talks'. One must not eye the spaces as aesthetic structures, but as organizations coded and generated by denotations, readings and interpretational patterns. Is it perhaps the places themselves that are dialoging here?

(3)

'Identity and corporeal integrity emerge as the art of perceiving yourself amidst anonymity, heteronomy and pseudonyms as singular and original. The body becomes a style or form of dealing with medial environments.' (Manfred Fassler)

With many of his works of recent years, Marc Mer has investigated questions of this type, or 'style' of treating medial environments, and it must be added that this perspective does not make spaces vanish. Mer refers both to the specific forms of a 'grammar' devised by means of the images and communications from media systems, and to the grammatical systems which circulate in the context of art [in: 'coitus by mere coincidence (private public space)', as sketched, for example, by Marcel Duchamp, Alberto Giacometti or Jean Clair]. Examples of this are 'zeittische / time-tables' (Vienna 1992) or 'wittgensteinscher sockel. schachteltatsache /standbildes fall' ('wittgenstein's plinth. box fact / fall of the statue', Düren 1998) and, most recently, two projects in the public realm, 'local talks / ortsgespräche' (Cologne 1999) as well as 'come to be / sightseeing talks' (Kassel 2000). The environments, or topographies, which Marc Mer designs in this way, also always investigate the position of the subject in the face of these countless media surfaces and world designs. Mer's environments are studies of the uninterrupted production and reproduction of realities and of the myriad forms and formations by which the realities promote action and form the basis of proactive and perceptional patterns. The latter do not only influence us via monitors, but also when we walk 'behind robbe-grillet along an extremely busy street on the way to the brothel' [see also 'scene / obscene', 1997, 'wittgenstein's plinth. box fact / fall of the statue', 1998 and 'chronoscope (bringing about). on the *contemporary* accident between interior and exterior space', 1998].

In what way do media environments contribute to designing spatial urban contexts? Do they make such contexts accessible or manipulable, do they dress or even mask them, do they convert them? Controlling environments turn into spatial experiences, zones of conflict into consumer landscapes, hegemony and the rhetorics of power are revealed as entertainment or infotainment – 'so that only the shops are left where you get something even though you do not have

'WITTGENSTEINSCHER' SOCKEL. SCHACHTELTATSACHE / STANDBILDES FALL
RAUMINSTALLATION, 7. INTERNATIONALE PAPER ART BIENNALE: „ELECTRIC PAPER",
LEOPOLD-HOESCH-MUSEUM, DÜREN 1998/99
FOTO: LOTHAR SCHNEPP, KÖLN

schachteltatsache / standbildes fall«, 1998, »chronoscop (zeitung). zum *zeitgenössischen* unfall zwischen innenraum und außenraum«, 1998). In welcher Form werden durch Medienenvironments räumliche, urbane Zusammenhänge entworfen, zugänglich, manipulierbar, zugerichtet oder geradezu maskiert, konvertiert? – Kontrollumgebungen werden zu Erlebnisräumen, Konfliktzonen zu Konsumlandschaften, Hegemonie und Machtrhetorik wird als Entertainment und Infotainment sichtbar, »so daß es nur noch die kaufläden gibt, wo man ohne weltanschauung etwas bekommt, ...« (robert musil, »local talks / ortsgespräche«).

(4)

Insofern also diese verschiedenen Grammatiken von Oberflächen, Subjekten und Räumen im Spiel sind, handelt es sich bei den Projekten von Marc Mer immer auch um theoretische Arbeiten, die vielleicht sogar weniger Bild-, Material- oder Raumkonstellationen präsentieren, als vielmehr Hypothesen, Kommentare, Fragestellungen, Vermutungen, Zweifel – theoretisch angesetzte Schnittflächen und Schnittstellen durch Wirklichkeitskonstruktionen und –konstrukte, hypothetische Topografien, Entwürfe von Erzählungen, einer Rede vielleicht. Als »Effekte« von Medienerzählungen stellen diese Konstrukte immer schon Produkte verschlungener, kontingenter Operationen dar – es hätte sich immer auch anders ereignen können, die Diskurse hätten immer auch andere Wendungen nehmen können. Weil es sich bei Wirklichkeitskonstruktionen um kontingente Prozesse, um Prozesse der Kontingenz handelt, ist da immer schon ein Spielraum zur De- und Rekonstruktion, für ein neues »Arrangement«, für einen neuen »Stil«, für neue Räume bzw. besser: Raumkonstruktionen als Bedeutungskonstruktionen. Vielleicht muss man der verführerischen Idee misstrauen, die punktuellen und punktgenauen Textinterventionen der »local talks« und »sightseeing talks« wie parasitäre und subversive Wegmarken zu interpretieren. Aber wie anders als, wenn schon nicht Gegenerzählung, so doch Parallelerzählung lässt sich eine Texttafel (die wie ein Verkehrsschild gearbeitet ist, also sozusagen Anweisungs-, zumindest aber Hinweischarakter hat) wie die folgende vor der Kasseler Markthalle beschreiben: »irgendwo hinter dem gebüsch wartet eine frau auf dich, die aus rohem fleisch modelliert ist. wirst du sie mit eis füttern?« Bedeutung zu erzeugen hat mit Cäsuren zu tun, mit Vorschriften, mit Unterschieden, die einen Unterschied machen. Bedeutung hat also auch mit Unfällen zu tun, indem die Kontrolle, die Vorschrift niemals lückenlos gelingen kann. Das Motiv des Zufalles, von Kontrolle und Abweichung, von Sinn und Unsinn, taucht in einigen Arbeiten von Marc Mer schon im Titel auf, wie etwa in »'wittgensteinscher' sockel. schachteltatsache / standbildes fall« (1998). Alles, was der Fall ist, ist eben auch, was sich als Zu-Fall dazugesellt, sich einnistet in der Welt der Tatsachen. Die Kopien, die nichts anderes zeigen als den Kopierer auf den Stufen, fallen unablässig auf diese Stufen hinab. Die Wiederkehr des Immergleichen? Welcher Umstände bedarf es, um die eine entscheidende Abweichung zu produzieren? Und warum sind die Textschilder gleich wie die Verkehrsschilder, nur

a philosophy of life ...' (robert musil, 'local talks / ortsgespräche').

(4)

Insofar as these different grammars of surfaces, subjects and spaces are involved, Marc Mer's projects are also always theoretical works which do not represent pictorial, material or spatial constellations, but rather hypotheses, commentaries, questions, conjectures, doubts, theoretically – by means of constructed reality – devised interfaces and junctions, hypothetical topographies, drafts of a story or, perhaps, a speech. As the 'effects' of media narratives, these constructs have always represented the products of intricate contingent operations. Everything could have happened quite differently and every discourse could have taken quite a different turn. Due to the fact that instances of constructed reality are contingent processes, or processes of contingency, they always offer scope for deconstruction and reconstruction, for new 'arrangements', for a new 'style', new spaces or, more precisely, spatial constructions and signification structures.

Perhaps we should resist the temptation to interpret the punctual and point-precise text interventions of Mer's 'local talks' and sightseeing talks' as parasite and subversive trail marks. What other denotation than a parallel narrative (if not counter-narrative) could you choose to describe his 'billboard' put up in front of the market hall in Kassel? It is worked like a traffic sign of instructive quality, so to speak, or at least that of a hint and reads, 'somewhere behind the bushes a woman modeled from raw flesh is waiting for you. will you feed her with ice-cream?'

Generating meaning has to do with caesuras, with rules and differences that make a difference. Meaning therefore also involves accidents, because controls and rules can never be completely successful. In a number of Marc Mer's pieces, the motif of coincidence, of control and deviation, of sense and nonsense already crops up in the title, for example in 'wittgenstein's plinth. box fact / fall of the statue' (1998). Everything involved in a fall is also present in what 'befalls us', seemingly by chance, and nests in the world of facts. The copies that do not show anything more than the copier on the steps, will continually fall down onto these steps. Is this the constant return of the same? What circumstances are necessary to produce the critical divergence, or difference? And why are Mer's 'text boards' like traffic signs, yet in reality quite different from them? Is this the dramatization of the necessary coincidence, of the required added value of significance – of The Other without which Your Own could not be determined? For comparison, see the installation 'data-date' (1994). 'If I should ask about the original, I would be operating past and beyond the most important facts of the case,' says Mer, 'given the relativity inherent in reality – i.e. the fact that everything in the world relates to everything else and is the paradoxical product of our image (or depiction) of the world – as I portray and focus it in a speculative discourse with my works. The only relevant questions to ask are about translation. Of course, these have to be directed at the translation machines

CHRONOSCOP (ZEITUNG). ZUM ZEITGENÖSSISCHEN UNFALL ZWISCHEN INNENRAUM UND AUSSENRAUM
RAUMINSTALLATION/DETAIL,
7. INTERNATIONALE PAPER ART BIENNALE:
»ELECTRIC PAPER«,
LEOPOLD-HOESCH-MUSEUM, DÜREN 1998/99
FOTO: LOTHAR SCHNEPF, KÖLN

DERRIÈRE ROBBE-GRILLET À TRAVERS UNE RUE TRÈS PASSANTE EN ROUTE POUR LA MAISON DE PASSE...
RAUMINSTALLATION/DETAIL, MUSEUM DE BEYERD, BREDA (NL) 2000
FOTO: BOB GOEDEWAAGEN, ROTTERDAM

eigentlich ganz anders? Handelt es sich um die Inszenierung des notwendigen Zufalls, eines notwendigen Mehrwerts an Bedeutung, eines Anderen, durch das das Eigene erst bestimmbar wird? (vgl. auch die Installation »data-date« (1994): »Angesichts der Verhältnismäßigkeit von Wirklichkeit, der Relationalität von Welt – als paradoxales Produkt von Welt(ab)bildern –, wie ich sie in meinen Arbeiten in den Mittelpunkt eines spekulativen Diskurses rücke, die Frage nach dem Original zu stellen, hieße, an den entscheidenden Sachverhalten vorbei zu operieren. Die einzig relevanten Fragen, die zu stellen sind, sind Fragen nach der Übersetzung. Dieselben sind selbstverständlich an die Übersetzungsmaschinen (=Apparate) selbst zu richten und müssen unmittelbar an deren Rollen und Wirkungsweisen ansetzen. Die Apparate – im speziellen die Kopierapparate – fungieren in meiner Arbeit – mit ironischem Augenzwinkern – als eine besondere Art von Weltsockel mit eingelassener *Fall*türe, durch die 'alles, was der Fall ist' hindurch*fällt*. Im Fall der Kopie findet der einfluss- weil ein*fall*-lose

Würfelwurf seinen multiplen Widerschein.«[2] Nun ist es aber nicht allein der Apparat in seiner engeren technischen Definition, der Übersetzungen von Welt leistet: man kann sich auch die »literarischen Verkehrsschilder« als Weltsockel mit eingebauter Falltüre denken ...)

(5)

Wahrnehmungsräume und Handlungsfelder (das Einkaufszentrum, unser Eigenheim, das Hochhaus, unser Schlafzimmer, unsere Webseiten, »Big Brother«, ein Parkplatz, usw. usf.) als kontingente Formationen zu beschreiben, heißt auch, den Strom von Oberflächen, Informationen, Konsumangeboten, Verführungen, Kontaminierungen und Überlagerungen als flüchtige und teilweise zufällige (wenn auch nicht beliebige) Umwelten zu deuten. »In diesem Spiel verfügen wir über mehr als nur eine Konstitution, und wir befinden uns nicht nur an einem einzigen Ort. Verortung ist keine Frage der Empirie, man kann nicht auflisten, wo man sich befindet. (...) Unter Verortung verstehe ich eine komplexe Konstruktion und keine empirische Aufzählung oder

bestimmte Stelle.« (Donna Haraway) Identität, Bewusstsein, Begehren, Erfahrung, Handlung, Geschichte, Erkenntnis, Raum, usw. sind Variablen in diesem »Spiel« der kontingenten und epidemischen Koordinierung durch Massen/Tele/Hyper-Medien – eine Koordinierung als Kodifizierung, wobei diese Kodifizierung, wie bereits angedeutet wurde, sowohl eine Frage der Repräsentation als auch eine Frage der Aneignung und Verarbeitung von Räumen und Raumverhältnissen ist. »die überschätzung der frage, wo man sich befinde, stammt aus der hordenzeit, wo man sich die futterplätze merken musste.« (robert musil, »local talks / ortsgespräche«) Demgegenüber muss man sich heute nicht mehr fragen, wo man sich befindet, sondern worin.

(6)

Lesen wir die Arbeiten von Marc Mer also als eine Art eigenständiges, para-logisches Koordinatensystem zur Re-Konstruktion von Re-Präsentation, als ein Koordinatensystem, in dem sich die Epidemie der Kontingenz fortschreibt, fortgeschrieben wird, wenn auch jenseits und

COME TO BE / SIGHTSEEING TALKS
LITERARISCHE STADTRAUMINSTALLATION, KASSEL 2000
[MUSEUM FÜR WERDENDE KUNST]
FOTO: MATTHIAS WEIDMANN, KASSEL

(= mechanical devices) and must immediately act on the latter's role and mode of operation. In my work, machines and in particular copiers act (with an ironical twinkle in the eye) as a special kind of world plinth with a set-in trapdoor through which falls "whatever may befall it". In the case of the copy, the throw of the cube, which is without influence because it is devoid of ideas, finds its multiple reflection.'[2] Marc Mer, in: Oberösterreichisches Landesmuseum (ed.), Zwischenbilder – Zwischenräume, Linz, 1994, p. 36. Yet the apparatus in its narrower, i.e. technical, sense is not the only thing which provides translations of the world. The 'literary traffic signs' are also conceivable as a world plinth with a set-in trapdoor …

(5)

Describing spaces of perception and fields of action (shopping centers, homes, high-rises, our bedrooms, our websites, 'Big Brother' … (is watching you) television series with ordinary people living together in a container and continually watched by cameras round the clock, parking lots, etc. etc.) as contingent configurations also means interpreting the flow of surfaces, information, consumer products, temptations, contaminations and superimpositions as fleeting and partly incidental (though not arbitrary) environments. In this game, says Donna Haraway, we have more than one constitution at our disposal, and we stay in more than one place. Localization is not an empirical question, it is impossible to list where one is. Haraway understands localization as a complex structure, and not as an empirical enumeration or a specific place. Identity, consciousness, desire, experience, action, history, knowledge, space – all these and more are the variables in the 'game' of contingent and epidemic coordinations by and through the mass-tele-hyper-media. Such coordinations are in fact codifying processes which (as already indicated) involve the representation as well as the possession and finishing of spaces and spatial conditions. 'The over-estimation of the question of where you are is a relic from the times of the wild hordes when you had to remember the feeding grounds.' (robert musil, 'local talks / ortsgespräche') Today we no longer have to ask where we are, but wherein.

(6)

Let us therefore read Marc Mer's works as a kind of independent paralogical system of coordinates for the reconstruction of representation, as a coordinate system in which the epidemics of contingency continue and are extrapolated, albeit beyond and quasi parallel to quite a number of medial continent logics – in a copulation of sense, a copulation of signification due to mere coincidence? The occupation of space is effectuated by walking across planes, by the spreading of legs which has always been of a sexual nature, says Marc Mer. The artist leads us through a field of contingency ('coitus by mere coincidence') to a field that is a threshold 'on the way to the brothel'. In between Duchamp, television, the print media, sex and philosophy, Mer guides us to and across a paradoxical surface which could be interpreted as a

man muß sich
wieder der unwirklichkeit
bemächtigen;
die wirklichkeit hat keinen
sinn mehr!

(robert musil: der mann ohne eigenschaften)

© marc mer: local talks / ortsgespräche, literarische stadtrauminstallation

LOCAL TALKS / ORTSGESPRÄCHE
LITERARISCHE STADTRAUMINSTALLATION, KÖLN 1999
[MUSEUM FÜR ANGEWANDTE KUNST]
FOTO: BEA GROOS, MÜNCHEN

quasi parallel zu manchen medialen kontingenten Logiken: eine Kopulation von Sinn, eine Kopulation von Bedeutungen aufgrund bloßen Zufalls? »Die Okkupation des Raumes geschieht im Schreiten über Ebenen, im Öffnen der Beine, das also nicht erst zuletzt, sondern viel eher schon ganz zuerst von geschlechtlicher Natur ist.« (Marc Mer) Durch ein Feld der Kontingenz (»coitus by mere coincidence«) führt uns Marc Mer in ein Feld der Schwelle »auf dem Weg zum Bordell«. Zwischen Duchamp, zwischen Fernsehen, zwischen Printmedien, Sex und Philosophie führt uns Marc Mer auf und über eine paradoxe Oberfläche, die eigentlich als Grenze zu verstehen sein könnte: über Steinen zerbrochenes Glas, Holz, ein Schachbrettmuster bildend, von einer Spiegelfolie unterlegt, die in ungehöriger Weise beim Durchqueren dieses Feldes unsere (bedeckten, kodierten?) Geschlechtsmerkmale reflektiert (vgl. auch »scene/obscene«, 1997): eine Zone der Verdichtung des Zufalls als Unfall? Oder zeugt das zerbrochene Glas von unserem gnadenlosen Begehren nach Wirklichkeit(en) – einem »wirklichen« Anderen, von dem wir vermuten, es könnte irgendwie unser eigentliches Selbst entbergen? Von der Traumatisierung dieses Begehrens? Michel Foucault bezeichnete unter anderem Spiegel (aber auch Schiffe) als heterotope Orte, die zugleich mindestens zwei Ordnungen angehören. Gibt es dann eigentlich andere Subjekte als heterotope? Hat mit dieser grundsätzlichen Schizophrenie auch das Begehren an den Oberflächen zu tun, an den Repräsentationen, an der Fiktion, der Magie des wahren Bildes? Oder weshalb sind heute noch private wie öffentliche Räume erfüllt von den apotropäischen Markierungen, die wir Bilder zu bezeichnen gewohnt sind? Es gibt Anzeichen dafür, dass uns Räume Angst bereiten, dass uns das Unendliche des Raumes Angst bereitet. »man muß sich wieder der unwirklichkeit bemächtigen; die wirklichkeit hat keinen sinn mehr.« (robert musil, »local talks / ortsgespräche«)

border: broken glass covering stones; pieces of wood forming a chessboard and underlaid by a reflecting foil which, when we move across this field, mirrors our (covered, coded?) sex characteristics (see also 'scene / obscene', 1997). Is this a zone where neutral accidency is compacted into negative accident? Or is the broken glass the evidence of our merciless lust for reality (realities) – for the 'real' One Other which we assume could somehow disclose our real self? Or does it prove the traumatization of this lust? For Michel Foucault has described mirrors, but also ships and other things as heterotopes which belong to at least two orders. Does this imply that there are other heterotope subjects. Does this basic schizophrenia have to do with lust in the surfaces, in representations, in fiction, in the magic of the true image? Why else are private and public spaces today still filled with apotropaic marks which we are used to calling pictures? There are signs of spaces making us afraid, of infinite space filling us with fear. 'You have to take hold again of unreality. Reality no longer makes any sense.'

(robert musil, 'local talks / ortsgespräche')

SCENE/OBSCENE
RAUMINSTALLATION, BONNER KUNSTVEREIN 1997/98
FOTO: LOTHAR SCHNEPF, KÖLN

[1] Dieser Text ist ursprünglich unter dem Titel »Von Blicken, dem Begehren und von der Kontingenz« erschienen und bezog sich auf eine zweiteilige Arbeit von Marc Mer, »coitus by mere coincidence (private public space)« und »derrière robbe-grillet à travers une rue très passante en route pour la maison de passe…« zur Ausstellung »Die Desorientierung des Blickes« im Museum de Beyerd, Zentrum für zeitgenössische Kunst, in Breda im März/April 2000. Vgl. Museum de Beyerd und Kulturabteilung der Tiroler Landesregierung (Hg.), Die Desorientierung des Blickes, Breda/Innsbruck 2000. Für die vorliegende Publikation wurde dieser Text ergänzt und überarbeitet.

[2] Marc Mer, in: Oberösterreichisches Landesmuseum (Hg.), Zwischenbilder – Zwischenräume, Linz 1994, S. 36.

[1] Originally published under the title 'Von Blicken, dem Begehren und von der Kontingenz' (of glances, of desire and of contingency) and referring to a two-piece creation by Marc Mer, namely 'coitus by mere coincidence (private public space)' and 'derrière robbe-grillet à travers une rue très passante en route pour la maison de passe', which he created for the exhibition 'Die Desorientierung des Blickes' (The Disorientation of the Look) in the Museum de Beyerd, Center of Contemporary Art, in Breda, March/April, 2000. See also: Museum de Beyerd and the Department of Culture of the Tyrol Regional Government (eds.), Die Desorientierung des Blickes, Breda/Innsbruck, 2000. The text was extended and revised for this publication.

[2] Marc Mer, in: Oberösterreichisches Landesmuseum (ed.), Zwischenbilder – Zwischenräume, Linz, 1994, p. 36.

MPS - MEY PANTZER SCHULTZ GERNWARTESTELLE

Öde Haltestellen gibt es genug

Hanauer Landstraße 139–145,
Frankfurt/Main 24.08.–05.09.1996

Wir wurden zusammen mit anderen jungen Büros im Rahmen der Design Horizonte eingeladen, das zu diesem Zwecke leer geräumte Einrichtungshaus 'Neuhaus' in Frankfurt zu nutzen, um Projekte unseres Büros zu präsentieren.

Einem ausgewählten, eingeladenen Publikum unsere Arbeit im Rahmen einer Ausstellung dokumentarisch zu präsentieren erschien uns zu steril; wir wollten auf die Straße.
So entschieden wir uns, die direkt vor dem Einrichtungshaus befindliche Straßenbahnhaltestelle umzugestalten. Diese sieht aus wie so viele andere Haltestellen – überall: ein Einheitsmodul, erweiterbar,

aus Stahlträger, Plexiglaskuppeln mit Drahtgittersitzschalen und Werbetafeln.

Wir mussten drei Genehmigungen einholen für unsere Aktion und leider war es uns zudem untersagt, die Konstruktion anzubohren oder anderweitig so zu verändern, dass der ursprüngliche Zustand nicht exakt wieder herzustellen wäre.

Wir haben die Drahtsitze gegen einen horizontalen Stadtteilgrundriss auf Sperrholzplatte mit Hinweisen auf skurrile und stinknormale Orte des Einzugsbereichs der Haltestelle ausgetauscht.
So muss man den Sitzenden bitten, mal etwas zu rutschen, damit man gucken kann, wo die Adresse ist, die man sucht. Und schon ist Kommunikation entstanden, wo sonst nur Schweigen herrscht.

Links und rechts von der Sitzfläche baumeln Zeitungshalter: einmal die aktuelle Tageszeitung, an der anderen Seite ein Magazin, etwas, das man nicht unbedingt kaufen würde, wo man aber gerne mal reinschaut: ein Tatoo- oder Boxmagazin zum Beispiel.
An dem Stahlträger der Haltestelle haben wir noch ein Radio im Blechmantel befestigt: Lautstärke, Ein- und Ausschalter und die Senderwahl ist noch zu verstellen.

Als Beispiel für ein anderes Sitzen an Haltestellen haben wir eine Hollywoodschaukel installiert. Der gesamte Bereich wurde durch eine Kiesfläche definiert. Die Leuchtwerbefläche erläutert unsere Gedanken zur Gestaltung von Haltestellen. Wir konnten Raab Karcher, die auf de anderen Straßenseite ansässig sind, überzeugen, dieses Projekt zu finanzieren.

Die Gernwartestelle wurde nach Fertigstellung nicht nur als Warteplat genutzt, wie die Bilder zeigen. Nicht wenige ließen die Bahn erst mal fahren, weil sie vom Tatoomagazin fasziniert waren.
Eine Mutter kam jeden Tag mit ihren beiden Kindern zum schaukeln.
Fahrradkuriere nutzen die Gernwartestelle für ihre Brotzeit
...und schöne Parties gab es auch!

GERNWARTESTELLE
„Gernwartestelle"

'96 8 23

We already have enough dreary bus and tram stops

Hanauer Landstraße 139–145
Frankfurt/Main 24 August to 5 September 1996

We were invited, with other young designers, to present some of our projects on the occasion of the Design Horizonte in the furniture store 'Neuhaus' in Frankfurt which had been emptied specially for this event. We felt that to show our work to a select public in a somewhat closed exhibition would be 'sterile' and therefore decided to go to the street, i.e. to redesign the tram stop directly in front of the store.
This stop looks like so many others everywhere: it is a standard-module, extendable structure of steel sections fitted with acrylic domes, wire-mesh seat shells and advertising boards.
We needed three permits for our action and were unfortunately prohibited from boring holes into the structure and from changing it in any irreversible way.
We replaced the wire-mesh seats with a plywood board covered by a map of the urban neighbourhood. This gave directions to both 'alternative' and perfectly normal places within easy reach of the tram stop, so that anybody sitting had to be asked to shift a little when people wanted to find the address they were looking for on the map. This instantly triggered communication where normally there is only silence.
Newspapers in holders dangled left and right of the map-seating, on one side the local daily, on the other a special-interest magazine people normally do not buy themselves but enjoy browsing through, like one on boxing or on tattoos.
We also attached a radio in a metal-sheet casing to the steel support of the tram stop structure. The casing allows people to operate the on-off switch, tune into channels and adjust the sound volume.
In addition, as an example of alternative forms of seating for bus and tram stops, we installed a garden swing. The entire floor area was defined by and covered with gravel. The lightbox advertising text explains our ideas on the design of such stops. We were able to win firm Raab Karcher, the premises of which are opposite the store, as sponsor of this project.
After completion, people used our 'Gernwartestelle' not only while waiting for the tram, as the pictures show. Quite a few let the tram move on and stayed, fascinated by the tattoo magazine. A mother came every day for a swing with her two children, bicycle couriers enjoyed their breaktime snacks on the map … and some nice partie were held there, too!

GERNWARTESTELLE

GERNWARTESTELLE
„Gernwartestelle"

GERNWARTESTE

GERNWAR

Der Autofahrer kann von der Autobahn abfahren, die 360-Grad-Kurve beschreiben, um danach wieder auf die eigentliche Autobahn zu gelangen. Zwei Darstellungen erläutern das Projekt: ein digital bearbeitetes Foto und eine Ingenieurszeichnung. Im Jahr 2000 erschien der Erläuterungsbericht zur Autobahnschleife als Buch.

Car drivers can turn off the highway via a 360-degree curve to reach the highway proper. Two renderings explain the project: a digitally touched-up photograph and a technical drawing. The explanatory report on the highway was published in book format in 2000.

M+M AUTOBAHNSCHLEIFE

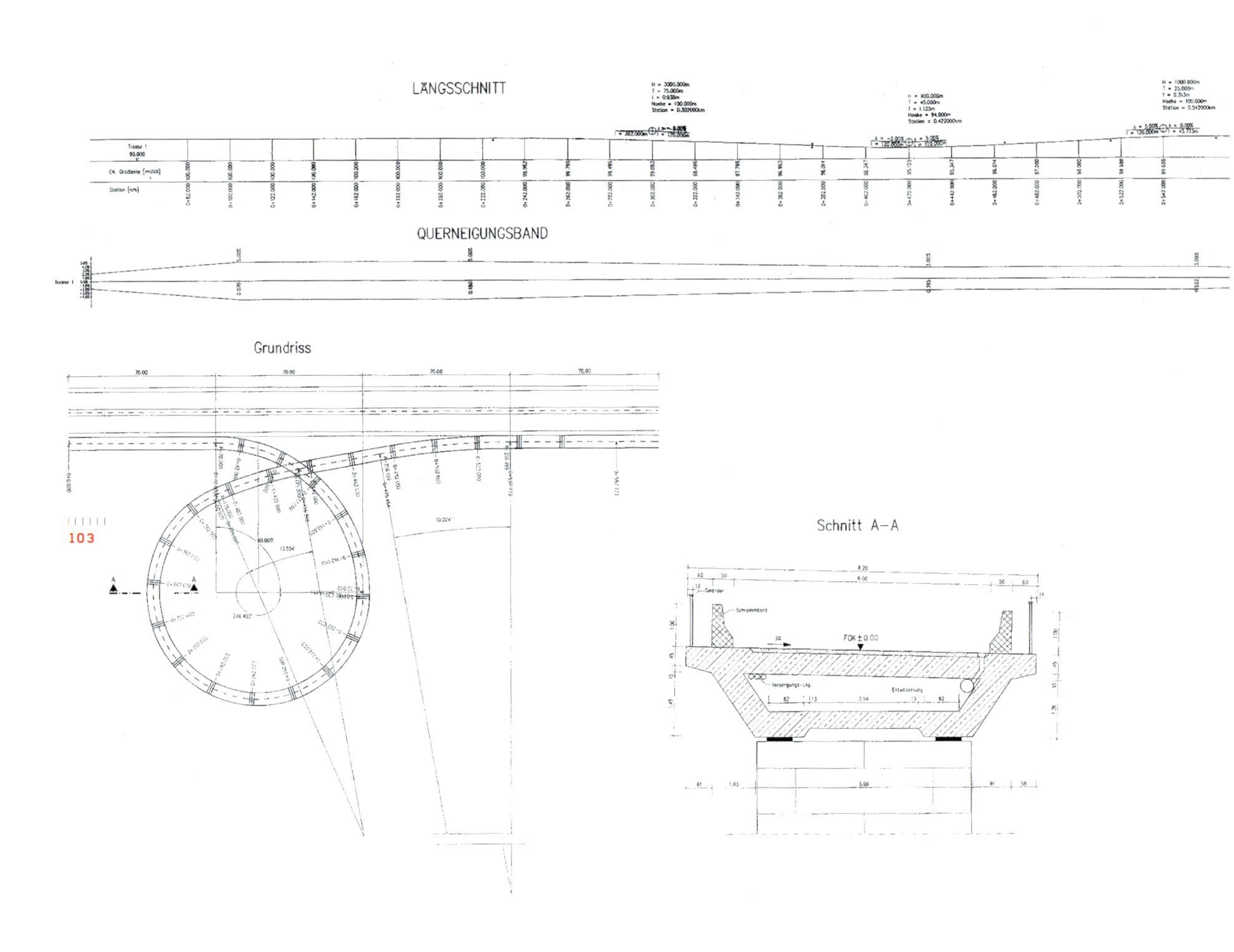

FOTOGRAFIE 60 X 80 CM
TECHNISCHE ZEICHNUNG CA. 90 X 120 CM

PHOTOGRAPH 60 X 80 CM
TECHNICAL DRAWING APPROX. 90 X 120 CM

M+M HIGHWAY TRUMPET JUNCTION

DUFTWOLKE

Mittels einer speziell konstruierten Maschine wird in regelmäßigen Abständen eine parfümierte Wolke abgegeben. Von einem alpinen Bergkamm bei der Zugspitze aus wandert sie langsam nach Tirol ab. Drei Darstellungen erläutern das Projekt: ein digital bearbeitetes Foto. eine Ingenieurszeichnung und eine meteorologische Berechnung der Wolkendiffusion.

At regular intervals a specially constructed machine sprays clouds of scent into the air. These clouds slowly drift from an alpine mountain peak near the Zugspitze in the direction of Tyrol. The project is explained by means of three documents: a digitally touched-up photograph, a technical drawing and a meteorological diagram of cloud diffusion patterns.

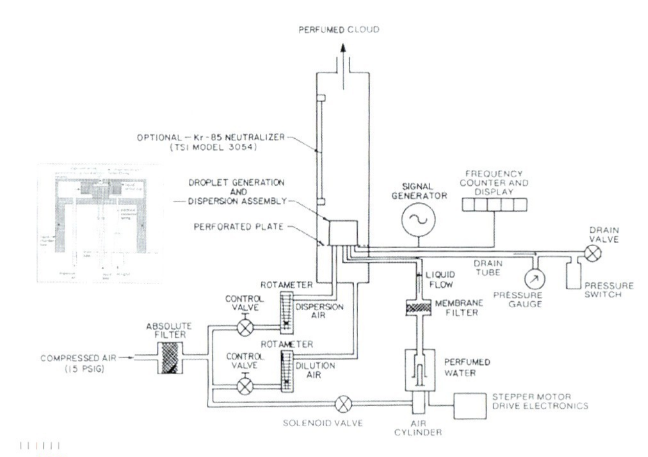

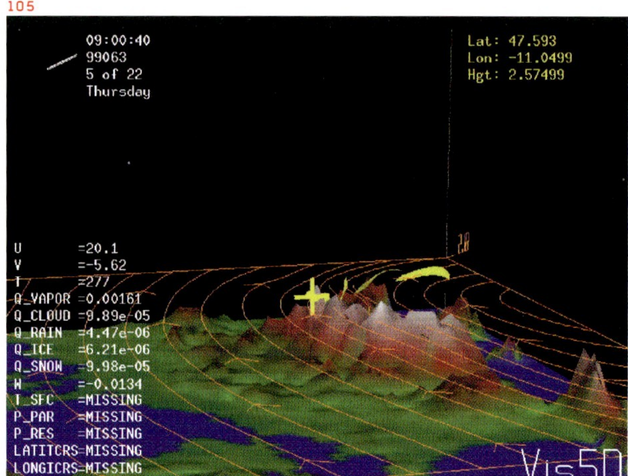

FOTOGRAFIE
TECHNISCHE ZEICHNUNG
METEOROLOGISCHE DARSTELLUNG
JEWEILS 60 X 80 CM

PHOTOGRAPH
TECHNICAL DRAWING
METEOROLOGICAL DIAGRAM
60 X 80 CM EACH

M+M, ALLMANN SATTLER WAPPNER ARCHITEKTEN HIGH NOON 2000

Wettbewerb für einen Verbindungssteg zwischen dem Hansa-Carré und dem Karstadt-Gebäude, Hansaplatz, Dortmund.

High Noon ist eine architektonische Raum-Installation, die zwischen dem Hansa-Carré und dem bereits vorhandenen Karstadt-Gebäude in der Dortmunder Innenstadt als Verbindungssteg dienen soll.
Der Korridor soll in der Form eines überdimensionalen Vierkantstabes längs zwischen den beiden Fassaden auf Höhe des ersten Geschosses verlaufen.
Beim Betreten des Ganges ist an den beiden Enden des Ganges jeweils eine Figur in Rückenansicht zu sehen. Beide verharren vor großen Panoramafenstern und scheinen auf den jeweiligen Platz vor ihnen zu blicken. Skulpturen und Gang sind aus dem gleichen Material und vermitteln eine große Homogenität. Bei näherem Hinsehen scheint es sich um zwei cowboyähnliche Gestalten zu handeln, die sich zu einem Duell aufgestellt haben.

Einmal am Tag um Punkt 12 Uhr mittags – High Noon – wenden sich die beiden Figuren einander zu. Einige trockene Schüsse zerreißen die Stille im Raum und die Figuren drehen sich wieder in ihre Ausgangs-position.

Competition for a Footbridge between Hansa Carré and Karstadt Department Store, Hansaplatz, Dortmund

High Noon is an architectural installation designed as a pedestrian bridge between the new Hansa Carré and the existing Karstadt building in downtown Dortmund.
This passage is to assume the form of an over-dimensioned box girder that runs between the two facades at second floor level. At both ends of the covered bridge there is a figure that has its back turned to whoever passes by. Both figures stand at large panorama windows and seem to be watching what is happening on the large open square in front of them. The sculptures and and bridge structure are of the same material and convey a sense of great homogeneity. On closer inspection, they are reminiscent of two cowboys set for a duel.
Once a day, at exactly high noon, the figures turn to face each other. A few dry pistol shots break the silence, and the ‘cowboys’ turn back again to look out of the windows.

M+M, ALLMANN SATTLER WAPPNER ARCHITEKTEN | HIGH NOON 2000

The Wallaby

Our involvement with the high street of the 21st century is not as deep as that of earlier centuries. We skim along its surface, touching high-tech pockets consumed in the facades of buildings to withdraw coins and notes with ancient value. Soon street level will be a mass of digital scanning devices, an architecture of extremes which the Wallaby enables us to use with greater fluency and ease than ever before.

This moulded form which eschews tickets and plastic credit with increasing necessity. It is a simple store for our complex day to day technology. In this way a small object aquires an influence beyond its physical dimensions, encouraging habits and communication of a different sort.

ULI MÖLLER THE WALLABY

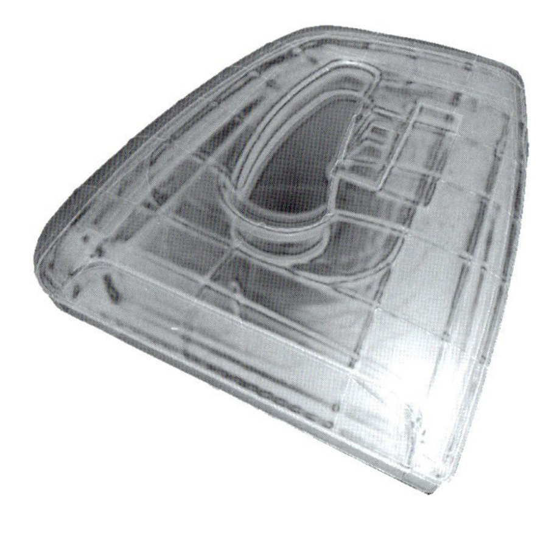

As a watch strap to a watch, so a wallaby to plastic credit and communication.

As with all product design, it relates to the human form, and in turn to the space which surrounds it.

Its dimensions relate to the hand, as a pebble in the pocket it is a form which traces the shape of a hand, openings which mimic the movement of a thumb. It is an eroded form, a well-worn thing, comforting and enduring. Like a piece of glass the plastic has no grain but similar transparency. But it is also a product of its time, five years either side may find it obsolete with the unsteady leaps of technology.

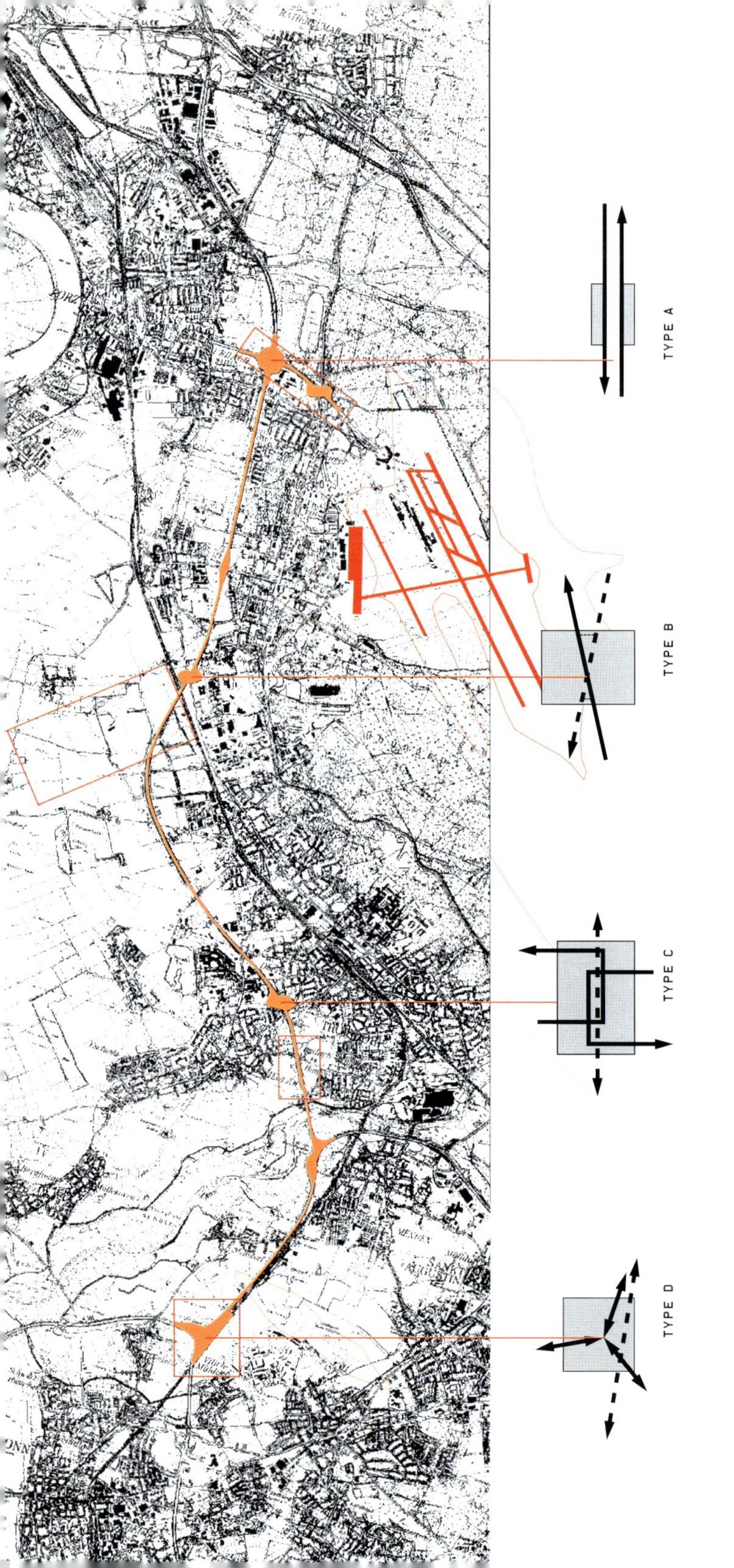

The inbetween-ness of the Zwischenstadt defines some of its main qualities like proximity to urban centers via hardcore infrastructure, proximity to open landscape even still a possibility of living in the open landscape, and an extreme variety of very specialised programs (as-well-as situation, urban landscape).
On the other hand the inbetween-ness of the Zwischenstadt (neither-nor situation) creates a lack of collective identity because its appearance is basicly a physical sediment of flows belonging to a larger context.
The Zwischenstadt shows all the symptoms of a society which is in a state of constant physical movement and permanent mental shift and also all the problems of the discipline of the urban and regional planner who is confronted with a fluid territory.

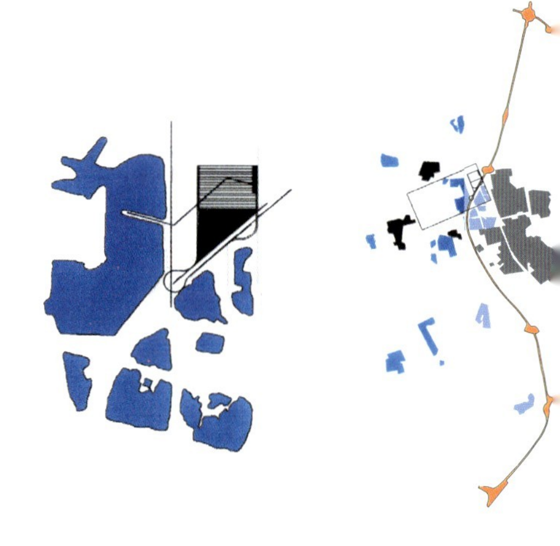

NO W HERE ARCHITEKTEN ZWISCHEN-STADT

The lack of identity or awareness for the Zwischenstadt as a whole has to do with a spacial fragmentation and also with invisible borders like unflexible administrative and political structures which often are conflicting with the fluid nature of the Zwischenstadt and the complex system of interrelations, overlaps and flows.
The area between Köln and Bonn has been chosen as an example, due to its very complex system of interrelations, its relation to various infrastructural contexts (local, regional, global) and due to its transformative or 'fluid' character.
The fluid nature of the territory can be detected on various levels: on a personal level of its inhabitants, a system of flexible organisations and institutions which adapt to the fluid nature of the terrain, a transforming landscape caused by exploitation industries such as surface-coal-mining and gravel-industry (Kiesindustrie), the Bonn-Berlin-distortion, caused by the movement of the parliament to Berlin, and a highly developed infrastructural context on a strategic point in

the european highspeed network.

As an example some notes to the personal level:
The urbanites of today transform into specialised individuals creating their personal urban space within their mobility-possibilities and due to their specific interests and desires. Traditional bondings to a framed context are loosing more and more their importance.
To live somewhere does not necessarily mean that this is the place we identify with bacause it might extremely deviate from the spaces where we socialise, comunicate and work with others.The living-space becomes seperated from the social-space, working-space, and the communication-space.
The use of specialised programs also means that people have to adapt to certain standards, codes, rituals, languages or rules of accessability. Ask any person on the street to show you all the keys he or she is carrying around and you will immediately get an insight in a very

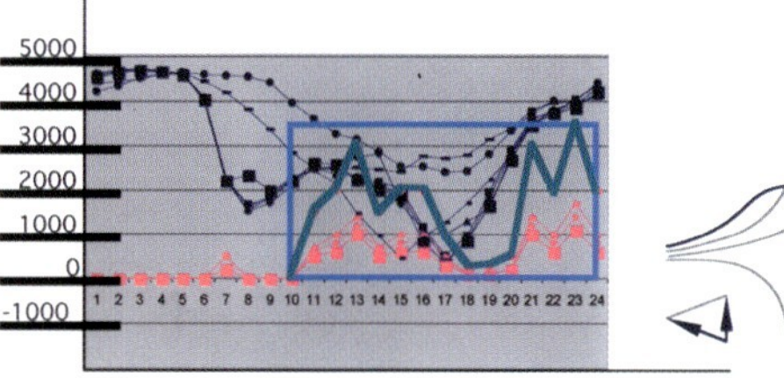

added flow maximum ca. 3300 cars/hour

relation of parking space to leis
programs (PUPR)

3300 parking units	61.875
restaurants (14 m2)	46.200
cinemas (15 m2)	49.500
discotheque (15 m2)	49.500
theater (20 m2)	66.000
fun (40 m2)	132.000
hotel (50 m2)	165.000
motel (25 m2)	82.500

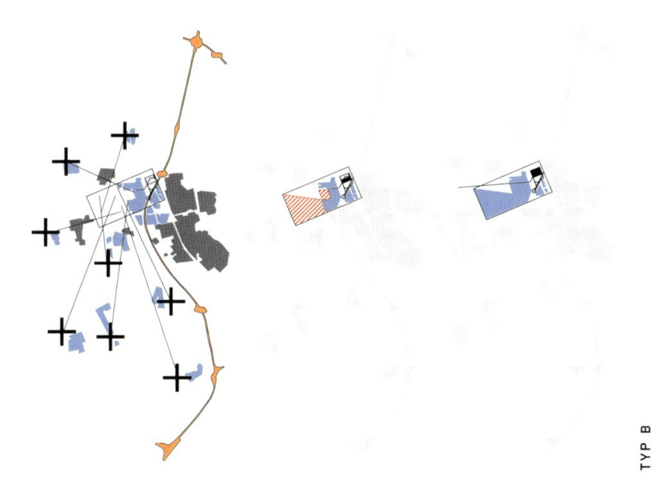

TYP B

TYP C

TYP D

complex set of systems of accessability. The collection of membership-cards gives a very personal fingerprint of each individuum.
We are no longer by birth bound to a fixed context but member of as many different groups we can reach or afford to join. This means that we have to make constant choices and decisions which might seem to be the ultimate freedom, but this causes also a feeling of uncertainty. Richard Sennett explains the todays uncertainty with the fact, that it is not linked to a historic catastrophy to come, but connected to the everyday practice of a vital capitalism.
Taken the fluidity of the Zwischen-stadt for granted and accepting it for one of its main organizing principle it could be used for the development of new typologies and new prototypes for urban density and heterotopy.
Along the infrastructural backbone of the Köln-Bonn-area four sites have been chosen to develop architectural/urban interventions taking into consideration the various dynamics along it.

Type A: 24 hour economic zone with airport-related programs, no housing possible due to airport-noise-contour: 24 hour economy due to airport activities.
Type B: Porz Lind Switch
- stage 01: new exit-entrance situation from the highway with access to attractor: new switch situation to public transport, one layer of parking as generic platform, temporary collonisation by small scale economies like markets, open air cinema …, first additional programs to the switch.
- stage 02: concentration of the gravepit-industry on the site, 'strategic exploitation' of the ground in order to produce largescale watersurfaces for different uses.
- stage 03: additional program as plugins on the platform, intertwining of compensation for built structure with re-naturation of the exploited ground.
- stage 04: ongoing collonisation of the platform, new attractor: water surfaces and leisuretime-related activities, housing.
Type C: Troisdorf Sieglar connector
urban prototype over the highway, mixed programs partly highway-related, partly local, housing as ho(me)tel as hybrid of temporary and constant housing, attractor: direct highway-access, modified schedules of programs like after-hour shopping.
Type D: Bonn-Beuel-overfly
drive in city using the leftover-surfaces of the junction as well as the leftover-capacities of the traffic, counter stim to the strong centers of Köln and Bonn, attractor: extremly good connection to the infrastructure-network, crossing with the train system allows switch situation, all kinds of programs due to potentials of the leftover capacities.

Zwischen-stadt – fluid mass has been presented by KarlAmann as thesis-project at the Berlage Instituut in Amsterdam 1998.

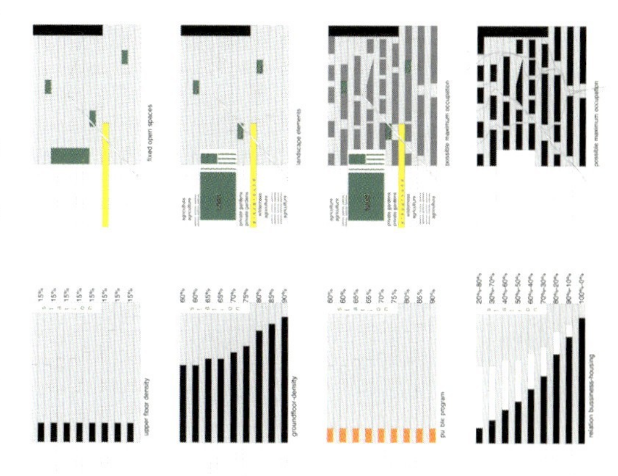

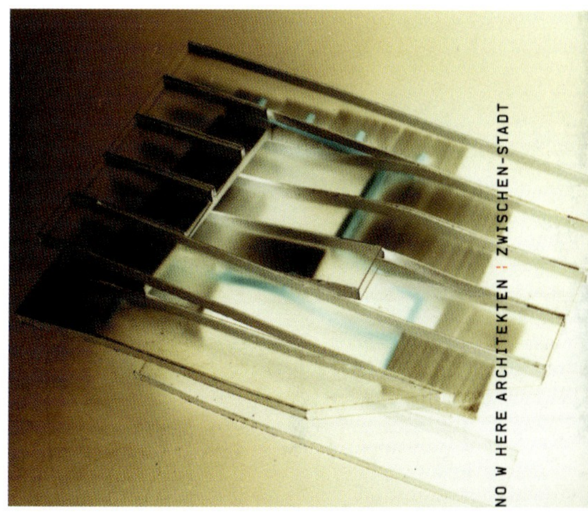

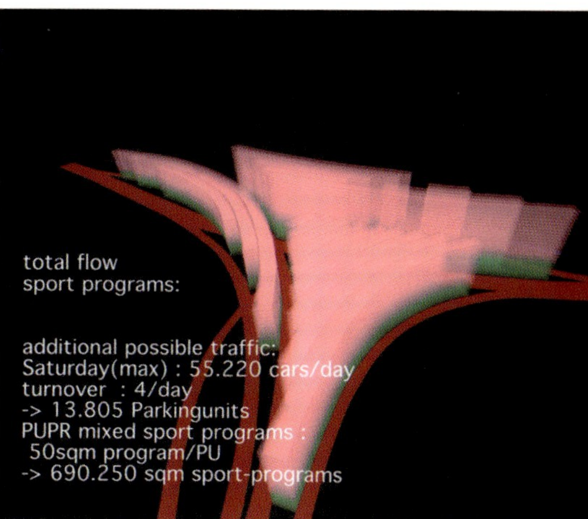

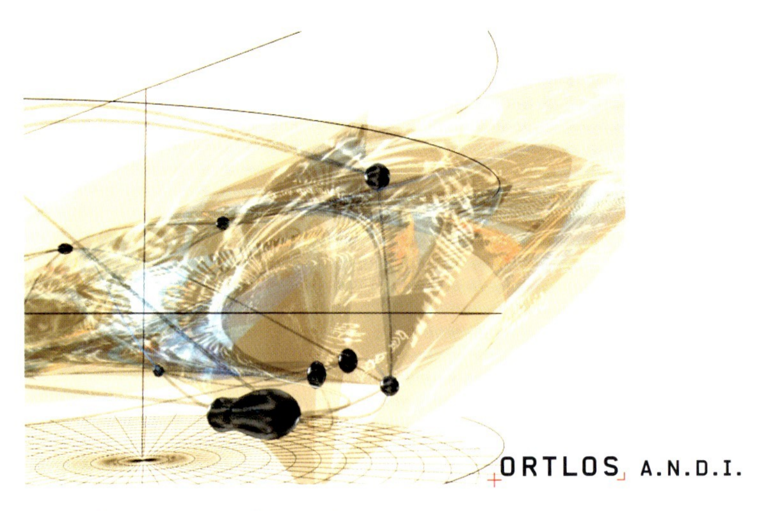

ORTLOS A.N.D.I.

www.ortlos |.at |.com |.net |.org |.info

Ortlos was founded in 1998 (domain name ortlos.com registered 1999) and it is a virtual office (or platform) dealing with architectural topics, urban planning issues and interface design in general. Its members are experts from different countries (mainly Austria and USA) with different professions (architects, web designers, media theorists, net artists, IT specialists, among others).
The traditional architecture is less capable to give competent answers to complex questions nowadays. The change of architectural production is linked to changes in thinking about architecture and architectural practice.

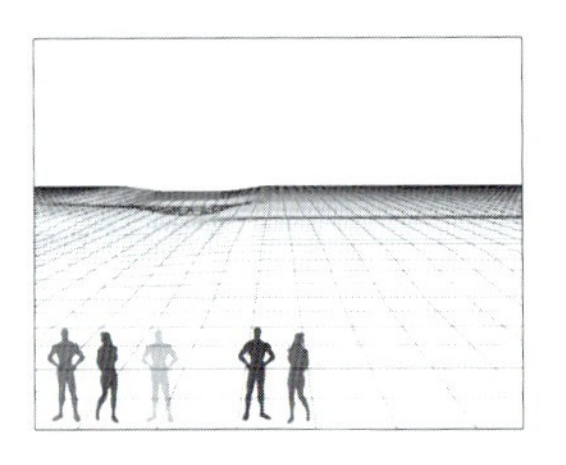

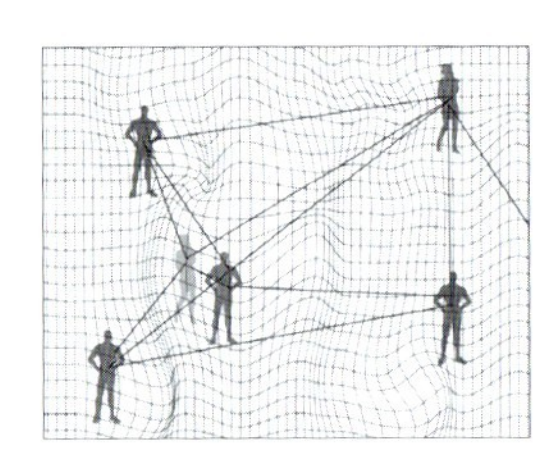

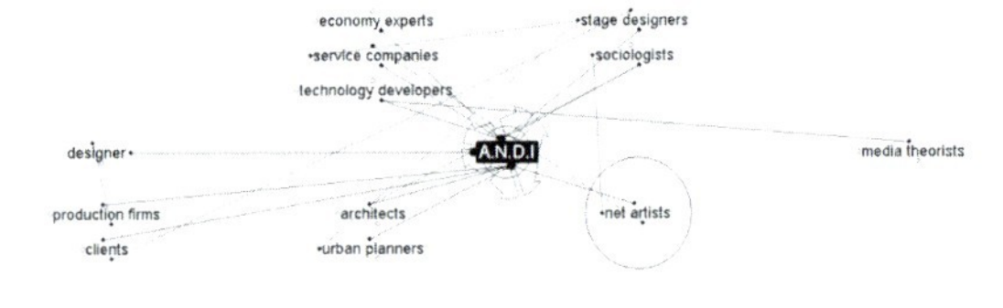

INPUT OF BUILDERS

Open source architecture, the development and use of ANDI is definitely the most possible innovative future scenario and will change the situation significantly. This working method will enable a new generation of projects. It will be an operating system, on Internet, to work interdisciplinary and international in each period of architectural and art projects to solve complex urban, sociological and architectural problems to increase the creative dimension of projects and to improve communication during the process of conception, designing, planning, production and realization of projects.

Main Idea of A.N.D.I.:
The digital platform has basically two main aspects. On the one hand it is database driven collaborative environment and on the other hand it is an endless Matrix for creative development inputs of its builders. Through merging of those two strategies it can be possible to define new designing and working concepts for the architecture and art praxis. That means that it goes beyond the known B2B concepts, Peer-to-Peer networks or ASP solutions.
ANDI will develop a virtual office structure in the Internet, where its users can work together, not dependent on their location, for the conception, the design process and final the production of architectural projects. It is based on the open source architecture, which means that is not a final project, but it will be expanded during the working process also, considering the experimental architecture, urban planning concepts and interface design.
This digital platform is an operating system, a tool to work inter-disciplinary and international in each period of projects but in particular from the very beginning of the design to increase the creative dimension of projects.
On the other hand the work with this tool will improve communication during the process of designing, planning and realizing architectur projects. This working method will enable a new generation of

113

```
public void init() {
  String driver = ResourceBundle.getBundle("connection").getString("driver");
  String url = ResourceBundle.getBundle("connection").getString("url");
  String username =
ResourceBundle.getBundle("connection").getString("username");
  String password =
ResourceBundle.getBundle("connection").getString("password");
  try {
   connectionPool =
    new ConnectionPool(driver, url, username, password,
              initialConnections(),
              maxConnections(),
              true);
   try{
   Connection connection = connectionPool.getConnection();
   Statement stmt = connection.createStatement();
   stmt.executeUpdate("delete from loged_in");
   stmt.close();
   connectionPool.free(connection);
   }catch(Exception e){}

  } catch(SQLException sqle) {

   System.err.println("Error making connection pool: " + sqle);
   getServletContext().log("Error making pool: " + sqle);
   connectionPool = null;
  }
 }

public void destroy() {
try{
 Connection connection = connectionPool.getConnection();
 Statement stmt = connection.createStatement();
 stmt.executeUpdate("delete from loged_in");
 stmt.close();
 connectionPool.free(connection);
 }catch(Exception e){}
 connectionPool.closeAllConnections();
}

/** Override this in subclass to change number of initial
 * connections.
```

A.N.D.I. IS BASED ON JAVA SERVLETS TECHNOLOGY

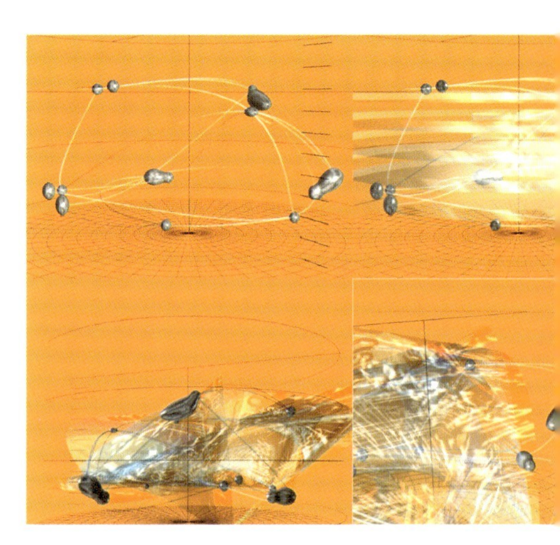

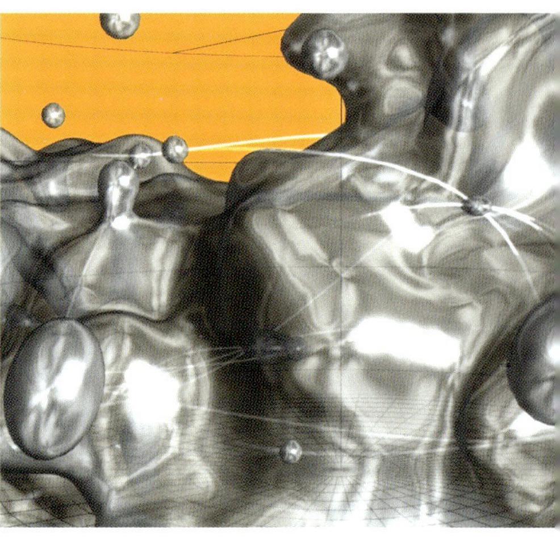

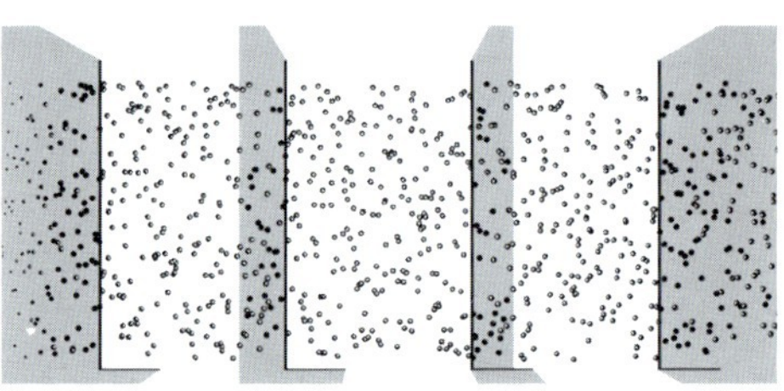

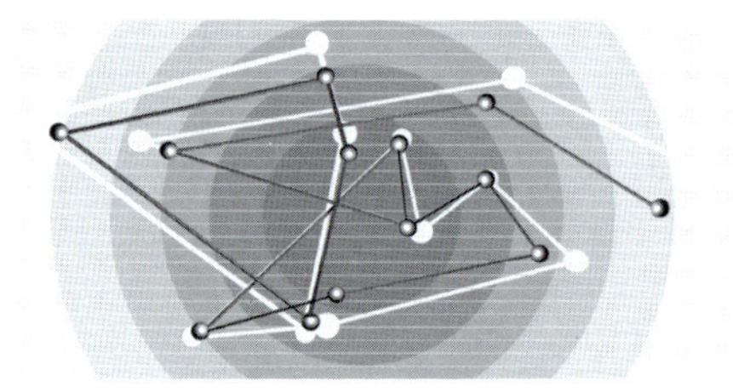

INFORMATION FLOW. UNFILTERED INFORMATION,
CIRCULATION OF CREATIVE INPUT.
CONNECTIONS AND INTERACTION, TO DEFINE
PARAMETER FOR THE FURTHER PROCESSES.

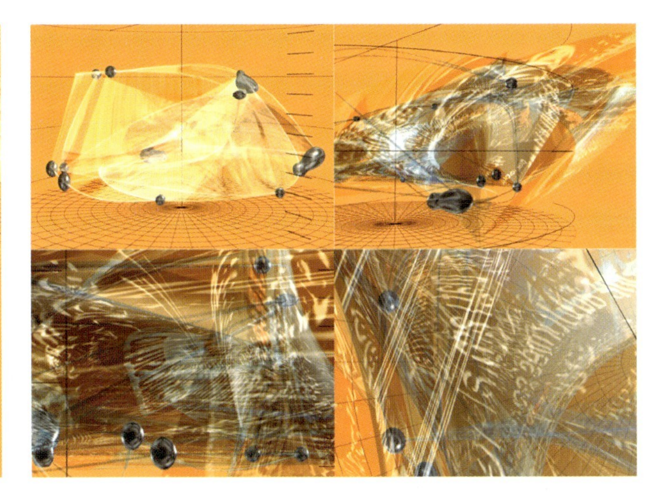

architectural and art projects concerning authorship, creative input (to use the computer not just for representation but as a design tool), and non-expected output. The project is not developed from individuals but in collaboration of an interdisciplinary and international team of experts from different areas.

The A.N.D.I. engine will have 4 main modules:

1. Information: it is the actual input of unfiltered information of interdisciplinary users.
2. Communication: information flow and start of interaction between the project partners.
3. AWSP active work server pages: actual engine, working place, always changing and growing dependent on the working progress.
4. Database: all fields are connected to the databases, which can be queried from every stage of the design process. Documentation of processes, and presentation of projects.

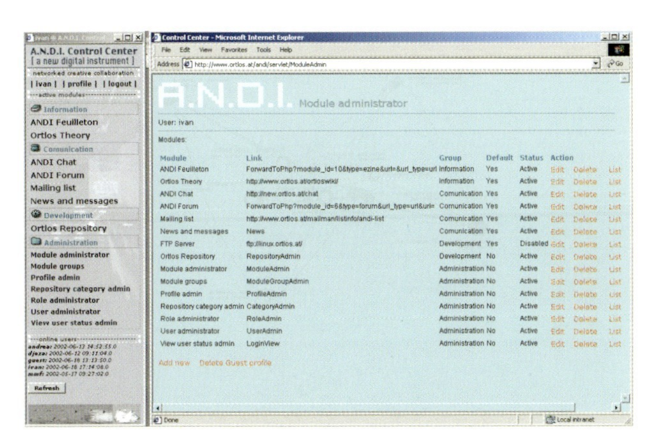

'ANDI' will be addressed to a group of people and partners, at the beginning, who are highly motivated and looking for individual ways of participating and intervening in their local and global urban situations. Main actors will be: architects, urban planners, net artists, sociologists, media theorists, technology partners and developers, economy experts, production firms, service companies, and last but not least clients.

TRANSPARENT WORKING PROCESS AND CONNECTIONS (ENDLESS MATRIX)

PROJEKTTEAM
PHILIPP OSWALT, ARCHITEKT
STEFAN TISCHER, LANDSCHAFTSARCHITEKT
STEFANIE BRAUER, HISTORIKERIN
BRUNO KURZ, CHRISTOPH KÜHN
MODELL: GIUSEPPE BOEZI, MARIA LUISA ROSSI

PROJECT TEAM:
DESIGN: PHILIPP OSWALT
LANDSCAPING: STEFAN TISCHER
SPECIAL CONSULTANT: STEFANIE BRAUER, HISTORIAN
PROJECT ARCHITECTS: BRUNO KURZ, CHRISTOPH KÜHN
MODEL: GIUSEPPE BOEZI AND MARIA LUISA ROSSI

PHILIPP OSWALT GEDENKSTÄTTE FORT ZINNA TORGAU

Die Gedenkstätte für Deserteure und andere Opfer der Wehrmachtsjustiz des NS-Regimes wird durch eine gefaltete, blau-grau eingefärbte Betonplatte geformt. Sie neigt sich zum Wallgraben und lenkt somit den Blick auf die Festungsmauer und das dahinterliegende Gefängnis. Die seitlichen Auffaltungen rahmen den Blick und schirmen zugleich den Gedenkort behutsam von der Wohnbebauung und den Privatgärten ab. Dennoch bleibt der Zugang zum Gedenkort auf dem gleichen Niveau wie die Straße. So bleibt eine Sichtbeziehung von der Straße zum historischen Ort erhalten, der ebenerdige Eingang lädt zum Betreten der Fläche ein.
An der südlichen Aufkantung der Platte findet sich eine Inschrift, die den Ort den Opfern von Unrechtsjustiz widmet. Beim Blick zum Wallgraben wird ein Gedenkspruch sichtbar, der das Inhaftiertsein und Gedenken thematisiert. Er ist auf der Inneseite des sog. 'Aha' angebracht, der zugleich als unsichtbare Brüstung dient.

The memorial for deserters and other victims of Nazi military justice consists of a blue-grey folded concrete slab. It slants towards the moat, attracting the eye to the fortress wall and the prison behind it. The lateral folds of the slab frame this view and at the same time screen the memorial sensitively from the residential buildings and private gardens. Access to the memorial was left at street level so that the view from the street to the historic site remains unobstructed. The ground-level entrance is designed to invite people in.
An inscription on the surface of the southern upward fold of the slab honours the victims of wrongful jurisdiction. The view towards the moat reveals an text on the subject of imprisonment and remembrance inscribed on the so-called 'ha-Ha' element which doubles as an invisible parapet.

INSCHRIFTEN
1. DIE MENSCHEN SIND NICHT NUR ZUSAMMEN,
WENN SIE BEISAMMEN SIND; AUCH DER ENTFERNTE,
DER ABGESCHIEDENE LEBT UNS
JOHANN WOLFGANG GOETHE (EGMONT)

ZUM GEDENKEN AN DIE MÄNNER UND FRAUEN, DIE
1945-1950 UNSCHULDIG UND WILLKÜRLICH VON DER
SOWJETISCHEN BESATZUNGSMACHT VERFOLGT UND IN
TORGAU INHAFTIERT WURDEN. VIELE VON IHNEN
WURDEN ERMORDET ODER STARBEN AUFGRUND VON
FOLTER, UNTERERNÄHRUNG UND KRANKHEITEN.

ZUM GEDENKEN AN DIE MÄNNER UND FRAUEN, DIE
1950-1989 VON DER DDR-JUSTIZ UNSCHULDIG
VERFOLGT UND VERURTEILT WURDEN UND IN TORGAU
INHAFTIERT WAREN.

ZUR EHRE DERER, DIE SICH AUS ZIVILCOURAGE DEN
UNRECHTSSYSTEMEN NICHT BEUGTEN UND DAFÜR DER
FREIHEIT UND DES LEBENS BERAUBT WURDEN.

2. ZUM GEDENKEN AN DIE SOLDATEN UND ZIVILPERSONEN, KRIEGSGEFANGENEN UND ZWANGSREKRUTIERTEN, DIE 1933–1945 VON DER NATIONALSOZIALISTISCHEN JUSTIZ VERFOLGT, INHAFTIERT UND MISSHANDELT WURDEN. VIELE VON IHNEN WURDEN ERMORDET ODER STARBEN AUFGRUND VON FOLTER, UNTERERNÄHRUNG UND KRANKHEITEN.

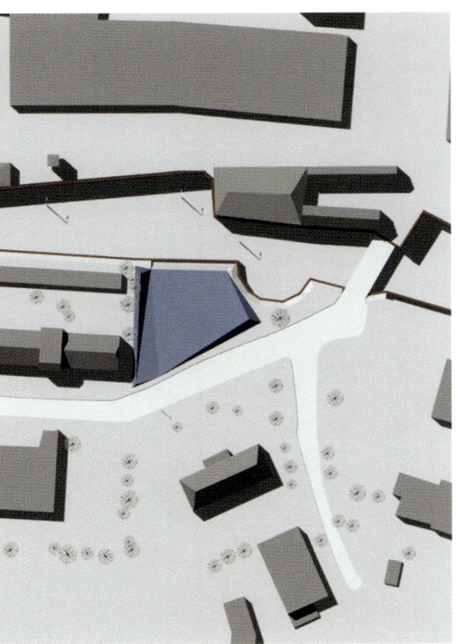

PHILIP OSWALT : MEMORIAL FORT ZINNA, TORGAU

SEMINAR FÜR ARCHITEKTURSTUDENTEN DES HAUPTSTUDIUMS AN DER BTU COTTBUS, WINTERSEMESTER 2000/2001.
SEMINARLEITUNG: PHILIPP OSWALT.
MITWIRKENDE: DR. PETER ARLT, ISABEL BENRATH, RAIMUND BINDER, CHRISTINA FRICKE, DIPL.-ING. MINKA KERSTEN, FRIEDERIKE KETTMANN, PROF. PHILIPP OSWALT, MAIK RONZ

SEMINAR FOR STUDENTS OF ARCHITECTURE AS A MAIN SUBJECT AT BTU COTTBUS, WINTER TERM 2000/2001
LED BY: PROFESSOR PHILIPP OSWALT
LECTURERS AND TUTORS: DR PETER ARLT, ISABEL BENRAT, RAIMUND BINDER, CHRISTINA FRICKE, DIPL.-ING. MINKA KERSTEN, FRIEDERIKE KETTMANN, PROFESSOR PHILIPP OSWALT, MAIK RONZ

Seit Anfang der 90er-Jahre gibt es in Deutschland eine rechtsradikale Subkultur, die das Leben im öffentlichen Raum verändert hat. Die Bevölkerung geht den Gewalttätern aus dem Weg, die potenziellen Opfer vermeiden die als gefährlich geltenden Orte und werden somit in ihrer Bewegungsfreiheit erheblich eingeschränkt. Um diese verborgenen Regeln zu durchbrechen, entwickelten wir eine urbane Invention. Wir baten Bürger aus einem schlechter angesehenen Stadtteil Cottbus', Grüße an die Bewohner eines anderen, ebenso problematischen Stadtteils zu schreiben. Diese projizierten wir dort am darauf folgenden Tag an einer Straßenkreuzung. Von den Porträtierten waren einige gekommen, um die Projektion anzuschauen, bald fanden sich auch Nachbarn und neugierige Passanten ein. Durch diesen einfachen Eingriff entwickelte sich eine Kommunikation der Menschen im öffentlichen Raum.

Since the beginning of the 1990s we have had a right-wing subculture in Germany which has changed life in public spaces. People try to avoid these potentially violent people and potential victims avoid the places considered dangerous which considerably limits their freedom of movement. We developed a socio-urban project to change these unspoken rules: we asked inhabitants of a socially degraded area of Cottbus to write greetings on boards to the inhabitants of another neighbourhood with the same problems. They were videoed holding these boards and the clip was screened at a street junction the next day. Some of the senders came to watch themselves on screen and were soon joined by neighbours and intrigued passers-by. This simple intervention triggered communication between people in a public space.

ANTON MARKUS PASING PARASIT 3
OMNIPOTENTOR 1

Parasit 3
Come bisogna vestirsi?
Parasit 3 ist eine auf die städtebauliche Situation Roms ausgerichtete robotische Wohneinheit. Wie P1 und P2 besetzt er ungenehmigt städtisches Territorium und stellt den Prototyp einer ganzen P3-Familie dar. Nach Ortswahl verankert sich P3 durch hydraulische Ausladung seines Metabolismus zwischen gegenüberliegende Fassaden. Durch bewegliche Bohrsensoren sucht er nach Wasser-, Telekom- u. Stromleitungen in Häusern und Straßen, dockt sich an und ist somit versorgt. Im Gegenzug bietet er symbiontische Leistungen an:
Übertragung aller wichtigen Autorennen und Fußballspiele live und kostenlos auf seinem beweglichen, vorgesetzten Videoschirm.

- Durch eine brückenähnliche Konstruktion verbindet er Nachbarschaft, fördert die Liebe und erweitert den städtischen Wohnraum.
- Um sich auch finanziell unabhängig zu machen, verkauft P3 seine Oberfläche als Werbezone an potenziell werbewillige Firmen.
- Videoüberwachung des Parkraumes, um Anwohner vor Diebstahl ihrer PKW´s zu schützen.
- In unregelmäßigen Abständen beschallt er in den Abendstunden die Straße mit den 'Best of' von Luciano Pavarotti und Eros Ramazzotti.
- Durch Scannen und Simulation der Kleidung einzelner Passanten, zur eigenen Oberflächengestaltung, bereichert er das Stadtbild.

Parasite 3
Come bisogna vestirsi? How to dress?
Parasite 3 is a robotic residential unit designed for the urban situation of Rome. Just like P1 and P2 it occupies urban territory illegally and represents the prototype of an entire P3 family. After choosing its site, P3 establishes itself there by hydraulic booms which anchor its metabolism in between opposite facades. Using movable boring sensors it locates water, telecommunications and power mains in houses and underneath streets, docks onto them and is thus supplied. In return, it offers the following symbiotic services:

- It transmits/screens all the important car races and football matches, live and free of charge!, on its front movable video monitor.
- By means of a bridge-like structure, it connects neighbors, promotes love and extends the urban residential area.
- To be financially independent, P3 rents out its surface area as advertising space to corporate customers.
- P3 video-monitors the parking lots to protect residents from car thieves.
- At irregular intervals, in the evenings, P3 radio-broadcasts 'The Best of…' Luciano Pavarotti and Eros Ramazzotti into the streets.
- By scanning and simulating the clothes of individual passers-by, P3 changes its own surface 'cladding' and thus enriches the urban image.

ROM 1999
ROME 1999

119

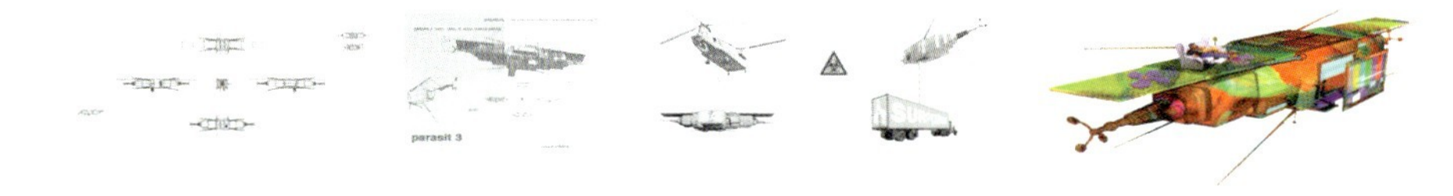

Omnipotentor 1
Durch die Übertragung von objektuntypischen Ritualen innerhalb verschiedener gesellschaftlicher Prozesse auf ein Instrument, mit dem wir gewohnt sind, unteilbare Macht auszuüben, entsteht ein Moment der Unsicherheit für beide Ausgangsebenen. Der Akt des Rituales auf der einen, das (omni)potente Machtinstrument Fernbedienung auf der anderen Seite, werden wechselseitig instabilisiert.
Omnipotentoren spielen mit Erwartungshaltungen und Entscheidungsabläufen innerhalb von Architektur, Kunst und Religion. Übliche Vorgehensweisen und Klischees werden übersteigert. Omnipotentoren suggerieren die scheinbare Regelbarkeit und Steuerungsfähigkeit unseres Lebens.

By transmitting object-untypical rituals from different societal processes onto an instrument which we habitually use to exercise indivisible power, a moment of uncertainty and insecurity is created on both starting levels. The ritual act on the one hand and the (omni)potent instrument of power in the form of a remote control on the other mutually destabilize each other.
Omnipotentors play with expectations and decision-making processes in the fields of architecture, art and religion by exaggerating habitual procedures and clichés. Omnipotentors suggest the seemingly determinable and controllable character of our lives.

OMNIPOTENTOR 1. 1997

OMNIPOTENTOR 2. 1998/99

Omnipotentor 2
Götter und Waffen können als Vorbilder des Konzepts 'Fernbedienung' betrachtet werden. Beide beanspruchen für sich Allmacht, sind dementsprechend in ihrem Handeln unfehlbar und kreieren eigenständige, neue Formen von Wirklichkeit.
Doch nicht jeder Finger, jeder Schalter oder Abzug dient dazu, eine Fernbedienung auszulösen; wahrscheinlich sind die besten Fernlenkungen sowieso diejenigen, deren Befehlsmodus nicht sichtbar ist: so etwa kann die menschliche Sprache durchaus fernlenkende Eigenschaften besitzen. Per unsichtbarer Artikulation (Gott sprach »Es werde Licht!«) werden Befehle, Inhalte und Gefühle vermittelt und lösen Handlungen und Emotionen aus.
Die nicht sichtbare Realität der Sprache beinhaltet dabei zahlreiche Realitäten und zeitigt erkennbare Fakten.

aus: 'Kontrolle und Ferne' / Peter Funken. Berlin 2001

Gods and weapons could be seen as the inspiration for the concept of remote controls. Both claim omnipotence for themselves and, with it, infallibility of action. Both create independent new forms of reality.
Yet not every finger, switch or trigger serves to exercise remote control. In any case, the best remote controls are those with invisible command modes. Human speech, for example, can have a remote-controlling effect. By invisible articulation (and God spoke, »Let there be light…«) commands, contents and emotions are transmitted and in turn trigger actions and feelings.
The invisible reality of speech contains numerous realities and generates recognizable facts.

from: 'Kontrolle und Ferne' by Peter Funken, Berlin, 2001.

DISPLAY
HIMMEL

AMEN

HIMMEL

VERGEBUNG

ERLEUCHTUNG

ERLÖSUNG

AUFERSTEHUNG

FEGEFEUER

DAS SPIEL

CO	AM	LP	CF
KOLLEKTE	AVE MARIA	VATER UNSER	BEICHTE

HÖLLE

ANGST

DISPLAY
HÖLLE

OMNIPOTENTOR 3. 1999

Hypertank

Im alleinigen Raum befinden sich Netzwerke fragiler Subräume, die wir mit all unseren Lebensäßerungen zu bestimmen trachten. Menschen schaffen Dinge, finden sie. Dinge beeinflussen Menschen. Objekte vereinigen sich mit Orten. Diese Beziehungen verändern den Raum und bilden wiederum neue Räume.
Es kann zuweilen vorkommen, dass unbeabsichtigt bislang verdeckte Formationen und Objekte entstehen, die wir lieber verborgen ließen.

Inside the only room there are networks of fragile sub-spaces which we aim to determine with all we think, feel and do. People create things, people find things, and things influence people. Objects merge with places. These relationships change the space and, in turn, form new spaces.
Sometimes hidden formations and objects may emerge which we would have liked to stay hidden.

HYPERTANK
PLAY ROME

HYPERTANK
DIGITALPROOF 2000
CAMOUFLAGE TEXT:
»WAS DU HEUTE KANNST BESORGEN,
VERSCHIEBE NICHT AUF MORGEN.«

HYPERTANK
DIGITAL PROOF 2000
CAMOUFLAGE TEXT:
»NEVER PUT OFF TILL TOMORROW
WHAT MAY BE DONE TODAY«

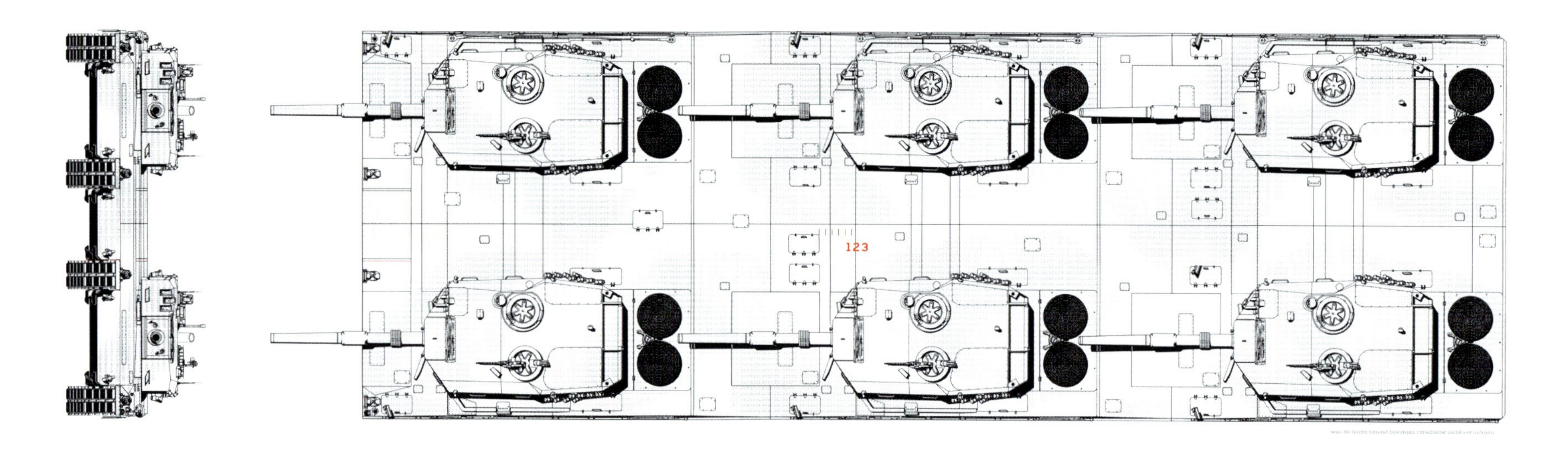

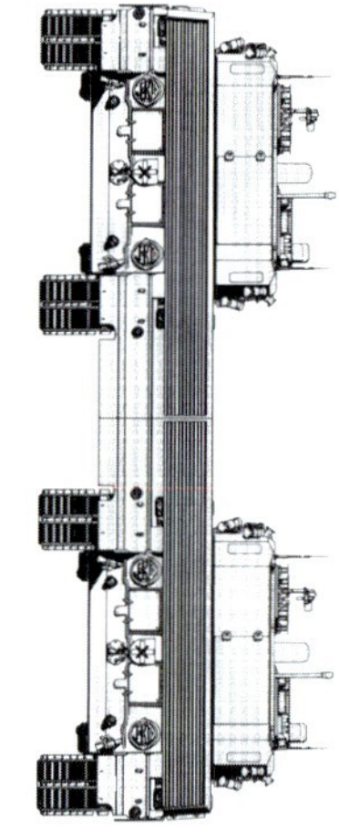

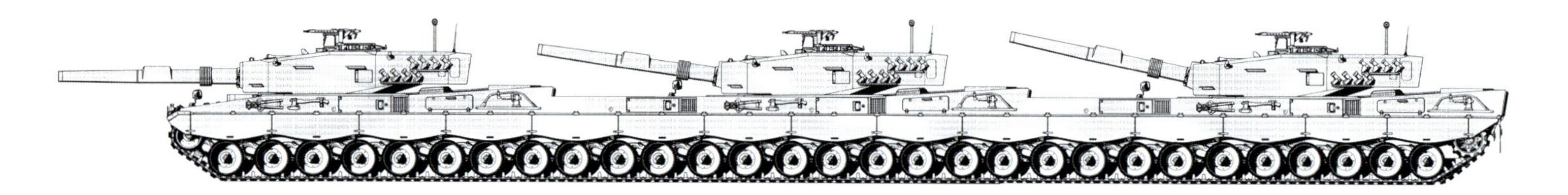

»Auch ich habe mir das Modell einer Stadt ausgedacht, von dem ich alle anderen ableite«, erwiderte Marco. »Es ist eine Stadt, die nur aus Ausnahmen, Ausschließungen, Gegensätzlichkeiten, Widersinnigkeiten besteht. Wenn eine solche Stadt das Unwahrscheinlichste ist, was es gibt, so erhöhen sich bei zahlenmäßiger Verringerung der abnormen Elemente die Wahrscheinlichkeiten, daß die Stadt wirklich besteht. Ich brauche also bei meinem Modell nur Ausnahmen zu subtrahieren und habe dann, gleichgültig, nach welcher Reihenfolge ich vorgehe, eine von den Städten vor mir, die, wenn auch stets als Ausnahmeerscheinung, existieren. Doch kann ich mein Unterfangen nicht über eine bestimmte Grenze vorantreiben: Ich würde Städte erhalten, die zu wahrscheinlich sind, um wahr zu sein.«

Italo Calvino: Die unsichtbaren Städte

»As others did, I have also thought out the model of a city from which I deduct all other cities,« said Marco. »It is a city that consists only of exceptions, exclusions, opposites and absurdities. If such a city is the most unlikely thing there is, the probabilities that the city does really exist will increase with the decrease in numbers of the abnormal elements. Therefore I only have to subtract the exceptions from my model and will then – regardless of the order in which I proceed – be faced with one of the cities which really exist, albeit only as exceptional cases. But I cannot extend my project beyond a certain limit: I would generate cities that are too probable to be genuine.«

Italo Calvino, translated from the German edition, 'Die unsichtbaren Städte' (dtv, Munich, 1985)

PLAY ROME
INTERAKTIVER BAUSATZ. 1999
BAU DIR DEIN ROM ... BUILD YOUR OWN ROME
AUS: 4 STRATEGIEN ROM ZU ÜBERLEBEN

PLAY ROME
INTERACTIVE KIT OF BUILDING PARTS. 1999
BAU DIR DEIN ROM ... BUILD YOUR OWN ROME
FROM: 4 STRATEGIES FOR SURVIVING ROME

Airbag4
Lounge, Köln, 2001

»Der Mars hat die besten Aussichten, Erdenbewohnern ein neues Zuhause fern der alten Heimat zu bieten. Diese Bewertung könnte auf den ersten Blick ungerechtfertigt erscheinen, wenn man den gegenwärtigen Zustand des Roten Planeten berücksichtigt. Die kalte wüstenhafte Welt besitzt keine Atmosphäre, die ihre Oberfläche vor der tödlichen UV-Strahlung der Sonne schützt. Einige Forscher aber erhoffen sich für Kolonisten von der Erde ein Leben mit weniger Einschränkungen. Mit einer als 'Terraformung' bezeichneten Prozedur wollen sie den öden Planeten in ein sich selbst erhaltendes Ökosystem umwandeln, das durch seine eigene Atmosphäre geschützt und erwärmt wird, wo es Wasser im Überfluss und zahlreiche Lebewesen gibt. Einige der topografischen Merkmale des Mars deuten darauf hin, dass die Bedingungen auf den beiden Planeten vor Äonen – um die Zeit, als sich das Leben erstmals auf der Erde zeigte – bemerkenswert ähnlich gewesen sein könnten. Befürworter einer 'Terraformung' sind der Meinung, dass dieser Zustand auf dem Mars wiederhergestellt werden könnte – allerdings würden die Arbeiten Jahrtausende in Anspruch nehmen.«

[aus: R. Conlan, Die Kolonisierung des Weltraums, 1991]

Airbag4
Lounge, Cologne, 2001

»Apparently, the planet Mars has the best prospects of being able to offer the inhabitants of the Earth a new home away from home. Considering the present state of the Red Planet, this evaluation might, at first glance, appear unjustified. It is a cold, desert-like environment that has no atmosphere to protect its surface from lethal UV solar radiation. Some researchers, however, hope that human settlers of Mars will enjoy a life with fewer restrictions. By means of a procedure called 'terraforming', they hope to transform the barren planet into a self-sustaining ecosystem, protected and warmed by its own atmosphere, with more than enough water and populated by countless living creatures. Some of Mars's topographical features indicate that eons ago, around the time the first signs of life showed on Earth, the conditions on both planets were possibly very similar. The proponents of 'terraforming' think that these conditions could be reproduced on Mars, but assume that this would take thousands of years to accomplish.«

[from: R. Conlan, Die Kolonisierung des Weltraums, 1991]

Airbag2
Raumstudie, Münster, 1999

Einladung zu einem Besuch in einen ungewöhnlichen Raum,
durch heisse Luft künstlich beatmet…
Aus der Tiefe wehen Geräuschkaskaden,
die Luft vibriert,
Sphärenklänge – der Bauch hört mit…
Treten Sie näher, es geht ein scharfer Wind.

Airbag2
Spatial Study, Münster, 1999

Invitation to visit an unusual space,
artificially oxygenated with hot air…
Cascades of sound sweep up from the depths,
the air vibrates,
spherical music – your guts are listening, too…
Come closer, there is a harsh wind blowing.

AIRBAG1
AIRBAG3

Airbag1
Rauminstallation, Münster, 1994

»Die bizarr anmutende, kontrollierte Crashlandung mit den airbags hatte einwandfrei geklappt: Nach dem Aufprall mit 18 m/s waren die airbags über 15-mal wieder in die Höhe gehüpft, anfangs 15 m hoch, und hatten dabei noch etwa einen Kilometer Distanz auf dem Boden zurückgelegt. Erst nach über zwei Minuten war der Pathfinder zur Ruhe gekommen.«

[aus: H. Zimmer, Weltraum aktuell, 1997/98]

Airbag1
Space Installation, Münster, 1994

»The bizarre controlled crash landing, with airbags, had gone smoothly. After touch-down at 18 meters per second, the airbags had bounced up again more than fifteen times, initially 15 meters high, covering another kilometer of ground while doing so. It took over two minutes for the Pathfinder to come to a complete standstill.«

[from: H. Zimmer, Weltraum aktuell, 1997/98]

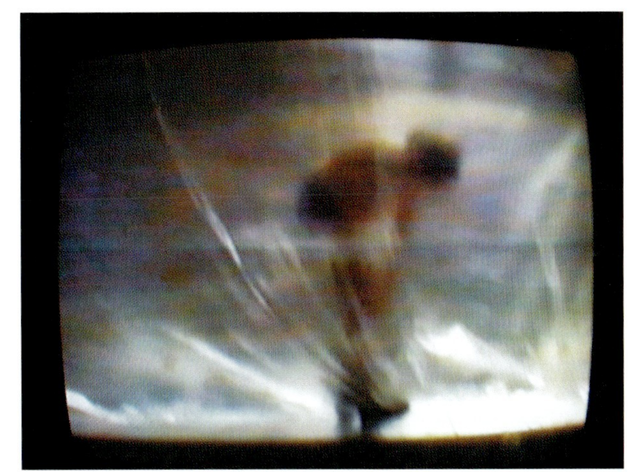

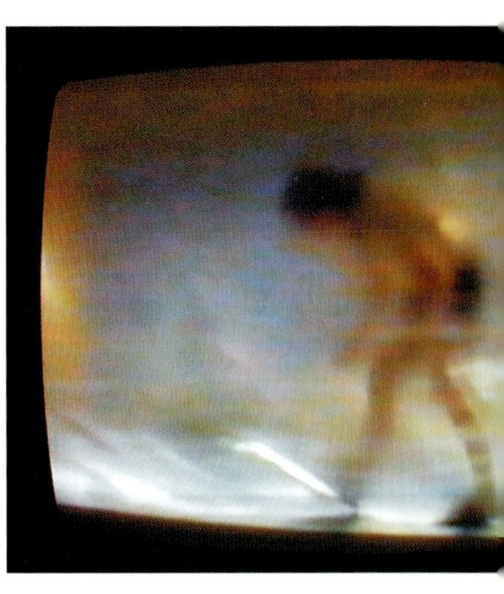

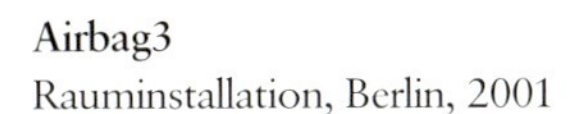

Airbag3
Rauminstallation, Berlin, 2001

»Wie erwartet, kam wieder keine Antwort, als die NASA am 10. März 1998 zum letzten Mal versuchte, Kontakt mit dem 'Mars Pathfinder' aufzunehmen. Dennoch wurde der Ausfall des Marslanders bedauert, zumal das überaus populäre Marsfahrzeug Sojourner alleine war und vermutlich noch wochenlang hilflos um den Pathfinder kurvte. Direkt Kontakt von der Erde aufzunehmen, war nicht möglich.«

[aus: H. Zimmer, Weltraum aktuell, 1998/99]

Airbag3
Space Installation, Berlin, 2001

»As expected, once again there was no reply, when NASA tried to contact the Mars Pathfinder for the last time on 10 March 1998. Still, the breakdown of the Mars landing craft was received with regret, especially since the extremely popular Mars vehicle, the Sojourner, was left there all alone, probably continuing helplessly to circle around the Pathfinder for weeks on end. It proved impossible to establish direct contact with it from the earth.«

[from: H. Zimmer, Weltraum aktuell, 1998/99]

AUDIBLE EXPERIENCE OF THE UNDERWORLD:

JÖRG PURWIN LA NECROPOLIS – THE WEIRD ZONE

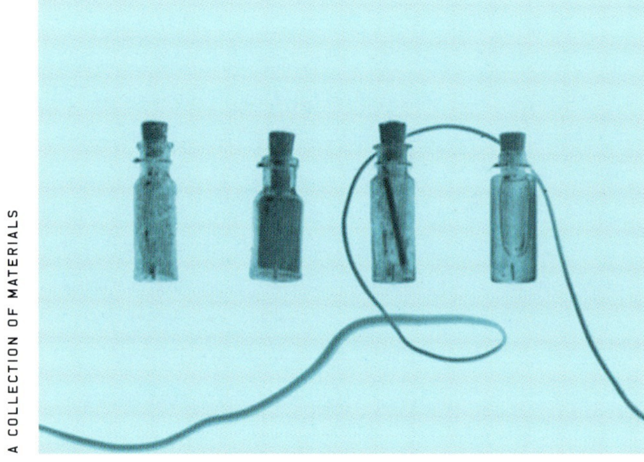

A COLLECTION OF MATERIALS

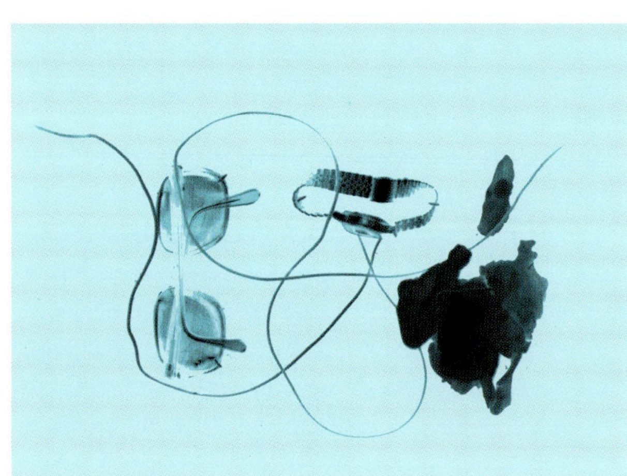

ACCORDING TO THE FAIRYTALE OF OLD HARRY AND HIS WIFE (REPRESENTATION OF HIDDEN THREATS BETWEEN THE LIVING AND THE DEAD [SOULS])

LA Necropolis – the weird zone: The earthquake as vanitas motif and the dance macabre on the fault line

»Graves are the peaks of a far new world.«
(Herrmann v. Pückler- Muskau)

LA is an earthquake affected area. Two default lines are connected to the S Andreas Fault and run diagonally underneath S Monica. The S Andreas plate is continually shifting towards the north and causes disruptions on the surface of the earth. If an earthquake emerges, the earthcrust brakes alongside the fault lines and parts begin to drift in various directions depending on the conditions of the crust and the depth of the epicentre. A normal fault describes the case if the so called 'footwall' is moving up and the hanging wall down while the *oblique-slip fault* characterises a movement not only in vertical direction but also in horizontal. Various other potential kinds of movements are

inbetween those.

A fault line can be seen as an imaginary wall that is being created by the displacement of the surface. A brake in the crust is the result. Meanwhile earthquakes are predictible, but they are still a permanent latent threat. How do people in LA cope with that?

The project suggests to resensualize the underworld. Since ancient times the image of the underworld has been alternating between the connotations of terror (Hades and dungeon) and homely security (the womb and the cave). Just as painful contrasts of excessive brightness of daytime city life has been alternating with excessive gloominess. But both sides accord to the sublime and beautiful as defined by Edmund Burke in 1757. While Burke stresses that the sublime is being experienced out of a secure distance, in the cemetery this experience is carried further, there is no safe distance anymore. Here we have a

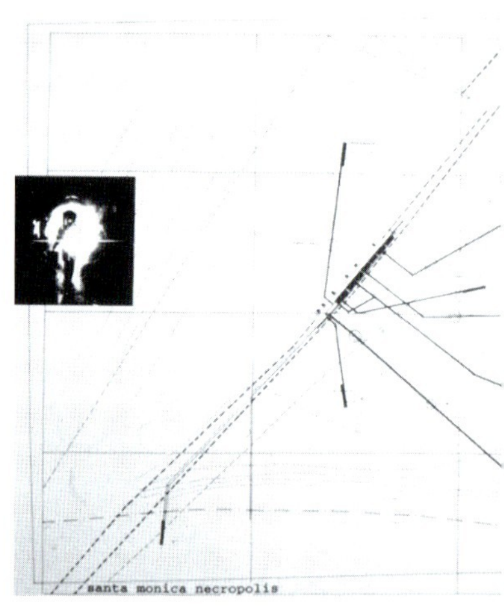

THE MUDLARK'S CHAMBER (AT LOW TIDE)

S MONICA SITE PLAN: NETWORK OF ENTRANCE LOCATIONS

BURIAL WALL AND »CHARON« DEVICE

buried city in the literal sense.
The distance of the sunlight serves to make the mystery of shadow accessible and comprehendable as far as it is possible: darkness will always be inhibitated by the realm of the unknown. The density of a dreamlike city equals that of a world inside, the pre-natal and the post-mortal. The outer world is inverted and becomes a world inside, an introversion and a negative.

A collection of LA underground plans expose the underlying structure. Inspired by the idea of the earthquake and the braking surface it is the attempt to visualize the geological strata and the results of the shocking event. All maps including the street grid were orientated towards the fault line and projected vertically. Working methods consists of vertical cuts, the insertion of slices into the cityscape and the folding of hidden LA. Such a process lay open the hidden world underground that awaits its fictional recreation as the construction of a counterreality. By that means a formation of a vertical landscape has been created, a landscape which reaches from zero level deep down into to the ground water. Remote and allmost decaying stuff becomes visible and will be spotted during the circulation of the sun; it is a moving still life.

The cemetery is shown as a microcosm that juxtaposes its cultivation of death with the LA lifestyle and visualizes the ultimate *memento mori*. Here the issue of the dance macabre comes into play. (cf. Hans Holbein's Basle danse marcabre) Thus remembrance is is made possible through parallaling the structures of life and death – the cemetery becomes a window to the city.

VERTICAL LANDSCAPE GARDEN: THE WEIRD ZONE

QUERKRAFT KUNSTVORBAU

Im Herbst 1999 schrieb die Museumsquartier Errichtungsgesmbh im Rahmen der Mittel für 'Kunst auf der Baustelle' einen Wettbewerb zur temporären Fassadengestaltung des ehemaligen Messepalastes aus. Ziel war es, die Öffentlichkeit darauf aufmerksam zu machen, dass hinter dem über 400 m langen, denkmalgeschützten und das Museumsgelände hermetisch abschließenden Trakt etwas geschieht – immerhin entsteht dort in Zusammenhang mit den Natur- und Kunsthistorischen Museen der größte zusammenhängende Kulturkomplex Mitteleuropas.
36 000 € für 400 Laufmeter Gebäude war nicht viel, trotz allem verlegten wir uns auf die noch größere Wiese (11 000 m^2) vor dem Gebäude von Fischer von Erlach. Angeregt durch Wiens sommerlich-urbanes Aufblühen im öffentlichen Raum (Rathaus, Donaukanal), bestätigt von der gelungenen Rekultivierung des Gürtels (Einbau von Cafés und Bars unterhalb der Stadtbahnbögen gleichsam im Mittelstreifen der Stadtautobahn) und überzeugt von der städte-baulichen Notwendigkeit einer echten, räumlich großzügigen Verbindung zwischen den alten und den neuen Museen entwickelten wir eine urbane Strategie, wie aus der Not der Hermetik eine Tugend der Stadt zu formulieren sei.
Die konzeptuelle Überlegung des 'Tableau rouge' unterlegt das Viertel von Museen als Gesamtfläche mit feierlichem Rot, auf dem das ehemalige Gebäude der Hofstallungen zu einem von vielen wird und nicht mehr Grenzbauwerk zwischen einem Kultur-innen und einem Stadt-außen ist.
Um nun diese Flächen sichtbar zu machen, wurde das Vorfeld von sämtlichem sekundären Grün befreit. In dem nunmehr der Stadt wieder präsenten Raum installierten wir ein symbolisches 'Rotes Feld': einen Meter hohe und auf simple Holzpfosten geklammerte orange Baustellennetze wurden als Informationsträger für Aktivitäten und Institutionen des Quartiers quer zum Gebäude (und damit offen für den Sichtbezug) in einer longitudinalen Abfolge auf die Wiese gestellt.

Diese 'Hinweisbahnen' unter Augenhöhe sind in ihrer sequenziellen Aufstellung auch Mittler für die Dimension des Ortes. Durch die Hintereinanderreihung ist die tatsächliche Größe des Feldes 'abgetastet', gleichsam optisch festgemacht.
Beaubourg (das Centre Pompidou) in Paris ist mit seiner Untrennbarkeit von Gebäude und Platz bestes Vorbild für diese Situation in Wien. Der Platz hat das katalytische Potenzial, das Gebäude aus 'seiner denkmalpflegerischen Reserve' zu holen.

In the autumn of 1999, the Museumsquartier Errichtungsgesellschaft mbH (Museum Quarter Construction Society Ltd.) held a competition, funded by the program 'Art on the Building Site', for a new facade for the former Messepalast (trade fair palace). It aimed to draw public attention to the fact that something was happening behind the historic, over 400 meter-long museum wing that closes off the compound hermetically. After all, this is where the largest cultural complex of Central Europe, including the museums of natural and art history, will be created.
36,000 € for a 400-meter building was not much, but in spite of this we sited our project on the even larger meadow (11,000 m²) in front of the building by Fischer von Erlach. Inspired by Vienna's summery 'urban blossoming' in the public realm (City Hall, Danube Canal) – encouraged by the successful recultivation of the Belt (with new cafés and bars in the vaulted spaces underneath the city railway, quasi on the central reserve of the urban expressway) and convinced of the urban planning necessity for a generously laid-out, spacious link between the old and new museum buildings, we developed an urban design strategy to turn the constraints of hermetic closure into a virtue for the city. Following the idea of the 'tableau rouge', we underlaid the total area of the museum district with a festive red. In this red field, the former royal stables building becomes one of many and no longer forms the border wall between culture inside and the city outside.
In order to make this field visible, the front area was cleared of all secondary green. In this space – with its renewed urban presence – we installed a symbolic 'Red Field', i.e. one-meter high orange construction site nets, tacked onto simple wooden posts, as 'billboards' to give information about activities and institutions on the compound. These nets were aligned in a long row in the meadow, perpendicular to the building (so that they can be viewed from it). In their sequential arrangement, these 'strips of signage' below eye level also serve as 'measuring rods' for the dimensions of the place. By their alignment in a row, they seem to scan the actual size of the field and fix it visually. The Beaubourg (Centre Pompidou) in Paris, with its inseparableness of building and square, is the best model for this situation in Vienna. The square possesses the catalytic potential to get the building out of its 'monument-preserving reserve'.

DREHTÜR

Im Künstlerhaus Wien war es im Frühling 2000 unter dem Motto 'Den Fuß in der Tür' an den jungen Wiener ArchitektInnen, den Beginn ihrer eigenen Geschichte selbst kollektiv festzuschreiben. Vor dem Hintergrund der Ideen und Manifeste zum Thema Wohnen der Generation der '68er' wurden im Ausstellungsgebäude selbst die einzelnen Türen verlost und die Jungen gebeten zu (re)agieren.

Unser Beitrag ist eine Drehtür. Das heißt, sie dreht sich – wie alle Drehtüren. Im üblichen, mechanisch organisierten 'Drehbuch' geht der Mensch auf die Tür zu. Diese ist ein Stück 'Wandteil' und wartet. Der Mensch bewegt sich dann mit dem Türblatt (das er selbst kausal nachvollziehbar bewegt) im Raum des Wandloches, wobei die Drehtür eine vorgezeichnete Bewegung absolviert.

Unsere Drehtür besteht aus zwei herabhängenden vertikalen, oben mit Motoren ausgestatteten Stäben, die um ihre Achse drehbar sind und an denen Kunststofffäden fixiert sind. Wenn der Mensch auf sie zugeht, dreht sie sich schon lange – Sich-Drehen ist der Grundzustand dieser Tür. Bewegung macht vorsichtig: Wie gehe ich da durch? Die Tür wird zu einem Objekt, das Unsicherheit bzw. Neugier evoziert und die Bewegung (des Menschen) fürs Erste stoppt. Doch auch die Drehtür stoppt – genau dann nämlich, wenn der Mensch sich ihr nähert. Somit ist die Situation zur Standardsituation verändert: im Moment des Durchschreitens bewegt sich nur der Mensch – nicht die Tür. Die (Ex)Drehtür wird zum unbewegten Zeugen dieses Aktes.

Die Tür, die mit Fliehkraft Raum füllt, hütet so die Schwelle von Raum zu Raum. Der Mensch wird beim Raumwechsel nicht begleitet als vielmehr gewürdigt.

Durch den konsequenten Einsatz von fertigen Produkten bzw. Materialien (Gerüstsäule, Lichtschranken, Autowaschstraßenbürsten)

wird zum einen eine Position der Nachhaltigkeit unterstrichen und zum anderen ein Hinweis auf die zukünftige Offenheit von Wohnen gegeben.

Postskriptum: Kinder sind offener, spielerischer. So entdeckten sie, dass sich durch Springen im Lichtsee zwischen den Autowaschstraßenbürsten wieder ein bewegter Dialog zwischen Mensch und Tür aufnehmen ließ.

In the spring of 2000, the Artists House Vienna called young men and women architects from the city collectively to document the beginnings of their own story with the motto 'A Foot in the Door'. Against the background of ideas and manifestos on the subject of 'home living among the 1968 generation', every door opening inside the exhibition building was raffled and the artists then asked to respond with a design for the one they drew.

Our design is a revolving door. It rotates – as every revolving door does. In the usual, mechanically organized scenario, people will move towards such doors. This one is a 'wall element' and waits for the visitor to move with the door leaf (which he/she moves bodily, in a causally comprehensible way) in the gap in the wall so that the revolving door describes a prescribed turn.

Our revolving door consists of two suspended vertical posts with motors at their tops. The posts turn around their own axis and have synthetic brushes attached to them. They are already turning when a person moves towards them. Revolving is a basic state of this door. One has to be careful when using it and think: how do I walk through it? The door is an object that provokes insecurity, coupled with curiosity, and stops people in their tracks (at least momentarily). Yet the revolving door also stops itself, precisely at the instant when someone is approaching it. Thus the situation becomes a standard one. At the moment of passing the door, only the person moves, not the door leaf, and the now 'ex-revolving door' is the unmoved witness of the act of walking through.

The door, which fills the space with centrifugal force, guards the threshold from room to room. The person passing through it is not accompanied in his/her changing from one to the next, but is honored. The consistent use of factory products and materials (structural post, light barrier, car wash brushes) on the one hand emphasizes the door's sustainability, and on the other points towards the future open quality of home living.

Postscript: Children are more open and playful than adults. This is why they discovered that by jumping around in the field of luminescence between the car wash brushes, they could trigger a 'dialog between man and door'.

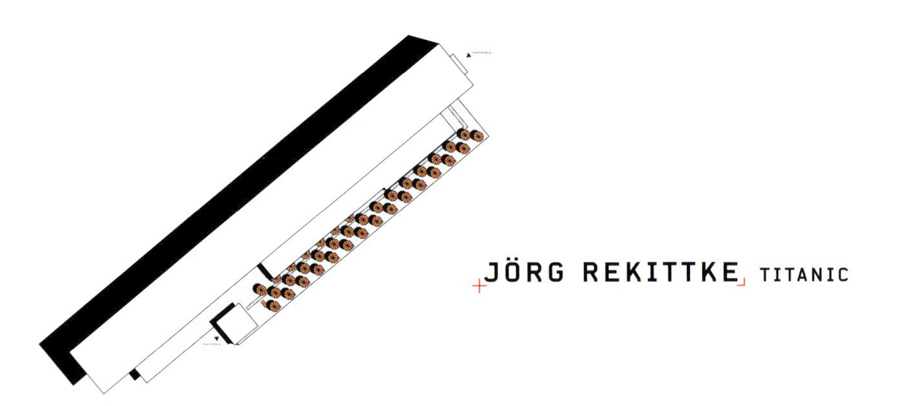

JÖRG REKITTKE TITANIC

Ziel von 'Titanic' war es, eine am Berliner Alexanderplatz gelegene, ungenutzte und ignorierte, aber öffentlich zugängliche Dachterrasse eines Plattenbau-Wohnriegels für einige Tage umzukodieren, sie zu manipulieren und so die latent vorhandene Attraktivität dieser Fläche sichtbar zu machen.

In ihrem Aufbau und ihrer Gestaltung erinnert die Dachterrasse an das Oberdeck eines Passagierdampfers beziehungsweise an einen Strand – diese Stimmung wurde mithilfe von vierzig Sonnenschirmen und vierzig großen Strandhandtüchern aktiv verstärkt.

Die Besucher wurden eingeladen, sich hinzulegen, die Augen zu schließen, zu entspannen und sich ganz dem großstädtischen Rauschen hinzugeben. Innerhalb kürzester Zeit transformierten sich die Geräusche der Stadt in das tiefe Rauschen eines großen urbanen Ozeans.

Wer länger blieb, versank in einem Tagtraum und glitt hinab in die tosenden Fluten – an Bord der Titanic…

The project 'Titanic' was designed to 'recode', for just a few days, a publicly accessible, yet forgotten and deserted roof terrace on Berlin's Alexanderplatz, on top of a long slab-building block. 'Titanic' was to manipulate the terrace to reveal the latent attractivity of this space.

In its structure and design, the roof terrace is reminiscent of the deck of a passenger steamer or of a beach. This particular mood of the place was enhanced by means of forty parasols and forty large beach towels.

Visitors were invited to lie down on the towels, to close their eyes, relax and abandon themselves to the urban noises all around. Within seconds, these had changed from an urban brawl to the roar of a wild metropolitan ocean.

All those who stayed longer, were lost in daydreams and sunk in the thundering floods – on board the Titanic…

Coca-Cola

SÜD-SÜD/OST

Satellitenschüsseln setzen sich in Form metallener Geschwüre an fast allen Bauwerken in Stadt und Land fest. Einst waren sie ein Symbol der Kommunikationsfähigkeit im Outback, dann wanderten sie über die städtische Peripherie bis in die urbanen Kernbereiche ein. Zum Schrecken des Architekturliebhabers irritieren sie das vorgesehene Erscheinungsbild jeglicher Art von Gebäuden in penetranter Weise.

Sonnenblumen und Satellitenschüsseln weisen eine auffallende gemeinsame Eigenschaft auf, sie richten sich mehrheitlich in eine Richtung aus – nach Süd-Süd/Ost. Fügt man das Motiv der Sonnenblume mit der Parabolantenne zusammen, wird deren negatives Image in positiver Weise umkodiert. Aus der als hässlich empfundenen Blechschüssel wird plötzlich eine schöne Blüte.
Ein simpler Eingriff kann so bewirken, dass ein 'öffentliches Ärgernis' zu einer gern gesehenen Erscheinung wird.

Der zentrale Entwurfsgegenstand der Aktion waren nicht die Satellitenschüsseln selbst, sondern ein bedrucktes Gewebe, mit dem die Schüsseln bespannt wurden. Die Antennen bleiben trotz der Bespannung voll funktionsfähig.

Für das Projekt 'Süd-Süd/Ost' wurden insgesamt vierzig großformatige Satellitenschüssen an den Balkonen zweier 20-geschossiger Plattenbauten auf der Fischerinsel in Berlin-Mitte montiert.
Es ergab sich eine beträchtliche Fernwirkung, die bis nach Kreuzberg wahrgenommen werden konnte.

Satellite dishes are like metal carbuncles festering on almost every building in cities and in rural villages. Once the symbol of the communication potential available in the outback, they migrated – via suburbia – to the urban core areas. To the dismay of the lover of architecture, they disturb the intended appearance of every type of building in an importunate way.

Sunflowers and satellite dishes share a highly conspicuous quality, or behavior: most of them all face one direction, i.e. south-southeast. If you combine the motif of the sunflower with that of the parabolic antenna, the negative image of the latter is recoded as something positive. The metal-sheeting dish, once perceived as ugly, is suddenly seen as a beautiful flower. A simple intervention can thus turn a 'public eye-sore' into a welcome apparition.

The main design objects of this intervention were not the satellite

dishes themselves, but a printed fabric used to line them. Despite this lining, the antennae remained fully functional.

The project 'South-Southeast' covered a total of forty large satellite dishes fixed to the balconies of two twenty-story slab apartment blocks on the Fischerinsel (Fisher's Island) in Berlin's central district of Mitte. It had a considerable 'distant effect', as the lined dishes could be seen from as far as the district of Kreuzberg south of Mitte.

VOLKSPARK

Ort der Aktion 'Volkspark' war ein schmaler Grünstreifen zwischen den Richtungsfahrbahnen der Karl-Marx-Allee in Berlin-Friedrichshain. Die Aufenthaltsqualität auf einem solchen Grünstreifen ist sehr gering. Lärm-, Abgas- und Staubbelastung erlauben keine Aktivierung dieses Raums.
Da die klassischen Mittel der Landschaftsarchitektur beim Versuch versagen, einen solchen Bereich komfortabel zu gestalten, wurde für den 'Volkspark' versuchsweise jenes Element eingesetzt, das die angesprochenen Probleme erst verursacht – das Statussymbol und Verkehrsmittel Automobil.

Es ging darum, das einzelne Auto als mobile, quasi private, stark lärmgedämmte, staubgeschützte, wetterunabhängige und sichere Insel an einem faszinierenden Ort zu positionieren, der vom rauschenden Großstadtverkehr umbrandet ist. Die extreme Kombination von Grünanlage und Automobil im Zusammenspiel mit dem speziellen Umfeld sorgten für eine seltsame Stimmung, die zumindest dem Großstädter gut gefiel.

Aufgrund eines Vetos der zuständigen Polizeidirektion konnte der 'Volkspark' nur ansatzweise realisiert werden.
Hatten die Besucher den Grünstreifen erreicht, konnten sie sich in die Autos flüchten und ausgiebig entspannen, lästern, glotzen, träumen …
Trotz schneller Bahn- und Flugsysteme wird sich in Zukunft der Individualverkehr in und zwischen den Städten verstärken.
Im 'Volkspark' wurde spielerisch mit der Aufgabe umgegangen, einen zunehmenden Individualismus ernst zu nehmen und gestalterisch umzusetzen.

The site of the 'Volkspark' action was the narrow strip of green between the two opposite-traffic roadways of Karl-Marx-Allee in Berlin-Friedrichshain. The green strip does not offer much, if any, potential for having a good time on it. The traffic noise, the exhaust fumes and the general dust and dirt along this main street are preventing any 'activation' of the space.
As the classical means of landscape architecture failed in the attempt to make such an area pleasant or comfortable, the designers experimented with exactly that element which causes the problems mentioned above, i.e. the status symbol and means of transportation called the automobile.

The aim was to position the individual vehicle as a mobile, quasi private, largely noise-, dust- and weatherproof, safe island in a fascinating location, surrounded by the thundering streams of metropolitan traffic. The juxtaposition of extremes – of green space and automobile – in an interplay with the specific environment generated a strange mood which at least the metropolitan citizen liked.

Due to the local police department's veto, it was only possible to implement a fraction of the entire 'People's Park' design. Once visitors had reached the green strip they were able to seek refuge in their cars to relax, talk about and stare at it or to dream …
Despite all the fast railroad and airline networks available, individual vehicular traffic inside and between cities will increase in the future. The 'People's Park' project represents a playful solution to the task of taking increasing individualism seriously and translating it into designed reality.

volkspark

B ND 7212

KAI RICHTER COLUMBUS VIBRATIONSFELD

Columbus
Die Unwucht seines rotierenden Auslegers dient der Fortbewegung. Sie verhält sich spontan zum Raum. Ausgestattet mit einer Infrarotkamera, werden die Bilder zu einem Monitor gefunkt. Es entsteht eine Dokumentation des Raumumfeldes.

Columbus
The unbalance of its rotating boom serves as a locomotion device. It responds spontaneously to the surrounding space. Fitted with an infrared camera, it sends pictures via radio to a monitor, producing a documentation of its immediate environment.

Vibrationsfeld
93 quaderförmige Holzkästen mit den Maßen 30 x 20 x 20 cm sind im Raum verteilt. Die geometrische Setzung der Körper bestätigt die statische Form des Raumes. Jede Box verfügt über eine eigene Vibrationsintensität. Der lineare Aufbau der Installation wird dadurch gebrochen. Der Raum wird in spürbare Schwingung versetzt.

Field of Vibration
Ninety-three ashlar-shaped wooden boxes measuring 30 x 20 x 20 cm are distributed in the room. The geometrical arrangement of these volumes confirms the static quality of the space. Every box possesses its own intensity of vibration. This breaks the linear structure of the installation set-up. The space is set in palpable vibratory motion.

Aerodynamische Skulpturen
Rotierende Luftschrauben bringen das System Luft in eine chaotische Struktur. Die teildurchsichtigen Planen setzen den Luftströmungen Grenzen. Es bilden sich bewegte Raumkörper. Die Kräfteverteilung zwischen Innen- und Außenraum der Körper zielen auf die Raumpolarität ab.

Aerodynamic Sculptures

Rotating air propellers produce a chaotic structure of the air system. The partly transparent tarpaulins function as barriers to the air streams. Dynamic, moving spatial bodies are thus created. The distribution of forces between the interior and exterior of the masses is directed at spatial polarity.

Erste gemeinsame Arbeit /
speziell für die Deichtorhalle Hamburg entworfen

Seit den 80er-Jahren Formulierungen zum Thema: konstruktivistische/ architekturale Skulptur/Installation. Seit 1990 Formulierungen zum Thema: Sprache und Schrift im öffentlichen Raum oder in Verbindung mit skulpturalen Formen/Architektur.
Beide Arbeitsfelder führten jetzt zum 'ZwillingsHaus'.
Gerüste, die normalerweise zum Bau eines Hauses verwendet werden, werden nun selbst instrumentalisiert für eine Architektur. Sie setzt sich aus Ready-Made-Elementen zusammen.
Sechs identische, 2,85 m lange, 3 m hohe Gerüste werden so aufgestellt, dass zwei 'U-Formen' zu zwei räumlichen Situationen führen, die sich in zwei verschiedene Richtungen öffnen. Dazwischen entsteht ein Korridor.

BARBARA UND GABRIELE SCHMIDT HEINS ZWILLINGSHAUS 1999/2000

First joint project, specially designed for the Deichtorhalle in Hamburg

From the 1980s, we have formulated constructivist-architectural sculptures/installations. Since 1990, we have been creating formulations on the subject of language and lettering in the public domain, sometimes in connection with sculptural forms/architecture. Both subject fields have now led to the Twin House. Scaffolding normally used in house construction, have been instrumentalized for creating architecture. This is assembled from ready-made elements. Six identical, 2.82 and 3 meter-long scaffolds are arranged to form a 'U' and thus create two spatial situations which open in two different directions. In between runs a corridor.

house of
en LIGHT enment

DESTRUCTION CONSTRUCTION DESTRUCTION CONSTRUCTION

COMPUTERZEICHNUNGEN:
BIRGIT STÜDEMANN, HAMBURG

COMPUTER DRAWINGS BY:
BIRGIT STÜDEMANN, HAMBURG

Da das ZwillingsHaus auch 'bewohnt' werden soll, werden noch weitere funktionale Gegenstände integriert: In einem Raum stehen z.B. ein Tisch mit 3 Stühlen. Ein Gästebuch, div. Zeitungen, Magazine und Bücher liegen aus. Im zweiten Raum gibt es Lichtquellen, einen Diaprojektor und ein mit Begriffen versehener Teppich.

Das ZwillingsHaus ist dialogisch aufgebaut. Es ist mehrfach lesbar:
• als Architektur
• als funktionale Skulptur/ Installation
• als ein Ort der Kommunikation

Im ZwillingsHaus kommt es zu einem Wechselspiel zwischen:
intim und öffentlich   begrenzen und erweitern   vorgeben und hinzufügen   kompakt und transparent   bewegen und verweilen.

As the Twin House is to be 'lived in', additional functional objects have been integrated. In one of the spaces, for example, there are three chairs and a table with a guest book, various newspapers, magazines and books lying on it. In the second room there are light sources, a slide projector and a carpet patterned with words.

The design of the Twin House is based on dialog. There are several possible modes of reading it:
• as architecture
• as a functional sculpture or installation
• as a place for communication.

Inside the Twin House there is an interplay between the intimate and the public; limiting and extending; between accepting what is there and adding; compact-opaque and transparent as well as moving on and staying.

BARBARA UND GABRIELE SCHMIDT HEINS : TWIN HOUSE 1999/2000

FOTO: JENS RATHMANN

Die Transformation der Kuhgasse 15

Zu keiner Zeit war das Haus in der Kuhgasse Nr. 15 ein hübsches Bauwerk. Es wurde wahrscheinlich kurz nach dem 30-jährigen Krieg im zerstörten Gelnhausen aus Abbruchmaterialien errichtet. So blieb das Haus sein Leben lang eine dürre Konstruktion. Wir beschlossen, es abzureißen.

Wir bauen nun ein neues Haus für das winzige Grundstück und geben ihm – gemäß den Auflagen des Denkmalschutzes – die Größe und Geometrie des alten Gebäudes. Alles andere aber machen wir anders: Im historisch kleinstädtischen Ensemble wollen wir eine unabhängige freie Gestaltform des Hauses. Nicht fremd, aber auch nicht bekannt; dabei nicht abweisend, sondern schicklich. Wir respektieren die örtliche Geometrie und den kleinen Maßstab, doch wir bereinigen den Typus. Wir ordnen die Fassaden und überziehen alles mit einer einheitlichen Materialität – Dach und Wand, außen wie innen: glatte gleiche Haut. Schon in der Planungsphase haben wir Künstler

eingeladen, Arbeiten für das Haus zu entwickeln. Ein Dichter schreibt Lyrik. Es gibt Malerei, Skulptur, Fotografie und Auditive Kunst: Geräusch. Es gibt eine Arbeit mit künstlichem Licht: Spuren des abgerissenen alten Hauses werden durch Mappings dreidimensional modelliert und bilden die Grundlage für die fluoreszierenden Miniaturen in den Lichtboxen. Wir wollten diese Vielfältigkeit der Gattungen und Medien. Wir mögen die Präsenz der verschiedenen inhaltlichen Ansätze der Künstler. Wir kennen ihre divergierenden Auffassungen über die Funktion ihrer Kunst in der Gesellschaft. Während die einen an die Autonomie der Kunst und des Kunstwerks glauben, suchen andere mit ihren Arbeiten die Einmischung in den gesellschaftlichen Prozess und den Alltag. Anfänglich versuchten wir, den einzelnen Künstlern verschiedene Orte im und am Haus zuzuweisen. Das ist problematisch, sollen doch die Künstler mit dem gegebenen Material, nämlich mit Haus und Ort (wenn überhaupt), selbstständig umgehen.

The Transformation of 15 Kuhgasse

At no time was house no. 15 Kuhgasse a pretty sight. It was probably erected from rubble material left behind by the Thirty Years' War which had destroyed the town of Gelnhausen. Since then the house had remained an extremely make-shift affair. We decided to demolish it. We are now erecting a new house on the minute plot and are complying with the regulations of monument preservation in giving it the size and geometry of the old structure. Everything else, however, will be different.

Within the historic environment, we wish to create a free-form house. It should appear neither foreign nor familiar, not aloof, but appropriate. We respect the geometry and small scale of the context, but 'purify' the type. We order the facades and cover everything with unified materials: roof, ceilings and walls have the same smooth skin, inside and out. At the planning stage we invited artists to develop pieces of work for the house. A poet is writing lyrics, we will also have

paintings, sculptures, photographs and audio-art, i.e. sounds, as well as an artifical-light installation. Remains of the demolished house will be modeled three-dimensionally by mappings and will form the basis for the fluorescent miniatures in the light boxes.

We expressly wished for this multiplicity of art forms and media. We like the presence of the different approches the artists take. We know their diverging views of the role of art in society. While some of them believe in the autonomy of art and of the invidual work of art, others wish their art to intervene in societal processes and everyday life. Initially we tried to assign a specific corner inside the house or an interior and exterior wall surface to each of the artists. This proved problematic as they were supposed to deal with the house and the place free of contraints (if at all).

Just as we ourselves worked freely in shaping the house, we wanted to grant the same kind of freedom to the artists. Here, a dilemma became apparent: who determines what in what order? Will we, the

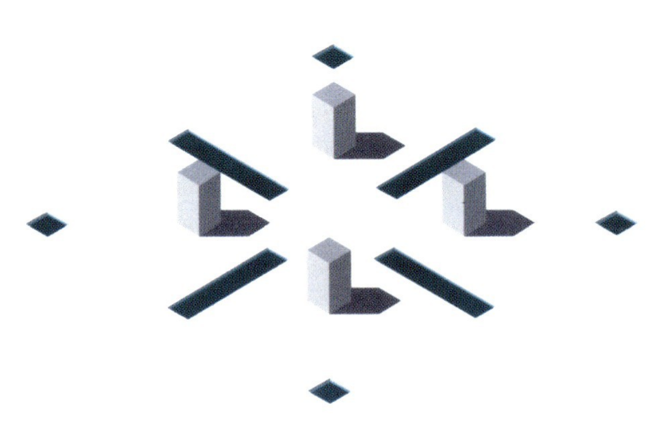

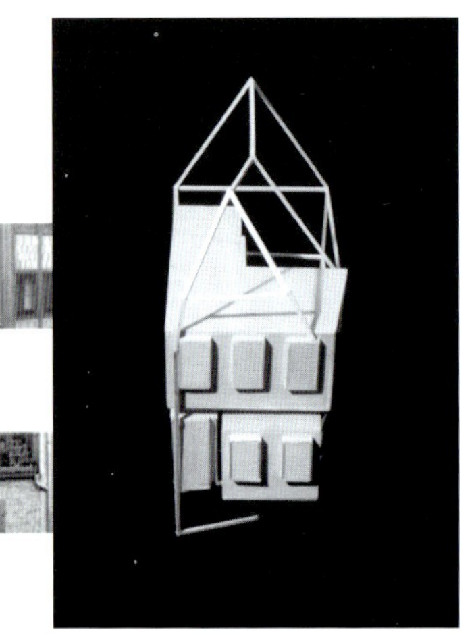

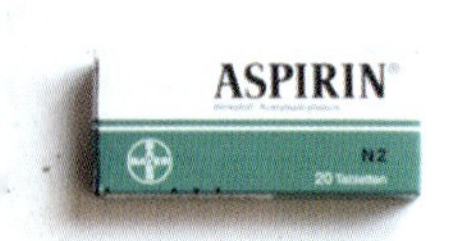

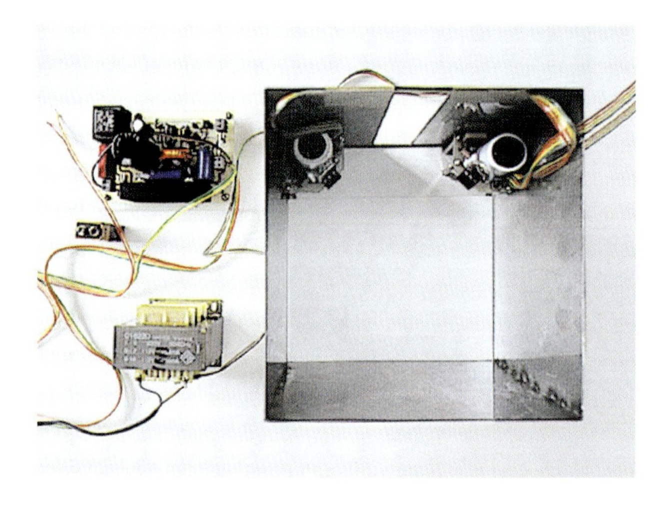

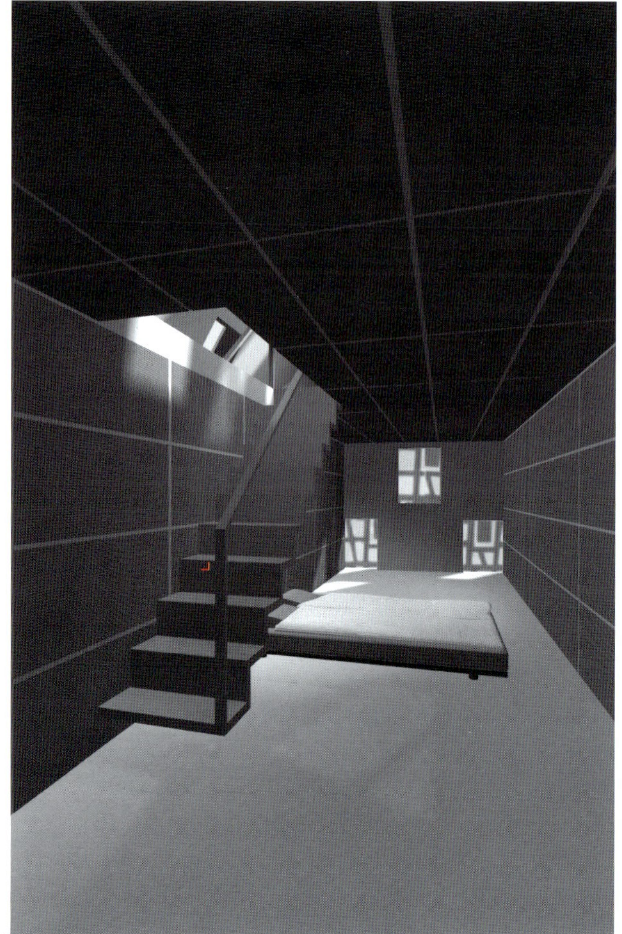

So wie wir mit der Gestaltform unseres Bauwerks frei arbeiten, sollte dies auch für das Schaffen der Künstler gelten. Hier zeigt sich ein Dilemma: wer bestimmt was und in welcher Reihenfolge? Bleiben wir, die Architekten und Initiatoren, reine Auftraggeber für künstlerische Arbeiten? Können die Architekten auf ein Zusammenspiel zwischen den beteiligten Kunstwerken und der Architektur hoffen? Im Sinne einer Verdichtung von Erzählung? Vielleicht schafft dieses Miteinander von Landschaft, Lyrik, Malerei, Plastik, Architektur, Prosa, alten Spuren, Ton und Licht ein Werk mit einem eigenen Kontext. Sozusagen eine 'offene' Station für verschiedene künstlerische, architektonische und dichterische Positionen.
Alles richte sich nach 'innen' wie nach 'außen'.
Allerdings nicht in repräsentativer Weise.
Es stehe für sich selbst und warte auf Rückmeldung.

Götz Stöckmann

architects and initiators, remain mere commissioners for artistic creations? Can the architects hope for interplay between the works of art and the architecture? In the sense of an enhancement of narrative? Perhaps this togetherness of landscape, lyrics, painting and sculpture, architecture, prose, historic traces, sound and light will produce a work with its very own original context? Quasi an 'open' station for different artistic, architectonic and poetical positions.
Let everything be oriented to both the 'interior' and the 'exterior'!
Yet not in a representative fashion.
Let everything stand for itself and wait for echos.

Götz Stöckmann

Vagabond Materiality
Crédit Suisse Pavillion - Expo 02 Biel, Switzerland
Cary Siress, with Günther Vogt

Something enters, something exits. A project comes and goes. With a yes, a creative spirit is affirmed. With a no, it is set free. Presented here are three phase portraits of the Crédit Suisse Pavillion in Biel, Switzerland for the Swiss National Expo 2002. The work resists the notion of a priveleged instant in preference for the development of a figure which is always in the process of being formed or dissolving through the movement of forces occurring at any instant whatsoever.

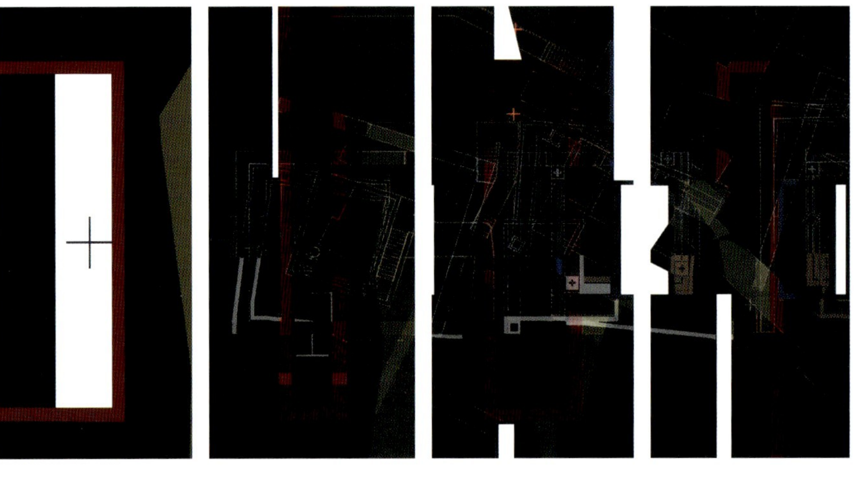

phase portrait 001: July 1999
Any realized architecture initially depends on the erection of a scaffold which provides the necessary infrastructure for the construction process. Upon completion of the project, the scaffold is dismantled revealing the formerly enveloped architecture. Seldom is the scaffold viewed as architecture itself as it is utilized only in a secondary and supportive role. However, the scaffold can be understood as the primary virtual and actual component of any built project. This consideration formulates the basis for this proposal. The structure for the project consists of a standard construction scaffold clad in fabrics of varying translucence. The pavillion exists as a temporary standard structure that can be used again repeatedly in the future for an indefinite number of unforseen projects. With this in mind, will the project leave its traces on architectures to come?

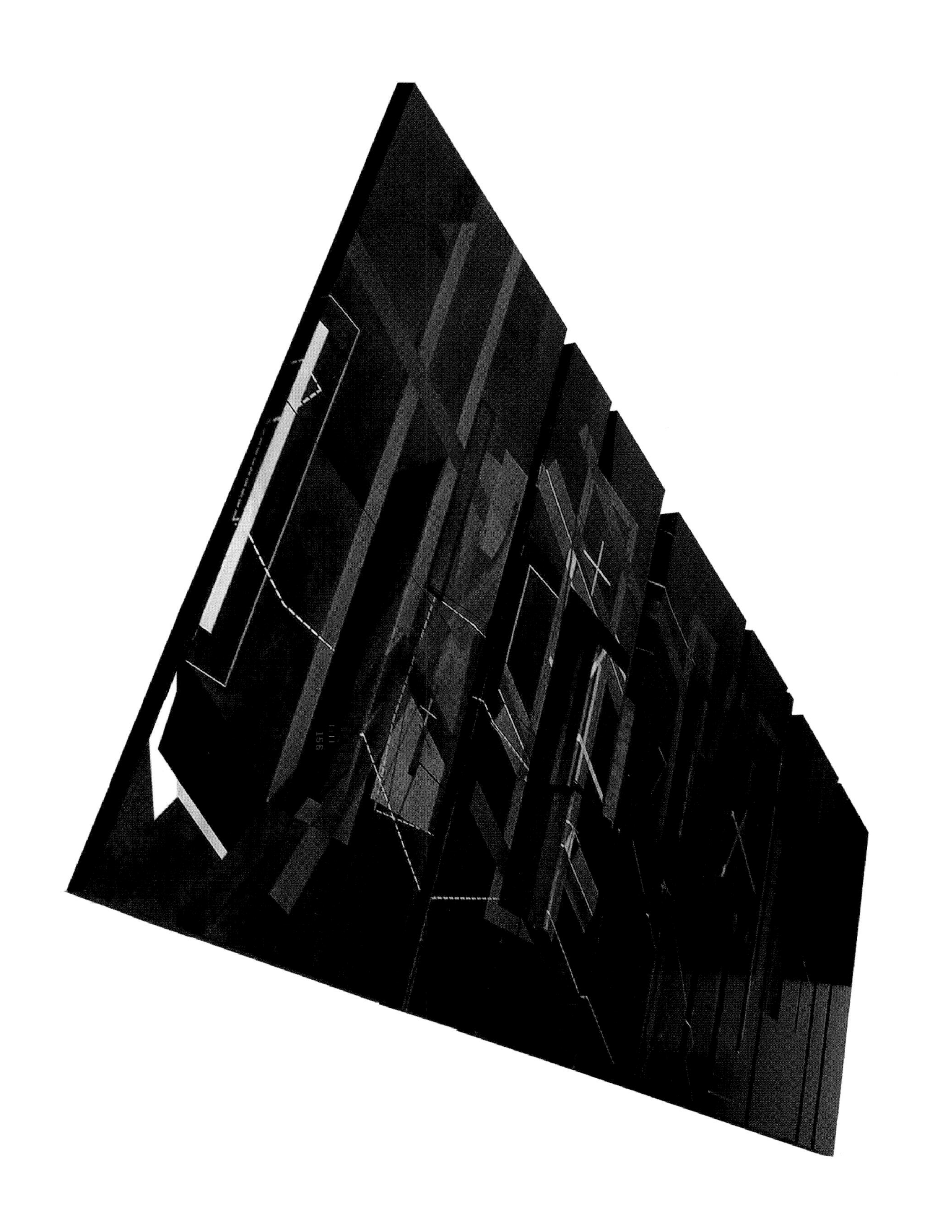

phase portrait 005: July 2000
The project is conceived as an assemblage of two parallel domestic worlds, two competing visions comprised of the dream of the perfect house and a presence of the reality of contemporary dwelling in the world. The itinerary through the house for the public visitors takes them through one world and allows precisely choreographed 'view-bites' of the other. An inversion eventually takes place where the visitors find themselves in the other realm looking back at their previous dream house from the world. The house as a private museum has become a mass product of society.

phase portrait 007: October 2000
Imagine a volume in which nothing is hidden, but not everything is visible. The volume is an overscaled house positioned somewhere between the individual and the collective, the haptic and the ethereal , the near and the far – a house too big for an individual or family, but almost too small for a society. In our time, the house is a device to see the world and in which to be seen, a mechanism of multiple views and viewings. Our living room is a cinema, our kitchen is an industry, our bedroom is a brothel. Our door is a password, our windows are images, our chair is electric, our table is smart, our bed a stage, our WC a piss garden. Whereas the traditional house is modelled on a belief in a primal harmony and unity, we believe in no original totality (past), nor in the totality in a final desitination (future). We only believe in the dissonance of the present …

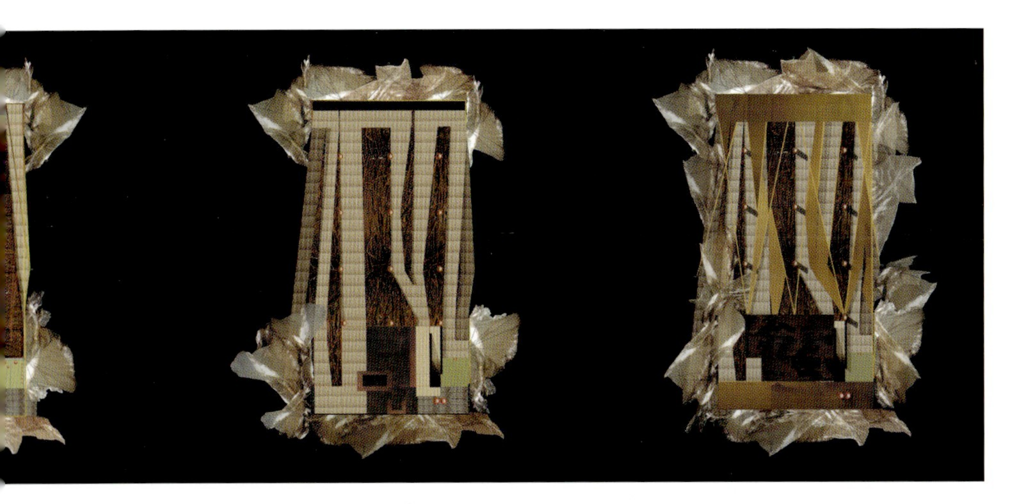

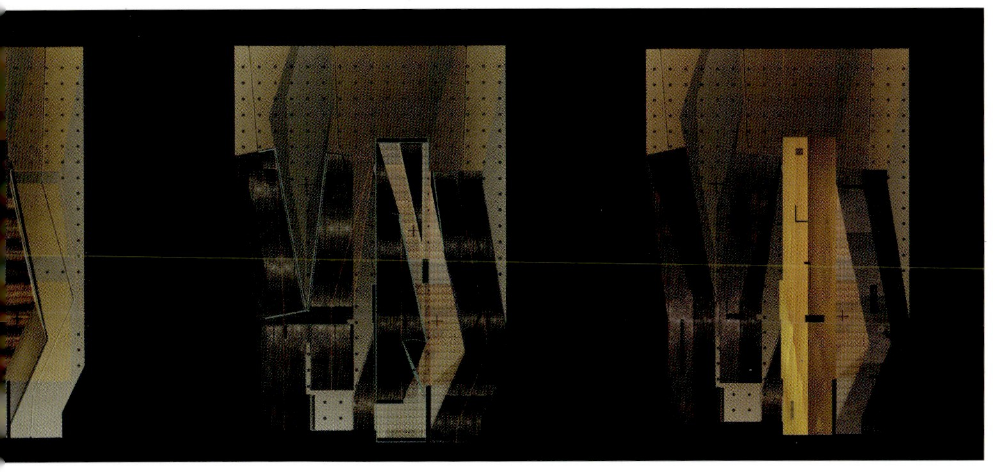

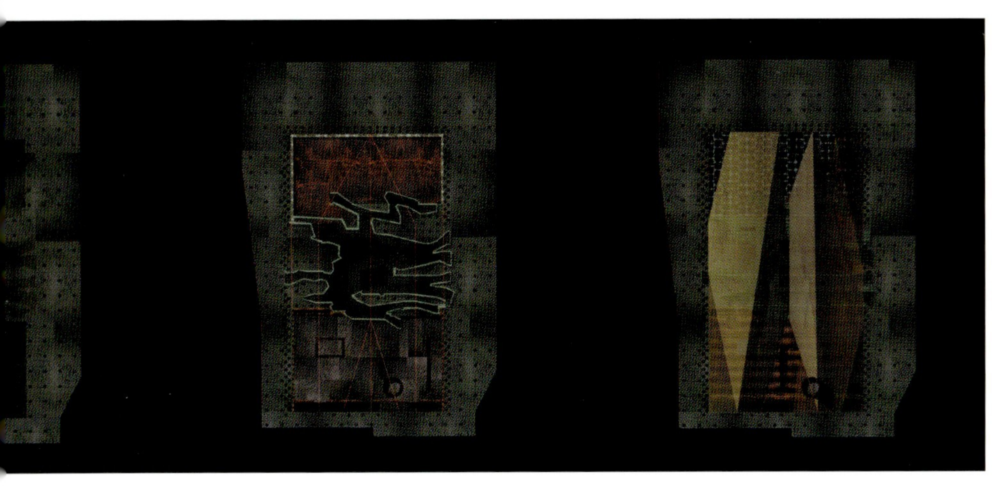

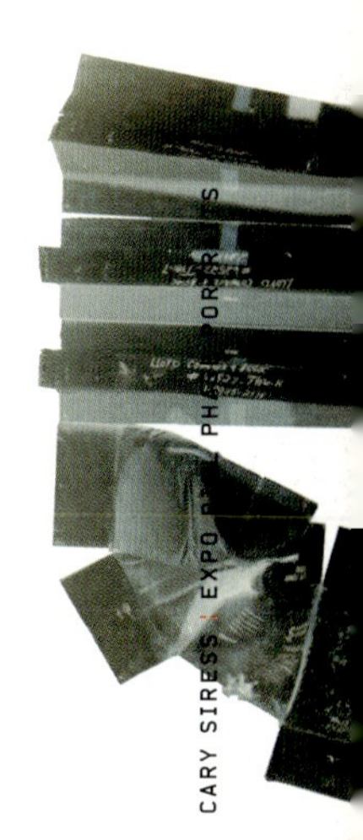

Der Ort ist der Brick Pit, eine aufgelassene Ziegelgrube, ein gigantischer Krater auf dem Gelände der Olympischen Spiele 2000 in Sydney, Australien. (Durchmesser ca. 480 m, max. Tiefe 30 m) Für diesen Ort wurde das Programm des Luftschiff-Hafens entwickelt. Zeppeline sollten aus der Distanz betrachtet aus dem Erdboden aufsteigen und darin verschwinden und nur dem, der sich dem Rand des Kraters nähert, würde sich das Spektakel erklären. Der Zeppelin ist ein Objekt, das sich mehr wie ein Schiff als ein Flugzeug verhält. Bilder von Fischen, die sich geschützt zwischen Seeanemonen aufhalten, tauchten auf. Es entstand die Idee einer künstlichen Wiese, in der das Luftschiff landen könnte. Es gab noch andere Bilder: die von eingedrückten Kornfeldern, die als Spuren von Ufos zeugen sollten, die Auswirkungen eines landenden Helikopters auf eine Wiese, das Öffnen und Schließen von Blüten und sich entrollende Farntriebe. Dem Feld sollte es möglich sein, die Funktionen eines schützenden Hangars, des Ankermastes und des Flugfeldes zu übernehmen. Man stelle sich riesige Finger vor, die das

HIRNDRUCK KOGLER AUF PNEUMATIK PLOTTEGG (©KOGLER/PLOTTEGG)

SEVERIN SODER THE TECHNOPNEUMATIC RESPONSIVE JUNGLE – A PLACE FOR AIRSHIPS

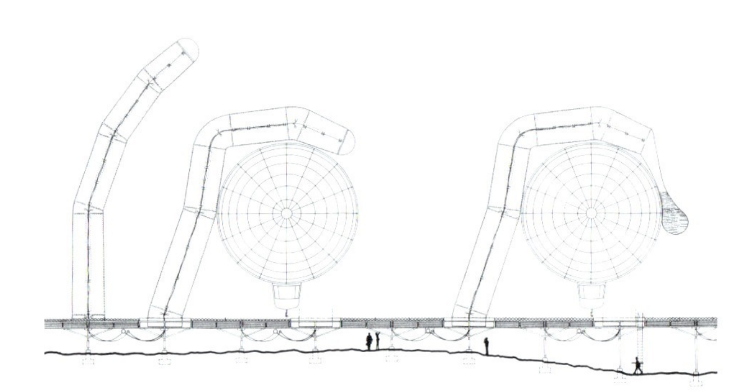

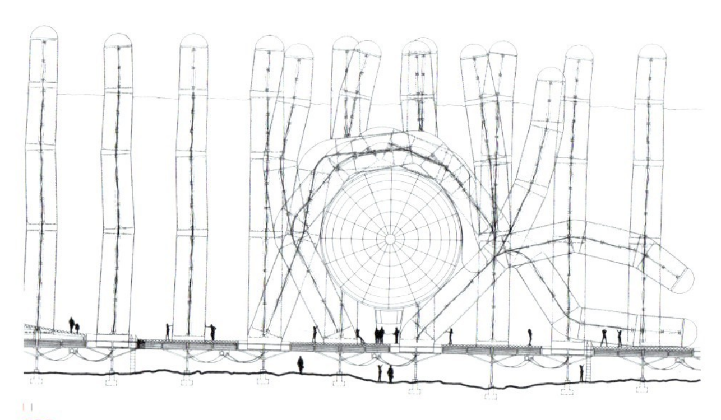

A field of inflated responding tentacles as a flight pad for airships. The site is the Brick Pit, a massive hole in the ground twice the size of the main stadium, part of the Sydney 2000 Olympic Games site.
Feeling the sublime in the vast enclosed space, the hole had to be kept. The ground was taken away, the airfield is sunken down, so that the horizon remains virgin. The project is set in the near future, not because the used technology isn't available right now, but the vision of a 'near tomorrow' allows a more relaxed use of technology. It's about the desire of nature and technology fused together as the human's domesticated serving environment.
Once the viewer gets the first glimpse of this artificial field, all the associations which would come to his mind would place him into a changed world. When nature stops looking like itself, architecture follows as the built environment. The design finds its models in nature as in technics – the references lead to other realities. The act of dislocation also works on the issue of scale. As the human finds himself

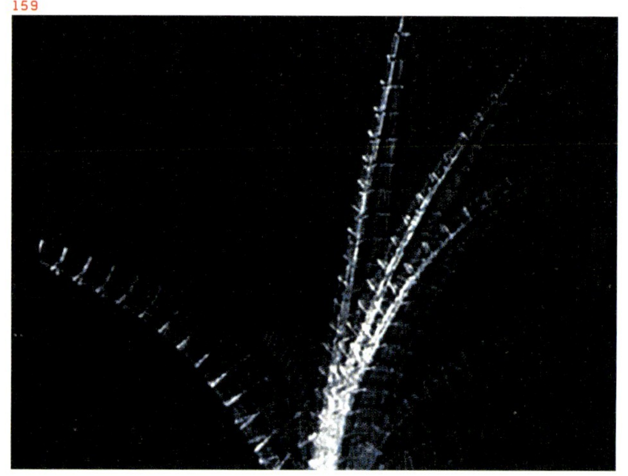

FLEXIBLER MAST ©FREI OTTO

Luftschiff willkommen heißen, es umarmen, an die Erde klammern und wieder loslassen – eine architektonische Landschaft als reagierende Umgebung für den Zeppelin. Sobald der Besucher zum ersten Mal dieses künstliche Umfeld erblickt, versetzen ihn die aufkommenden Assoziationen in eine veränderte Welt. Wenn die Natur aufhört, wie sie selbst auszusehen, folgt die Architektur als das gebaute Umfeld. Der Entwurf findet seine Vorbilder in der Natur und der Technik, die Referenzen führen zu anderen Realitäten. Der dramatische Erfindungsreichtum der Ingenieure historischer Luftschiffhallen – man denke an die rotierenden Hangars und schwimmenden Hallen am Bodensee – ermutigte dazu, das unmöglich scheinende möglich werden zu lassen, die Realität in das Fantastische hineinzuprojizieren. Der Entwurfsprozess assoziiert Praxis mit Theorie, bringt das Handwerk mit der Spekulation des Intellekts in Verbindung und wird geleitet vom Wunsch, das Design seine Schönheit aus dem Prozess und aus seinem Gebrauch menschlichen und technischen Potenzials beziehen zu lassen.

in an environment which follows the rules of the airship, he is not the measure and explores the place as an alien in the land of ogres.
It was the intention that the design would draw its beauty from the process and its use of human and technical potential.

Das Projekt gewann den Förderungspreis für experimentelle Tendenzen in der Architektur 2000 des österreichischen Bundeskanzleramtes.

The project was awarded the prize for experimental tendencies in architecture 2000 by the Austrian Federal Chancellery.

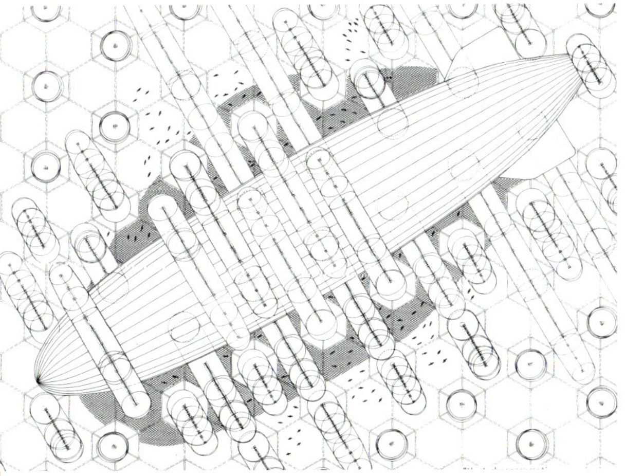

»PRATONE«, SITZOBJEKT. 1969
©CERETTI, DEROSSI, ROSSO

STEFAN SOUS SPRENGOBJEKTE

INSTALLATION: BUFFET DÉPLACÉ
STAHLSCHRANK
STEEL CUPBOARD
350 X 240 X 160 CM

AROMA, KONRAD FISCHER GALERIE
AROMA, GALLERY KONRAD FISCHER
DÜSSELDORF 2000

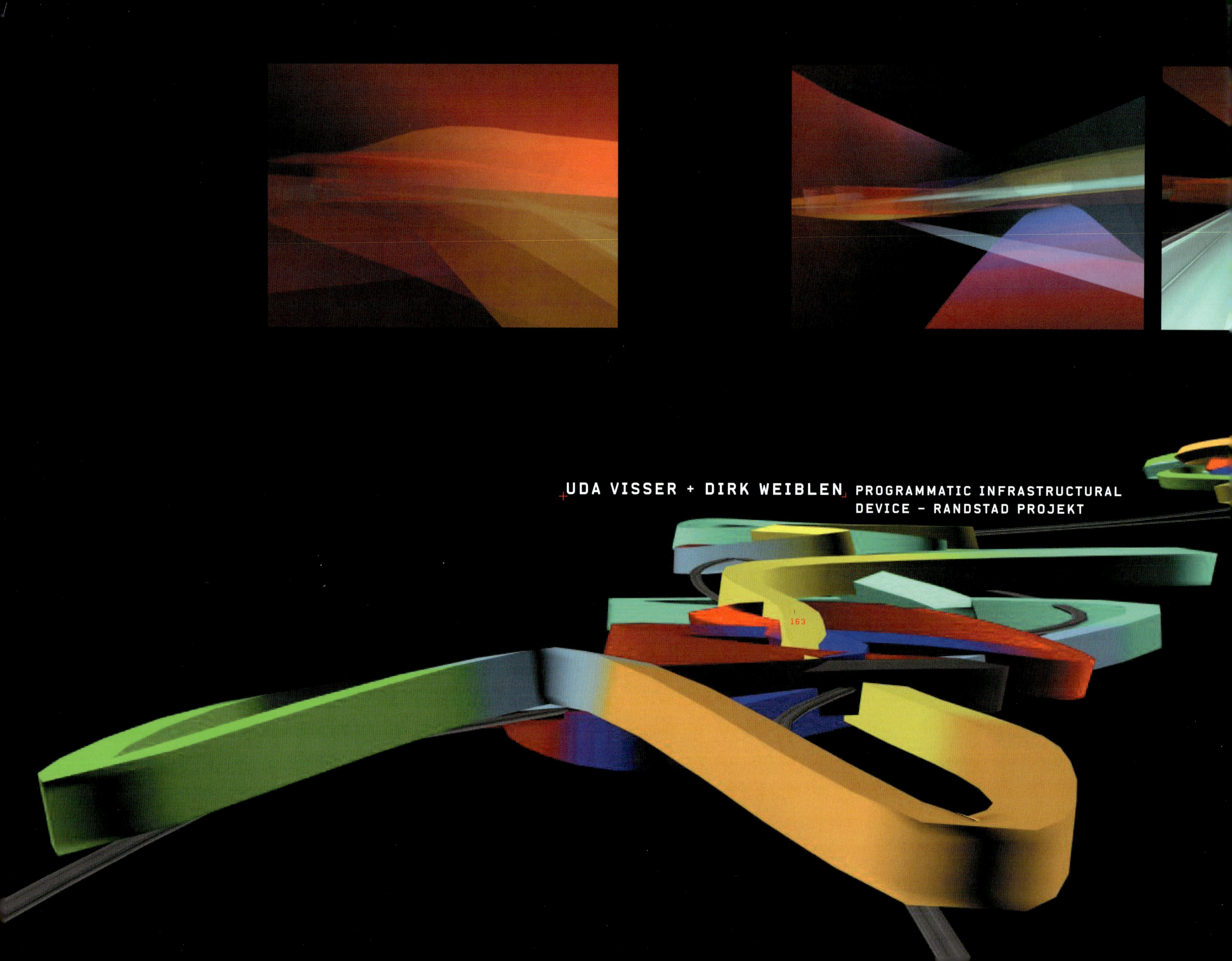

UDA VISSER + DIRK WEIBLEN PROGRAMMATIC INFRASTRUCTURAL DEVICE – RANDSTAD PROJEKT

Programmatic Infrastructural Device – Randstad Projekt

Beginnend mit der Analyse von Warenpräsentationen entlang einer definierten Route (hier am Beispiel IKEA) wurden Prinzipien zur Umstrukturierung entwickelt, die eine vielschichtigere und variantenreichere Bewegung des Benutzers durch den Ausstellungsraum ermöglichen.
Durch Aufstellung einer Warenmatrix ergeben sich durch die Differenzierung der verschiedenen Eigenschaften neue Verknüpfungsmöglichkeiten. So wurde es möglich, die vorgefundene Struktur der additiven Anordnung monofunktionaler Bereiche entlang einer linearen Infrastruktur durch eine multiple Kombination ineinander übergreifender Programmschleifen umzuwandeln (Ikea-Strategie).
Die dadurch entstehende Möglichkeit neuer Programmverknüpfungen wurde auf einen urbanen Maßstab übertragen.
Bezogen auf die Zielsetzungen der 5. Nota (urbane Korridorentwicklung entlang Hauptverkehrsadern zwischen Ballungsstädten in den Niederlanden) wurde das Entwicklungsgebiet zwischen Amsterdam und Utrecht entlang der Autobahn A2 untersucht.
Mittels der oben genannten IKEA-Strategie wurden die städtischen Programme zwischen den bestehenden Infrastrukturen (Auto, Bahn, Fußgänger) in einer neuen Konfiguration entsprechend ihrer spezifischen Relation geordnet. Eine prioritätsbezogene Anordnung ermöglicht den Aufbau eines Systems von fließenden Übergängen der Programmbereiche.
Auf dem Loop aufgereihte Programme, die funktional an das Verkehrssystem angebunden sind, bilden die Grundlage zur Vernetzung des Loops mit der vorhandenen Infrastruktur an spezifischen Knotenpunkten. Die durch das Falten und Verdrehen des Loops entstehenden Überlagerungen definieren die spezifische stadträumliche Konfiguration des einzelnen Programms in seiner Entfernung und Lage zum einzelnen transferorientierten Knotenpunkt als auch zu den nächstliegenden.
Von der Betrachtung eines small-scale-Szenarios bis zur Entwicklung eines 'Tools' zur maßstabslosen Neukonfiguration von programmatischen Beziehungsgeflechten ermöglicht dieses Projekt einen Entwicklungsprozess eines auf multiplen Anforderungen reagierenden Architekturgedankens.

Programmatic Infrastructural Device: The Randstad Project

Starting from the analysis of sales product presentations along a defined trajectory (in this case from IKEA for example), restructuring principles were developed to offer visitors to the exhibition space, while they walk through it, a much more 'multi-layered' and varied experience of an exhibition tour than other spaces do.
The drawing up of a 'goods matrix', combined with distinguishing its different characteristics, produced new possible links. In this way it became possible to change the existing structure – the additive arrangement of mono-functional areas along a linear infrastructure – by means of multiple combinations of interlocking program loops (IKEA strategy). The new programmatic links and crossings thus generated were subsequently applied to an urban scale.
With reference to the goals of the 5th note (development of an urban corridor along the main traffic arteries running between urban agglomerations in the Netherlands), we studied the development area along highway A2 between Amsterdam and Utrecht.
By applying the above IKEA strategy, we arranged the urban programs in between the existing infrastructures (highway, railroad, footpaths) in a new configuration, dependent on their individual relations.
A priority-based arrangement facilitates the development of a system of flowing transitions between the different functional/programmatic areas.
The Loop project is concerned with programs which functionally depend on the transportation system and form the basis for connecting the new development to the existing infrastructure at specific junctions. The multiple layering generated by folding and twisting the Loop define the specific urban-area configuration of every individual zoning program with its distance from, and siting in relation to, both every individual transfer-oriented junction and every adjoining program.
This project facilitates the development process of an architectural idea that responds to multiple demands – from observing a small-scale scenario to creating a 'tool' for the reconfiguration of a web of unscaled programmatic relationships.

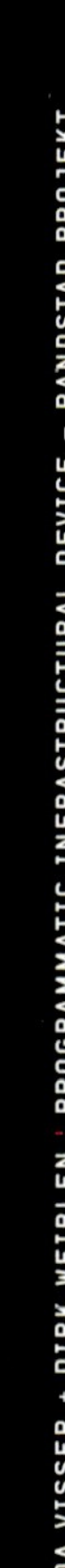

DARTFORDDESIGNMACHINE
GESAMTANSICHT. ABMESSUNGEN (LXBXH),
3,00 M X 0,60 M X 3,00 M. FUSSBODEN UND WAND
ENTHALTEN ALLOZENTRISCHE INFORMATIONEN.
ENTWURFSSPEZIFISCHE ENTSCHEIDUNGEN WERDEN IM
EGOZENTRISCHEN RAUM DES BETRACHTERS
GETROFFEN.

DARTFORD DESIGN MACHINE
OVERALL VIEW. DIMENSIONS (LENGTH X WIDTH X
HEIGHT): 3.00 M X 0.60 M X 3.00 M. THE FLOOR AND
THE WALLS CONTAIN ALLOCENTRIC INFORMATION.
DESIGN-SPECIFIC DECISIONS ARE MADE IN THE
EGOCENTRIC SPACE OF THE VIEWER.

DARTFORDDESIGNMACHINE
DETAILANSICHT. AN DEFINIERTEN SCHNITTSTELLEN
KANN DER ENTWERFER IN DIE MASCHINE EINTRETEN.
ÜBER KOPF SIND AUF PLEXIGLASTAFELN
INFORMATIONEN ÜBER DEN ORT, DIE TAGESZEIT
UND DIE GEDANKEN EINES IMAGINÄREN BESUCHERS
FIXIERT.

DARTFORD DESIGN MACHINE
DETAIL VIEW. THE DESIGNER IS ABLE TO ENTER THE
MACHINE VIA DEFINED INTERFACES. OVERHEAD
ACRYLIC GLASS BILLBOARDS PROVIDE INFORMATION
ABOUT THE PLACE, THE TIME OF DAY AND THE
THOUGHTS OF AN IMAGINARY VISITOR.

MARC WIELAND / BERND KUSSEROW

RAUMERWEITERUNG

Diskussion einer Diskrepanz – allozentrisches Denken und egozentrische Wahrnehmung

Architektur ist die Kunst, Raum zu schaffen und zu gestalten; vor allem aber auch das Erlebnis von Raum, die Kunst, Raum wahrnehmbar zu machen und wahrzunehmen. Betrachten wir das Phänomen des Erlebens von Raum, so fällt uns auf, dass es mindestens zwei unterschiedliche Arten der Raumwahrnehmung gibt:
Betrachten wir einen Raum von außen, also aus einer unbeteiligten, allozentrischen Perspektive, so nehmen wir ihn als ein autonomes Objekt war. Aus unserer distanzierten Position heraus sehen wir den Raum objektiv.
Demgegenüber können wir Raumerlebnisse, an denen wir teilhaben, subjektiv nennen. Es ist der Raum, den wir um uns herum wahrnehmen, der zwischen uns und den weiteren raumdefinierenden Punkten auftritt. Da wir immer eine zentrale Position in diesem Raum einnehmen, kann er als egozentrisch bezeichnet werden.

Wir unterscheiden hier also zwischen allozentrischen/objektiven und egozentrischen/subjektiven Räumen. Im Mittelpunkt dieser Definitionen steht jeweils das Verhältnis zwischen dem Raum und seinem Betrachter, dem Raum-Wahrnehmenden.
Der allozentrische Raum stellt sich, unabhängig vom Betrachter, jedem von uns in gleicher Weise objektiv dar. Der egozentrische Raum dagegen ist in seiner Existenz immer von der Wahrnehmung des Betrachters abhängig. Er verändert sich mit jeder unserer Bewegungen und jedem Blickwechsel. Er existiert nur im Hier und Jetzt, in dem Augenblick, in dem wir ihn wahrnehmen, und ist daher ein individuelles und immer einzigartiges Phänomen. Dabei scheint der subjektive Raum der für die Architektur relevante Raum zu sein. Er ist der Raum, der letztlich erlebt wird.
Versuchen wir ihn jedoch zu entwerfen, begeben wir uns zur Konkretisierung schnell wieder in eine allozentrische Perspektive, da wir scheinbar nur den objektiven Raum sicher und unmissverständlich planen und kommunizieren können. Umgekehrt finden wir uns in einer egozentrischen Raumwahrnehmung wieder, sobald wir uns die Wirkung eines objektiven Raumes vorzustellen versuchen und uns im Geiste durch den Raum bewegen. Denn tatsächlich erleben können wir nur egozentrische Räume.
Der objektive Raum ist, per Definition, nicht subjektiv wahrnehmbar. Seine Wirkung und seine Qualitäten sind deshalb nicht direkt überprüf- und nachvollziehbar. Dabei bildet der objektive Raum jedoch die wesentliche Voraussetzung dafür, daß wir ein subjektives Raumerlebnis erzeugen können. Allozentrische Räume sind Potenzial, Grundlage und Werkzeug für die Existenz egozentrischer Räume.
Raum besteht nicht nur aus Punkten im Koordinatensystem. Raumprägende Dimensionen sind auch Poesie, Musik, Mimik, Gestik, Geruch, Stimmungen, Intuition, Beziehungen und die Emotionen, die sie begleiten und provozieren. Die emotionalen Dimensionen eines Raumes erschließen sich ausschließlich im egozentrischen Raum.

Diese vielfältigen Raumdimensionen stehen in komplexen Beziehungen und Abhängigkeiten zueinander.
Wir stellen fest, daß die Parameter allozentrischer Räume kontrolliert bestimmt werden, deren räumliche Wahrnehmung jedoch nicht unmittelbar kontrolliert werden kann. Im Gegensatz dazu können bei einem egozentrischen Raumerlebnis die rahmenden Parameter nicht direkt durch uns bestimmt werden.
Unser Ziel ist es, egozentrische Räume zu schaffen, bzw. deren Existenz zu ermöglichen. Zu diesem Zweck entwerfen wir allozentrische Räume mit dem Potenzial der Entstehung egozentrischer Raumerlebnisse. Es geht demnach darum, die allozentrischen Räume so zu gestalten, dass die in ihrem Rahmen entstehenden egozentrischen Räume unserer ursprünglichen Vision des Raumes möglichst ähnlich sind. Wir wollen den erlebten, also den egozentrischen Raum kontrollieren, ihn bewusst gestalten um so unsere Raumvision zu kommunizieren.

DANCINGSPACE
A DYNAMIC TOOL FOR FLUID TRANSLATION OF EMOTIONAL INFORMATION INTO SPATIAL EXPRESSION

MIT DEM PROJEKT WURDE VERSUCHT, DAS POTENZIAL DES RAUMES ALS WERKZEUG FÜR DIE KOMMUNIKATION SUBJEKTIVER UND EMOTIONALER INFORMATIONEN ZU ERFORSCHEN. DAS PROJEKT KONZENTRIERT SICH AUF DIE SUBTILE INTERAKTION ZWISCHEN VIRTUELLEM RAUM UND NUTZER SOWIE DIE INTUITIVE GENERIERUNG RÄUMLICHER EXPRESSIONEN. WIE EINE MUSIKALISCHE KOMPOSITION IST AUCH DER EGOZENTRISCHE RAUM DURCH INDIVIDUELLE UND EMOTIONALE INFORMATIONEN GEPRÄGT. WENN ES GELINGT, DIESEN RAUM ZU KOMMUNIZIEREN, WERDEN DIE INFORMATIONEN DIREKT UND UNINTERPRETIERT ABLESBAR. EMOTIONEN UND GEDANKEN FORMEN DIE KOMPOSITION/DEN RAUM. DER ZUHÖRER/BESUCHER KANN DIESE HERAUSLESEN.

Raumerzählung

Das Projekt 'dartforddesignmachine' stellt ein methodisches Entwurfswerkzeug für die Entwicklung architektonischer Räume sowie der Kommunikation ihrer tatsächlichen Qualitäten vor. Mit diesem Werkzeug können egozentrische Räume in Echtzeit entwickelt und kontrolliert werden. Der Entwerfer betritt die Installation und entwickelt das Projekt innerhalb der Maschine. Entscheidungen im Entwurfsprozess werden daher unmittelbar visualisiert.

Erzählender Raum

Die Möglichkeit einer bewußten Kontrolle räumlicher Parameter aus egozentrischer Perspektive eröffnet uns darüber hinaus die Möglichkeit, Raum als ein Medium zur Kommunikation emotionaler und sinnlicher Informationen zu nutzen. 'dancingSPACE' ist ein Projekt, mit dem Wege gesucht wurden, den virtuellen Raum als ein Werkzeug zur intuitiven Kommunikation und Interaktion zu nutzen: Alle Handlungen des Nutzers im egozentrischen Raum haben hier direkte und unmittelbare Auswirkungen auf dessen objektive Beschaffenheit. Der räumliche Ausdruck intuitiver Handlungen ist sowohl allozentrisch als auch egozentrisch ablesbar.

Discussion of a Discrepancy: Allocentric Thinking and Egocentric Perception

Architecture is the art of creating and designing space, but above all the experience of space, the art of making it perceivable and of perceiving it. Looking at the phenomenon of spatial experience we notice that there are at least two different modes of perceiving space: seen from outside, i.e. from a neutral, allocentric perspective, we perceive it as an autonomous object. From a distant position, we see space objectively.
In contrast, spatial experiences which we participate in, may be called subjective. In these cases, space is the void we perceive immediately around us, between us and other space-defining points. As we always occupy the central position in such a space, we may call it egocentric. Thus we distinguish between allocentric/objective and egocentric/subjective spaces. These definitions focus on the relationship between space and its viewer, the person who perceives it.

Allocentric space is objective in the sense that it always presents itself in the same way, regardless of whoever looks at it, while the existence of egocentric space, on the contrary, is dependent on the individual perception of the observer. It changes with our every movement and changing of viewing angle. Egocentric space exists exclusively in the here and now – at the moment when we perceive it – and is therefore an individual and always a unique phenomenon. This, subjective space seems to be the relevant one in architecture. After all, it is the space experienced by its users.
Yet if we try to design it, we quickly have to remove to an allocentric perspective, as objective space seems to be the only one we are able to plan and render with confidence and absolute clarity.
In reverse, as soon as we try to imagine the effects of an objective space and picture ourselves walking through it, we find ourselves in an egocentric perceptional mode because, in fact, we are only capable of egocentric space.

By definition, objective space cannot be perceived subjectively. This means its effects and qualities cannot be verified and traced directly. And yet, objective space is the essential prerequisite for our being able to generate a subjective spatial experience. Allocentric spaces form the potential for and the basis of the existence of egocentric spaces, as well as the tools for building them.
Space does not only consist of dots in a coordinate system. Poetry, music, facial expressions and gestures, smells, moods, intuition, relationships with the emotions that are part of them and provoke them, are also dimensions that shape and mark spaces. The emotional dimensions of a space unfold exclusively in egocentric space. These various spatial dimensions are intricately interrelated and interdependent.
We notice that although the parameters of allocentric spaces are determined in a controlled way their three-dimensional perception cannot, however, be controlled directly. In contrast, the person

experiencing a space is incapable of directly determining the parameters which condition the experience.
We aim to create egocentric spaces and make their existence possible respectively. For this purpose we design allocentric spaces with the potential of providing people with egocentric experiences inside them. The point is therefore to design allocentric spaces in such a way that the egocentric spaces generated inside them come as close as possible to our own original vision. We wish to control the experienced, i.e. egocentric, space. We wish to design it thoughtfully in order to communicate our vision of space.

Der Stadtraum zwischen der Jannowitzbrücke und dem Alexanderplatz ist zurzeit noch eine der wirklichen Brachen im Berliner Stadtbild. Interessant an diesem Ort ist sicherlich das Aufeinandertreffen unterschiedlicher Stadtstrukturen, Blöcke und Zeilen.
Um ein tragfähiges, städtebauliches Konzept zu erarbeiten, werden umfangreiche künstlerische Bildbeobachtungen durchgeführt. Danach werden zwei pragmatische Stadtstrukturen implantiert.
Zuerst legt man die klassische Berliner Blockstruktur über das Gebiet. Als zweiter Schritt entwickelt sich ein Bebauungsfeld aus für den Ort typischen Scheiben.
Das für das Gebiet abschließende Szenarium lässt die beiden Strukturen überlagern, wodurch ein eindeutiges Plädoyer für die Berliner Traufhöhe von 22 m mit einer neuen sich überlagernden Schicht aus hohen Stapelhäusern festgelegt wird.

KARL HEINZ WINKENS / JANA FRANKE HOCHSTAPELHAUS

At the time of writing, the inner-urban area between Jannowitzbrücke and Alexanderplatz is still one of the true wastelands of Berlin. The interesting aspects of this location certainly are the meeting of different urban structures, of large street-block squares and long slabs of building.
In order to develop a viable urban design, the designers carried out extensive artistic visual observations and subsequently 'implanted' two pragmatic urban structures.
At first, they laid a classical Berlin block grid over the area map. In a second step, they developed a layout with building 'slabs' typical of the location. The final urban design scenario is a two-layer structural grid. This represents a clear summing-up of both the Berlin eaves height of 22 meters and a new superimposed layer of higher multi-story, or 'high stack' buildings.

extra

1.50

extra

EPSON

GALERIA
KAUFHOF

UTA + ROBERT WINTERHAGER NETZHAUTBILDER

In seinem 1435 erschienenen Traktat 'Drei Bücher über die Malerei' (De pictura libri tres) beschreibt Leon Battista Alberti ein Verfahren, wie ein Zeichner vermittels eines Stoffschleiers ein perspektivisches Bild einer räumlichen Szene anlegen könne, indem er, durch den Schleier hindurchblickend, die Umrisse des dahinter Sichtbaren nachfahre. Doch wie nah kommt dieses Schnittbild dem Prozess der menschlichen Raumwahrnehmung?

Wenn wir einen Raum visuell erfassen, bewegen sich für gewöhnlich unsere Augen von einem markanten Punkt zum nächsten, suchen Konturen, Kontraste und Figuren, wir neigen und drehen unseren Kopf und verändern Blickrichtung und Standpunkt. Auf diese Weise gleicht der Prozess unserer Raumwahrnehmung mehr einer kontinuierlichen Abfolge von Perspektiven, die sich in unserem Gehirn zu einer Vorstellung des betrachteten Raumes fügen. Im physiologischen Prozess der Wahrnehmung gibt es eine zeitliche Streckung, das heißt, dass das wahrgenommene Bild, auch nachdem wir den Blick schon abgewendet haben, noch in einer Art visuellen Kurzeitgedächtnisses präsent ist. Dennoch haben wir das Gefühl, stets nur ein Bild zu sehen.

In unserem Projekt »Netzhautbilder« wird diese zeitliche Verzögerung in der Wahrnehmung in übersteigerter Form erfahrbar.

Die Versuchsanordnung besteht aus vier 90 cm breiten und 2 m hohen hölzernen Rahmen, die mit einer durchsichtigen Gaze bespannt sind. Diese vier Holzrahmen bilden die Wände einer Kabine, in der ein Zeichner Platz findet und mit einem Stift die je nach Augenhöhe, Blickrichtung, Blickwinkel, und Zeitpunkt verschiedenen Raumeindrücke auf der Gaze festhält.

Als Ort für die erste Erprobung unserer Netzhäute wählten wir einen belebten Platz an der Rheinuferpromenade in Köln, unmittelbar unter der Hohenzollernbrücke. Wir zeichneten über eine Dauer von ca. vier Stunden den Raum und das Geschehen um uns auf. So entstand ein Viertafelbild, ein 360°-Panorama, das multiperspektiv ein 240-minütiges Wahrnehmungsbild repräsentiert. Die Retina ist in unserem Projekt temporär aus dem Körper nach außen verlagert, der zeichnende Mensch übernimmt die Aufgabe der lichtempfindlichen Rezeptoren auf der Netzhaut. Die entstehenden Netzhautbilder sind aber auch gleichzeitig das visuelle Gedächtnis, der Zwischenspeicher für die Flut der wahrgenommenen Bilder, deren überlagerte Umrisse, einer filmischen Mehrfachbelichtung vergleichbar, den Bildraum formen.

Für die Darstellung unserer Untersuchungsergebnisse erzeugten wir aus den auf den künstlichen Netzhäuten festgehaltenen grafischen Daten zwei perspektivische, stereoskopische Ansichten unserer Zeichenkabine. Die schnell umrissenen Abbilder auf den Gazeschleiern ergeben ein irisierendes Geflecht von Perspektivfragmenten, sich ständig verändernden Raumeindrücken und Szenerien. Das Projekt 'Netzhautbilder' ist Bestandteil einer Reihe von künstlerisch-architektonischen Experimenten, deren gemeinsames Ziel die Erforschung der Wahrnehmung der Umwelt durch den Menschen ist.

In his treatise published in 1435, 'Three Books on Painting' (De pictura libri tres), Leon Battista Alberti described a procedure by which a draftsman could produce a perspectival view of a space or of scenery using a light cloth screen to trace the contours of what he perceived behind the cloth on its surface.

How close is this outlining to the process of human spatial perception? When we take in a space visually, our eyes usually move from one prominent point to the next, perceiving contours, contrasts and shapes. We bow and turn our head, changing angle and point of view. In this way, the process of our spatial perception rather resembles a sequence of perspective views which in our minds join to form our notion of the space viewed. The physiological perceptional process involves a time lag. This means that the image, which the eye takes in, remains in our visual short-term memory, even though we have already turned our eyes away. Yet we always have the impression of seeing just one picture. With our project 'Retina Pictures', it is possible to experience this time lag in an exaggerated way.

The experimental set-up consists of four wooden frames (90 centimeters wide and 2 meters high) covered with a diaphanous gauze. These screens form the walls of a cabin in which a draftsman sits and traces, on the back of the screens, the contours of what he sees through the fabric in different ways, depending on the height, direction and angle of his vision and on the moment, or situation.

For the first trial run of our Retinas, we chose a busy spot on Cologne's Rhine embankment promenade, immediately below Hohenzollern Bridge. Over a period of approximately four hours, we registered the space and what was happening around us in the manner described above to produce a four-tablet picture, a 360-degree panorama representing a 240-minute, multi-perspectival perceptional reproduction. For this project, the retina was temporarily moved from inside the body outside it, while the person drawing assumed the function of the light-sensitive receptors of the retina. At the same time, our 'Retina Pictures' represent the visual reminder, or scratch-pad memory, of the flood of images we registered. As in the multiple exposure of a film, their superimposed contours generated the picture space.

In order to produce a graphic rendering of our test results, we generated two perspectival, stereoscopic views of our drafting cabin from the graphic data registered by the artificial retinas. The contours quickly traced on the gauze screens produced an iridescent weave of perspective fragments, of constantly changing spatial impressions and sceneries. The project 'Retina Pictures' is one of a series of artistic architectural experiments with the common aim of investigating man's perception of his environment.

ANDREA WOLFENSBERGER STARE

1995 hat Andrea Wolfensberger die Formationen eines Vogelschwarmes über Rom gefilmt. Die Videoinstallation STARE zeigt diesen Vogelflug um 50% verlangsamt im Eingangsbereich des Filmsaales des OF-Ausbildungszentrums Dübendorf über zwei Rückprojektionen auf zwei in die Decke und in den Boden eingelassenen Glasscheiben. Der Starenschwarm, der sich gegen einen eindringenden Falken verteidigt, formiert sich ständig zu neuen Konfigurationen, die aus der Distanz und bedingt durch die mediale Manipulation wie abstrakte Muster erscheinen. Ordnung und Chaos wechseln einander ab.
Erst nach einiger Zeit wird erkennbar, dass es sich bei den auf Punkte reduzierten Objekten um Vögel handelt. Die Metapher des Vogelfluges als Sehnsucht nach Freiheit verbindet sich so mit der Vorstellung, die Natur sei einem rationellen Ordnungsprinzip unterworfen, zu einem in sich höchst ambivalenten Bild aus Auflösung und geschlossenem System.
Vanessa Müller

In 1995 Andrea Wolfensberger filmed the flight formations of a flock of starlings in Rome. STARLINGS is a video installation showing the birds flying at half speed. It is screened in the cinema lobby at the OF Training Center Dübendorf and works with two clips back-projected onto two glass panes, one of them set in the ceiling, the other in the floor. The starlings, chased by a falcon, constantly reformed themselves in flight into new configurations which, seen from the distance and medially manipulated, appear in the video like abstract patterns. Order and chaos alternate. It takes a while for the viewer to realize that the moving spots on the screen are actually birds reduced to spots. Birds flying are a metaphor for man's longing for freedom. The video connects this with the idea of nature being subject to a rational order – an intrinsically highly ambivalent image of dissolution and simultaneously a closed system.
Vanessa Müller

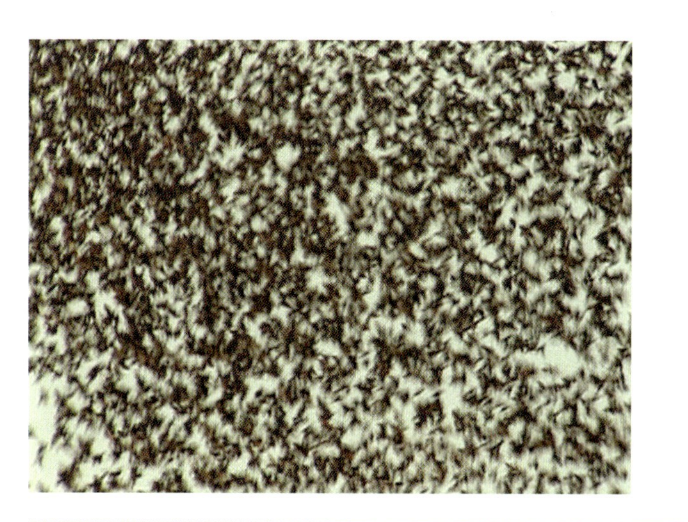

10 UHR – MEY PANTZER SCHMITT SCHREINER OPEN SKYLINE

Offene Skyline Frankfurt/M.
Die Gruppe '10 Uhr' wurde von der Stadt Frankfurt beauftragt, die Hochhäuser der Stadt für ein Hochhausfest unter einem künstlerischen Ansatz zu 'bearbeiten'. Die Hochhäuser sollen in ihrer prägnanten Form und Größe keine zusätzliche Verstärkung erfahren. Vielmehr soll Ziel unserer Vorschläge sein, die Häuser in einem poetischen Sinn zu 'benutzen' und zu einem stadtprägenden Ganzen zu verbinden. Die Vorschläge benutzen dabei primär Sinne jenseits der Physis. So wird das Hochhaus als 'Tonträger' und als Podest benutzt. Im zweiten Konzept dient es als Trägerkorpus für Duftnoten. Hier soll der Dominanz der Hochhäuser auf einer lyrischen Ebene ein äquivalentes Pendant entgegengesetzt werden. Das Hochhaus wird so aus seiner egozentrischen Isolation heraus zu einem Teil einer ganzheitlichen Stadtskulptur aller Sinne. Das mag allzu klassenkämpferisch klingen. Eigentlich ist es aber nur der Ton, der die Musik macht.

BEISPIELE MÖGLICHER KOMBINATIONEN:
D AS CIS ES = DAS IST ES
FIS C H E = FISCHE
H ES' E = HESSE
ES' E = ESSE (LAT.) = SEIN
HIS C A B = HIS CAB (SEIN TAXI)
EIS = EIS

1. Vorschlag 'Buchstabenton'
Das Auge hört mit. Audiovisuelle Kombination aus leuchtenden Buchstaben und Tönen. Jedem Hochhaus wird ein Basiston zugeordnet. Es wird in Zusammenarbeit mit einem Komponisten ein Tongefüge erarbeitet, das über der Stadt liegt wie ein Klangteppich (Konzert der Großen). Im ganzheitlichen Klangerlebnis wirken alle Hochhäuser zusammen, auch wenn einige von ihnen standortbedingt dem Auge verborgen bleiben. Die sich ausdehnenden Töne und Klänge füllen gleichsam sonst unerreichbare Räume, sowohl die privaten, als auch die sehr weit entfernten. Es ist möglich, durch die räumliche Konfiguration stadtraumspezifische Klangerlebnisse zu erzeugen; so kann zum Beispiel eine Schwebung durch auf- und abschwellende Tonwellen Straßen und Plätze durchfluten; es können sich aber auch zwei Tonwellen gegenseitig aufheben und es herrscht Stille.
Das beschriebene Klangerlebnis wird kombiniert mit Buchstaben des Alphabets als leuchtende Druckluftkörper, die jeweils auf den Spitzen

Open Skyline Frankfurt/M.
The authorities of Frankfurt/Main commissioned the design group '10 Uhr' (ten o'clock) to 'rework' the city's high-rises artistically without emphasizing their distinctive shapes and dimensions. Rather, our design proposals were to aim to 'use' the structures in a poetic sense and to connect them to form a whole that would make a joint impact on the city. The designs we submitted primarily addressed the senses beyond the physical body. Thus, the high-rise became either a sound medium or a pedestal. In a second design, it served as a substratum for various types of scent. This was designed to counter the dominance of high-rises with an equivalent element on a lyrical plane. In this way, the high-rise was taken out of its egocentric isolation to become part of a holistic urban sculpture of all the senses. This may sound too much like class struggle, but in reality it is only the tone that makes the music.

EXAMPLES OF POSSIBLE COMBINATIONS:
(FORMULATING GERMAN WORDS OR SENTENCES)
D A FLAT C SHARP E FLAT = THAT'S IT
F FLAT C B E = FISH
B E FLAT E = A MAN FROM HESSE
ES E = ESSE (LAT.) = TO BE
B SHARP B A B FLAT = HIS CAB, OR TAXI
E SHARP = ICE

First Proposal: 'Lettering Tone'
The eye has a part in listening, too. Audio-visual combination of luminescent letters and sounds. Different base tones were classified as belonging to specific high-rises. In cooperation with a composer, we developed a sound structure that is like a carpet of sound covering the city (Concert of the Tall Ones). All the skyscrapers combine to produce this general sonic experience, even though some of them, due to their distant location, remain invisible. The different sounds somehow fill otherwise unattainable spaces, both the near-by private ones and those very far away. It is possible, through the spatial configuration, to generate experiences of sound specific to various types of urban context. A sense of floating, for example, may produce rising and fading sound waves flooding streets and squares. Or two sound waves mutually stop each other, and there is silence. This sound experience is combined with the letters of the alphabet in the form of luminous pneumatic bodies installed on top of the skyscrapers. Due to

der Hochhäuser installiert werden. Sie sind durch ihre Größe auch von Weitem sichtbar und lesbar. Aus verschiedenen Blickwinkeln können sich unterschiedliche Wortkombinationen und Assoziationen ergeben. Mögliche Konnotationen: Das zu bespielende Areal wird eingeostet mit den zwei Buchstaben W und E, die zusammengelesen das englische Wort für 'Wir' ergeben. Die Buchstaben werden der Notennomenklatur entnommen, die zusammengelesen wieder Worte und Sätze ergeben können. Die Noten und Buchstaben lassen mich an die Leuchtreklame und die Logos an den Hochhausfassaden denken. Wie mit dem Denken und dem Sagen, ist das, was ich höre, nicht immer das, was ich sehe und umgekehrt.

2. Vorschlag 'DUFT'
Jedes Hochhaus erhält einen spezifischen Duft. Nähert man sich, gerät man in dessen Dunstkreis und wird immer stärker durch seinen Geruch angezogen. Am Gebäude angelangt, spürt man den spannungsreichen Kontrast zwischen dem unsichtbaren Duft und der schieren Größe der Architektur. Der Wind trägt den Duft weiter.
Bin ich in einer bestimmten Duftzone, nehme ich selbst einen Hauch diese Geruches an und trage ihn mit mir zum nächsten Hochhaus.
Ein neuer Duft kommt hinzu und übertönt den alten. Das Intime, das man mit Geruch in Verbindung bringt, wird der Öffentlichkeit preisgegeben. Mögliche neu zu komponierende Duftnoten: 'busy' (Büro) 'rushhour' (Auto) 'Workaholic' (Arbeit) 'Jealousy' (Geld)

3. Vorschlag 'AIRPORT CANCELLATION' – Höhere Gewalt
Der Flughafen Frankfurt wird für zwei Tage stillgelegt. Alle Flüge müssen umgeleitet werden. Alle Geschäfte im Terminal sind geschlossen. Es entsteht eine Insel der Ruhe. Die Silhouette wird allein mit dem Wissen dieser schier unglaublichen Tatsache und den vielen Fragen, die sich durch sie unweigerlich aufdrängen, gestaltet.
Grundsätzlich werden Flughäfen nur aus Gründen der 'höheren Gewalt' geschlossen: – Naturkatastrophen – Gewerkschaften – Krieg
In diesem Fall thematisiert die Sperrung zunächst die enge Verflechtung zwischen dem Kapital und seinem Kreislauf und zeigt die gegenseitige Abhängigkeit von Flughafen und Wirtschaft. Die Geldgeber leisten sich etwas, was ihnen normalerweise schadet. Sie demonstrieren damit ihre Potenz. Gleichzeitig rückt aber auch die Abhängigkeit vom Flughafen in den Mittelpunkt. Die gigantische Dimension dieser Intervention sprengt den Rahmen der Vernunft. Es stellen sich viele Fragen:
Wer hat die Macht? Was ist höhere Gewalt? Bin ich Kosmopolit?
Bin ich größenwahnsinnig? Der Mann, der versuchte, alles Silber der Welt aufzukaufen. Was sind Dimensionen? Ich habe zwei Tage lang eine Fliege im Marmeladenglas gefangen gehalten! Ich habe zwei Tage lang nichts gegessen

their large size, they are discernible and legible from afar. Different word combinations and associations can be seen from different angles.
The following connotations are possible: the scene area is aligned from west to east by means of the two initial letters which form the word 'we'. Letters are also taken from musical notation; together they can be used to form more words and sentences. Notes and letters remind me of the neon signs and corporate logos on high-rise facades. As with thinking and saying, what I hear is not always what I see, and vice versa.

Second Proposal: 'Fragrance'
Every skyscraper is given its particular fragrance. Those approaching it enter its aura and are drawn towards the building by the increasingly heavy scent. Having reached the tower, they experience the contrast, full of suspense, between the invisible odor and the sheer size of the architecture. The wind spreads the scent further afield. When I move through one of the scented areas, I absorb some of its fragrance, so that I carry it with me to the next high-rise. A new scent is added and overlays the old. The intimacy connected with personal body odor is thus exposed publicly.
The following new scents can be composed: 'busy' (office), 'rush hour' (car), 'workaholic' (work), 'jealousy' (money).

Third Proposal: 'AIRPORT CANCELLATION' – Act of God or Force Majeure
Frankfurt Airport will be closed for two days. All the planes heading for this destination will be redirected and the shops inside the terminal building closed. The airport will be an island of peace and quiet. The design of the terminal's silhouette was based on the knowledge of this almost incredible fact and the many questions it inevitably raises.
On principle, airports are only closed due to an act of God or force majeure: natural disasters – trades unions (strikes) – war.
In the present case, the closure addresses first of all the close interconnection between financial capital and its cycle and exposes the interdependence of the airport and the economy. The investors allow themselves the luxury of something which is normally detrimental to them. In doing so they demontrate their power while, at the same time, focusing their dependence on the airport. The gigantic dimensions of this intervention go beyond rationality.
Many questions arise: Who has the power? What is an Act of God or force majeure? Am I a cosmopolitan? Am I a megalomaniac? The man who tried to buy all the silver in the world? What does dimension mean? I held a fly captive in a jam jar for two days. I haven't eaten anything for two days.

ALLMANN SATTLER WAPPNER ARCHITEKTEN – Markus Allmann: geb. 2.6.1959 in Ludwigshafen/Rh.; Amandus Sattler: geb. 26.3.1957 in Marktredwitz; Ludwig Wappner: geb. 10.11.1957 in Hösbach. 1985/86 Diplom an der TU München. 1982 Gründungsmitglieder der Studiengemeinschaft für Kunst und Architektur 'Sprengwerk'. 1987 Gründung des Architekturbüros Allmann Sattler in München. 1993 Erweiterung des Architekturbüros zu Allmann Sattler Wappner Architekten. Auszeichnungen (Auswahl): 1997 Deutscher Architekturpreis. 2001 Licht-Architektur Preis.

ROLAND BODEN – Geb. 1962 in Dresden. Schule, Abitur, Militär, Studium TU Dresden, Diplom Bauwesen. 1992/94 Arbeitsstipendium der Stiftung Kulturfonds Berlin. 1994/95 Philipp-Morris-Stipendium für Malerei. Arbeit mit dem 'Institut für Subreale Urbanistik' (ISU). Konzeption & Organisation THE THING BETWEEN Technische Sammlungen Dresden. 1998 Arbeitsstipendium Ohio Arts Council, Cleveland (USA). 2000 Stipendium der Kulturstiftung Sachsen. 2002 Arbeitsstipendium IASKA Kellerberrin/Australien. 2003 Stipendium Deutsche Akademie Villa Massimo Rom. Lebt und arbeitet in Berlin. Zahlreiche Ausstellungen im In- und Ausland.

ANJA BREMER UND BEATE KIRSCH – Beate Seyfarth-Kirsch: geb. 1966 in Celle, studierte Philosophie, Kunstgeschichte und Architektur in Hamburg. 1999–2000 Lehrauftragsstipendium, Hamburg. Arbeitet als Architektin und Künstlerin in Hamburg.
Anja Julia Bremer: geb. 1966 in Hamburg, studierte Architektur in Venedig, Hamburg und Berlin. 1999 Stipendiatin an der Deutschen Akademie Villa Massimo in Rom. Arbeitet als Architektin und Künstlerin in Hamburg.

CREDITS – CHRISTIAN KAISER : FOTO S. 12 RECHTS

MARCOS CRUZ – Geb. 1970 in Porto, lebt und arbeitet in London. Studierte Architektur an der ESAP Porto und ETSAB/UPC Barcelona und nahm am 4. Internationalen Wiener Architektur-Seminar teil. Als Stipendiat seit 1998 von der Portugiesischen Stiftung für Wissenschaft und Technologie (FCT) machte er einen Master (MArch with distinction) bei Peter Cook in London, arbeitet seitdem an seinem Doktor und unterrichtet (Unit 20) an der Bartlett School of Architecture, UCL.

CREDITS – MATTHEW POTTER : RENDERINGS / ALEJANDRO ROMANUTTI, MARKUS FREISINGER, WANDA YU-YING HU : FOTOS

KARIN DAMRAU – Geb. 1970 in Darmstadt. Architekturstudium in Stuttgart, Bordeaux, Zürich und London. 1997 Meisterschülerin in der Klasse von Prof. Peter Cook an der Bartlett School of Architecture, London. Stipendium des Deutschen Akademischen Austauschdienstes DAAD. 1998 Master Dergree mit Auszeichnung. Seit 1999 wissenschaftliche Assistenz an der RWTH Aachen, Lehrstuhl für Entwerfen und Gebäudelehre, Prof. Klaus Kada. Architekturbüro in Köln zusammen mit Bernd Kusserow.

DEADLINE – Our projects are experiments with the emerging information age structures which are evident in different spheres, but have yet to manifest themselves in urban form. We see no separation between material and social structure, and with each project we explore the influence these fields have on each other, hoping that through careful observation we will anticipate the coming changes in the built environment.
Matthew Griffin & Britta Jürgens

KIRSTEN DÖRMANN / MARIE-PAULE GREISEN – GLAIRE has been founded by MPG and KiD, MA graduates from the Berlage Institute Amsterdam, to offer city services within the architectural, personal, urban realm. 'City of 2nd heart' is part of a larger research project: the WorldWideCityGuide. GLAIRE's production is relying on public communication structure, the www, phonelines, post. 2001/2:based in Germany/ Cape Town, Fukuoka/ Luxembourg. Collaborator GL007 shirt/bag travel series: Franziska Wien, Rotterdam.

CREDITS – FOTOS: DO YOU REMEMBER ME: · ANN KESSLER, BERLIN/PHIL.; T-SHIRT-SERIE · SOLAM MKHABELA, CAPE TOWN

3DELUXE – Als interdisziplinäres Team von derzeit 15 Gestaltern arbeitet 3deluxe an einer fließenden Schnittstelle zwischen Grafik Design, Architektur und Popkultur. Seit 1992 entstehen in kreativer Synergie Mischformen zwei- und dreidimensionaler Gestaltung. Grafische Arbeiten entfalten zunehmend räumliche Wirkung, architektonischen Entwürfen wrden verstärkt Kommunikationsprinzipien zu Grunde gelegt. Neugier und Offenheit gegenüber anderen Fachgebieten sind essenzielle Voraussetzungen des Entwurfsprozesses, der sich auf vielfältigen Inspirationen aus Kunst, Natur, Wissenschaft und Technik begründet.

KLAUS EICHENBERG – Geb. 1936 in Dessau. Architekturstudium und Promotion an der technischen Hochschule in Aachen. Dozent für das Lehrgebiet 'Zeichnen und Malen' an der Fakultät für Architektur der Technischen Hochschule in Aachen. Seit 1965 Teilnahme an den Ausstellungen 'Grosse Kunstausstellung NRW', Düsseldorf. Seit 1966 Teilnahme an Ausstellungen des Westdeutschen Künstlerbundes.

FUNKTURM – Thomas Wagener: 1986–1989 Ausbildung zum Modellbauer. 1991–1994 Architekturstudium Siegen. 1994–1997 Mitarbeit Graphik–Designbüro Münster. 1997–2002 Stud. Mitarbeiter Architekturbüro Bolles + Wilson, Münster. 1994–2002 University of Applied Sciences Münster. Diplom in Architektur. Büro Funkturm, Münster – Siegen mit F. Holschbach. Seit 2002 Mitarbeit im Büro Bolles + Wilson, Münster.
Frank Holschbach: Dipl.-Ing. (FH). Freier Architekt + Projektgemeinschaft Lohner und Voss, Köln. Büro Funkturm mit Thomas Wagener. Aufbaustudium Master of Art in Integrated Design in Dessau. Mitarbeit bei Christophe Marchand Product Development, Zürich. 1993–2000 Architekturstudium in Siegen und Mailand.

ULRICH GENTH – Geb. 1971 in Tübingen. Seit 1994 Studium an der Kunstakademie Münster bei Prof. Ruthenbeck. 1997 Meisterschüler. Europa-Reisestipendium an die Königliche Kunstakademie Stockholm. 1998 zweijähriges Atelierstipendium der Stadt Münster. 1999 Abschlussexamen Freie Kunst. 2000 Stipendium der Stiftung Künstlerdorf Schöppingen. 2001 GWK-Förderpreis; Kunstpreis 'Junger Westen' für Skulptur; Transfer (Israel) des Landes Nordrhein-Westfalen 2002/03.

GUTT & ZIELBAUER – Hilke Zielbauer: Dipl.-Ing, Freie Architektin, geb. 1972. 1992–1999 Studium der Architektur an der RWTH Aachen und an der Königlichen Dänischen Kunstakademie Kopenhagen. 1999 Diplom Architektur. Seit 1999 Bürogemeinschaft mit T. Gutt in Düsseldorf. 1999–2001 Lehrauftrag an der FH Detmold.
Thomas Gutt: Dipl.-Ing, Freier Architekt, geb. 1957. Studium der Architektur in Dortmund und an der Kunstakademie Düsseldorf. 1987–1993 Projektpartner Haus-Rucker-Co.Düsseldorf. 1995–2000

FRANK HARDING – msc-graduate of the university of east london; investigates sociospatial phenomena in flux at the urban and architectural level. research focuses on catalytic 'perturbations' stimulating selforganizing and sensuously enriched environments in so far unrecognized scars of space. previously he has gained experience in practices and at universities in the uk, the netherlands and austria. currently he is living and working in germany.

CHRISTIAN HASUSCHA – geboren 1955 in Berlin, realisierte seit 1981 36 Projekte als 'Öffentliche Interventionen', ein kunsttheoretischer Begriff, den er prägte – u.a. mit Arbeiten in Berlin, Köln, London, Amsterdam, St. Petersburg, Münster, Rom und Basel.
Hasucha lebt zurzeit wieder in Berlin.

TILMAN HELLER – 'The brother of time is space
they are absolut paralell .' (Eduardo Chillida)

MANUEL HERZ – AA Dipl. Freier Architekt. 1989–1992 RWTH Aachen. 1992–1995 Architectural Association London, Diplom in Architektur. 1998 'Unit-Master' Kungl Tekniska Högskolan Stockholm. 1999 Gründung des eigenen Büros in Köln. 2000–2002 'Unit-Master' Bartlett-School of Architecture, London. Projekte zurzeit in Deutschland, England und Israel.

MARKUS JATSCH – Dipl.-Ing., M.S. AAD. Freier Architekt. 1988–1990 Technische Universität München. 1991–1995 Universität Stuttgart, Diplom in Architektur. 1995–1996 Columbia University New York City, Graduate School of Architecture, planning and preservation, Master of Science in Advanced Architectural Design. 1996 Gründung von jatsch laux in Boston und München. 1997–1999 Wissenschaftlicher Assistent TU München, Lehrstuhl für integriertes Bauen. Seit 1998 Promotionsvorhaben über 'Raumentgrenzung', TU München.

ALEXANDER KADA – Geb. 1968 in Leibnitz, Österreich, Designer.
'Einfachheit, Ironie und Eleganz mögen sich in rasendem Tempo aufeinander zubewegen und dabei eine neue Disziplin generieren.'

KÖNIGS ARCHITEKTEN – Ilse Maria Königs, Dipl.-Ing. Architektin. 1983–1990 Architekturstudium Universität Innsbruck. 1993 Kurzfilm 'Stadthaut' und Studium an der Kunsthochschule für Medien in Köln. Seit 1996 Büropartnerschaft Königs Architekten in Köln. 1999 Förderpreis des Landes NRW für junge Architekt(inn)en. 2000 Ausstellung 'Divercity' auf der Biennale in Venedig.
Ulrich Königs, Dipl.-Ing. Architekt, Grad.Dip. AA. 1984–1991 Architekturstudium an der RWTH Aachen. 1993–1994 Postgraduiertenstudium an der AA in London. Seit 1996 Büropartnerschaft Königs Architekten in Köln. Seit 2002 Vertretung der Professur 'Konstruieren und Entwerfen' an der Bergischen Universität Wuppertal.

[KUNST UND TECHNIK] – [kunst und technik] e.V., 1997 gegründet von Jan Edler, Tim Edler, Jonathan Granham, Rainer Hartl, Frank Hühnerkopf, Martin Janekovic, Andreas Klockmann, Juliane Kühn, Uwe Rieger. Aus dem Verein sind die folgenden 'Spin-Off'-Büros hervorgegangen:
realities:united, 2000 gegründet von Jan Edler (*1970) und Tim Edler (*1965)
XTH-Berlin, 2001 gegründet von Martin Janekovic (*1966), Uwe Rieger (*1963), Helle Schröder (*1967)

CHRISTINA LILL – Dipl.-Arch., 1992–1998 Studium der Architektur an der RWTH Aachen und an der Bartlett School of Architecture, London. 1998 Diploma in Architecture. Runner-up RIBA President's Medals Part 2; SOM Travelscholarship, Serjeant Prize for Drawing. 1998–1999 Mitarbeit im Büro Ian Ritchie Architects, London. Seit 2000 Mitarbeit im Büro Barkow Leibinger Architekten, Berlin.

MATTHIAS LUDWIG UND ANTJE KRAUTER BÜRO FÜR ARCHITEKTUR – Matthias Ludwig: geb. 1962; Studium an der University of London – Bartlett School of Architecture, der Städelschule in Frankfurt und der FHT-Stuttgart. 1991–1996 Wissenschaftlicher Mitarbeiter am Institut für Baukonstruktion, Universität Stuttgart. Verschiedene Lehraufträge u.a. in Perth, Western Australia und in Stuttgart, Staatliche Akademie der Bildenden Künste. 1994 Gründung des 'büro für architektur' in Stuttgart, mit Antje Krauter und Friederike Oertel. Seit 2001 Professor für Entwerfen und Architektursimulation an der Hochschule Wismar. Antje Krauter: geb. 1961. Studium an der Universität Stuttgart. 1993–1997 Wissenschaftliche Mitarbeiterin am Institut für Baukonstruktion, Universität Stuttgart. 1994 Gründung des 'büro für architektur' in Stuttgart, mit Matthias Ludwig und Friederike Oertel. Seit 2001 Vertretungsprofessor für Entwerfen und Baukonstruktion an der Universität Wuppertal

ULRIKE MANSFELD – Geb. 1971 – Freie Architektin in Stuttgart ... und zwischenzeitlich Wege aufspürend, die in Räume führen, von denen ich weiß, dass ich sie nicht kannte.

MARC MER – Künstler, Schriftsteller, Kurator, Architekt. Geb. 1961 in Innsbruck. Studium der Architektur, Philosophie und Politikwissenschaft. Lebt und arbeitet in Münster, Köln und Wien. Office for PostParadise Communication (OPPC). Professor für übergreifende Gestaltung und raumbildende Kunst an der Hochschule für Angewandte Wissenschaft und Kunst in Münster. Leitete am Bauhaus Dessau im Postgraduate-Programm 2000 'complex city' den internationalen Workshop 'privatepublic – publicprivate: Strategien künstlerischer Intervention im intermedialen Stadtraum'. Publ.: Translokation, 1994; (Kunst(Museum (Stadt))), 1997; BOX-SEX, 2000; Lit.: L. Seyfarth: M. Mer – scene/obscene. Schachtel, Spiegel, Bild und Schirm, 2000.

MPS – MEY PANTZER SCHULTZ – Bernd Mey: Geb. 1961 in Lindau/Bodensee. 1988 Diplom Architektur RWTH, Aachen. 1990 Meisterklasse Architektur HfBK Städelschule, Frankfurt am Main, bei Prof. Peter Cook. 1991 Gründung der Gruppe '10 Uhr' mit Bernd Mey und Ralf Schmitt. Seit 1991 eigenes Architekturbüro 'architektei mey' in Frankfurt/Main.
Christian Pantzer: Geb. 1962 in Hamburg. Studium Architektur und Innenarchitektur, Meisterklasse Architektur HfBK Städelschule, Frankfurt am Main, Meisterschüler. 1991 Gründung des Architekturprojektes *Consume* mit Jim Dudley und Tony Hunt. 1991 Gründung der Gruppe '10 Uhr' mit Bernd Mey und Ralf Schmitt. Seit 1993 eigenes Planungsbüro in Frankfurt, Projektgemeinschaften.
Eckhard Schultz: Geb. 1959. Studium Innenarchitektur, Fachhochschule Detmold. Seit 1994 eigenes Planungsbüro in Frankfurt, ab 1999 in Hofheim/Ts.

M+M – steht für die künstlerische Zusammenarbeit von Marc Weis, geb. 1965, und Martin De Mattia, geb. 1963. 1992/93: Einjähriger Lehrauftrag an der Hochschule für Gestaltung (HfG), Karlsruhe. 2000/01 Gastprofessur an der Kunstakademie, München. 1994 Arbeitsstipendium des Kunstfonds e.V., Bonn; Botho-Graef Kunstpreis der Stadt Jena. 1996 Förderpreis 'Junge Kunst', Wilhelm-Hack-Museum, Ludwigshafen; Projektstipendium der Landeshauptstadt München. 1997 Bayerischer Staatsförderpreis. 1998/99 Stipendium Villa Massimo, Rom. 2000 Erwin und Gisela von Steiner-Stiftung, München.

ULI MÖLLER – Dipl.-Ing., Architekt. 1987–1995 Studium der Architektur an der TH Darmstadt. Seit 1995 als Architekt in verschiedenen Büros in London, Amsterdam und Berlin tätig. Verschiedene Möbel- und Industriedesigns.

NO W HERE ARCHITEKTEN – so, wie wir im Begriff 'no w here' verschiedene – ja konträre – Bedeutungen lesen können, interessieren uns Möglichkeiten der 'anderen' Lesart von Aufgaben und Problemstellungen, um daraus eigene Lösungsansätze zu entwickeln, die durch ihre bewusste Mehr-/Uneindeutigkeit Unsicherheit und Spannung erzeugen, allerdings auch in hohem Maße das Potenzial für Übergänge und die Vermittlung zwischen scheinbaren Widersprüchen haben.

ORTLOS – Der Name 'ortlos' (gegründet 1998) sagt primär etwas über die Arbeitsweise aus: nicht ortsgebunden, in Netzwerken und überall dort, wo es einen Internetzugang gibt. ortlos generiert ein virtuelles Büro, mit dem Ziel, ein fortschrittliches Instrument für Architektur, städtebauliche Aufgaben und Interface-Design im Allgemeinen zu schaffen. Also eine Plattform, ein kreatives Pool, unterstützt durch Informationsdatenbanken. ortlos ist ein Werkzeug für nomadische Arbeitsweisen. ORTLOS and A.N.D.I is kindly supported by: Republik Österreich: Kunst.Bundeskanzleramt, Stadt Graz: Kulturabteilung, Land Steiermark: Abteilung für Wissenschaft & Forschung und Kulturabteilung

CREDITS – WWW.ORTLOS |.AT |.COM |.NET |.ORG <HTTP://WWW.ORTLOS |.AT |.COM |.NET |.ORG>ORTLOS SIND : IVAN REDI (1971), ANDREA SCHROETTNER (1966), MARTIN FRÜHWIRTH (1973) , DAVID A. GRANT (1965)

PHILIPP OSWALT – Architekt und Publizist. Geb. 1964 in Frankfurt am Main, Studium der Architektur und Musikwissenschaft. 1988–1994 Redakteur Arch+. 1996/97 Architekt im 'Office for Metropolitan Architecture'/Rem Koolhaas, Rotterdam, anschießend bei MVRDV Rotterdam als Projektleiter für den Vorentwurf des Niederländischen Pavillons für die EXPO 2000. Seit 1998 als selbstständiger Architekt in Berlin tätig; Gewinner des internationalen Wettbewerbs für die Gestaltung des ehemaligen Frauenkonzentrationslagers Ravensbrück, Gastprofessor für Entwerfen an der Technischen Universität Cottbus. Zahlreiche Publikationen zur zeitgenössischen Architektur.

ANTON MARKUS PASING – Geb. 1962 in Greven a.d. Ems. 1989 Diplom Architektur. 1991 Meisterschüler Kunstakademie Düsseldorf. 1994 Bürogründung Münster, freie Arbeiten. 1994–2000 künstl. Assistent RWTH Aachen. 1999 Villa Massimo Stipendium Rom. 1999 Förderpreis für junge KünstlerInnen des Landes NRW. 2002 Gastprofessuren TU-Darmstadt und Muthesiushochschule Kiel. 2003 Professur für Entwerfen University of Applied Sciences, Düsseldorf. Ausstellungen u.a. DAM Frankfut, NAI Rotterdam, Architekturbiennale Venedig, Galerie Aedes East Berlin.

PIEHL | JANIETZ – Marco Piehl: 1964 geboren in Münster – Andrea Janietz: 1971 geboren in Telgte.
Ausgebildet als Architekten wollen wir uns lösen von den Dogmen der Architektur, insbesondere der vorhandenen festen Spannung zwischen Boden und Decke. Exemplarisch sind in diesem Zusammenhang unsere 'ballooning-performances': Kombinationen aus Enthusiasmus, Experiment, Zufall und Unerfahrenheit. Ein Hinweis auf das Potenzial 'versteckter' Räume.

CREDITS – RUDOLF GANTERT, DIETMAR STREMMER : BALLON-TECHNIK

JÖRG PURWIN – Geb. 1968 in Osterode im Harz, Studium FH Hamburg und Bartlett School of Architecture, seit Dez. 2001 sebstständig. Den Architekten als Alchemisten gesehen, befinde ich mich auf der Suche nach der Mystik des Raumes, in dessen Beziehung der Mensch sich immer wundern darf.

QUERKRAFT – Gründung im November 1998: Jakob Dunkl, geb. 1963 in Frankfurt am Main; Gerd Erhartt, geb. 1964 in Wien; Peter Sapp, geb. 1961 in Linz; Michael Zinner, geb. 1965 in St. Lorenzen/Mürztal. querkraft architekten. Der Name ist Programm. Wir sind Querdenker. Um zu optimierten Ergebnissen zu gelangen, hinterfragen wir Aufgabenstellungen. Wir sind nicht auf bestimmte Bauaufgaben spezialisiert, sondern auf die Art, an diese heranzugehen.

CREDITS – FOTOS DREHTÜR: CHRISTIAN WACHTER

JÖRG REKITTKE – Dr. Jörg Rekittke, Jahrgang 1966, Studium der Landschaftsarchitektur an der TU Berlin und Stipendium an der ENSP Versailles, 1996 Gründung der Selbstständigkeit in Berlin, seit 1997 Wissenschaftlicher Mitarbeiter an der Architekturfakultät der RWTH Aachen. 2001 Promotion.

KAI RICHTER – Geb. 1969 in München, lebt und arbeitet in Düsseldorf. Seit 1998 Studium an der Kunstakademie Münster und Düsseldorf. Ausstellungen: 1999 Einweltor. Dünen Gebiet bei Schipol, sowie am Denkmal Gebr. Wright in North Carolina. 2000 Zwei Pole. Galerie Brusten Wuppertal Institut für Rotationsforschung. Sommer Stipendium Kunstverein Greven. 2001 Große Kunstaustellung Düsseldorf. 2002 Sockeln. Villa Flath Bad Segeberg Stipendium.

BARBARA UND GABRIELE SCHMIDT-HEINS – Barbara Schmidt Heins, geb. 1949 in Rellingen/Holstein. 1968–1974 Hochschule für bildende Künste, Hamburg. Lebt und arbeitet in Halstenbek bei Hamburg. Gabriele Schmidt-Heins, geb. 1949 in Rellingen/Holstein. 1969–1974 Hochschule für bildende Künste, Hamburg. Lebt uns arbeitet in Pinneberg bei Hamburg. Ausstellungsbeteiligungen 2000: HausSchau, Deichtorhalle, Hamburg; housewarming and transforming spaces, Galerie Renate Kammer, Hamburg; ein/räumen, Kunsthalle, Hamburg. Einzelausstellungen 2001: take place, Galerie Renate Kammer, Hamburg.

SEIFERT.STOECKMANN@FORMALHAUT.DE – Gabriela Seifert: Geb. 1954. 1973–1977 Dipl.-Ing. Architektur FH Frankfurt am Main. 1980–1986 Meisterschülerin bei Prof. Peter Cook, Städelschule, Frankfurt am Main. 1984 Gründung des Architektur-

des Instituts für Raumgestaltung und Entwerfen, Fakultät für Bauingenieurwesen und Architektur, Leopold-Franzens-Universität Innsbruck.
Götz Stöckmann: Geb. 1953 in Frankfurt am Main. 1977 Diplom Fachhochschule Frankfurt am Main. 1980 Städelschule, Frankfurt am Main. 1983 AA Diploma (Honours) London. 1984 Gründung Büro Seifert + Stöckmann. 1985 Gründung *Formalhaut* mit Ottmar Hörl und Gabriela Seifert. Seit 1997 Diploma Unit 13 Master (mit Jane Wernick) Architectural Association London.

CARY SIRESS – Dipl. Architect. 1989–1990 Master of Architecture and Building Design (MSBD) Columbia University Graduate School of Architecture, Planning, and Preservation, New York, NY. 1985 Instituto Universitario di Architettura di Venezia, Venice, Italy. 1981–1986 Bachelor of Architecture (BA) University of Kentucky College of Architecture, Lexington, KY. 1996–2001 Dozent ETH Zürich. Since 2001 Doctoral Candidate, Dissertation: 'The Urban Unconscious', ETH Zürich.

SEVERIN SODER – Geb. 1972 in Kitzbühel/Tirol. 1996 Diplom bei Volker Giencke/Universität Innsbruck. 1998 Master in Architectural Design bei Peter Cook/Bartlett School of Architecture, London. Seit 1996 tätig in den Büros: Feichtinger Architectes /Paris; RFR/Paris; Skidmore Owings & Merrill/London; derzeit: Future Systems/London. Förderungspreis 2000 für experimentelle Tendenzen in der Architektur des Österreichischen Bundeskanzleramtes. Doktoratsstipendium der Österreichischen Akademie der Wissenschaften für die Dissertation zum Thema 'Lightness in Architecture'.

STEFAN SOUS – Geb. 1964 in Würselen/Aachen. 1990–1996 Studium an der Kunstakademie Düsseldorf bei Tony Cragg. 1995 Meisterschüler. 1994 Bernhard Hoetger-Preis. 1997 Stipendium der Stiftung Künstlerdorf Schöppingen. Förderpreis für bildende Kunst der Stadt Düsseldorf. 1998 Förderstipendium der Günther-Peill-Stiftung Düren. 1999 Arbeitsstipendium Etaneno, Namibia. Ausstellungen (Auswahl): 2000 aroma, Konrad Fischer Galerie, Düsseldorf. 2001 'Die Kunst des Autos', Kunsthalle Dominikanerkirche, Osnabrück. 2002 'hellgrün' UVA-UVB Leuchtende Bänke, Euroga Düsseldorf; Die Verbotene Stadt, kokerei Hansa, Dortmund.

UDA VISSER + DIRK WEIBLEN – Uda Visser: 1995 Schinkelpreis. 1996 Diplom TU Darmstadt. Bis 1998 Spengler Wiescholek, Hamburg. 1998 Stipendium DAAD. Bis 1999 Berlage Instituut, Amsterdam. 2000 Europandompreis. Bis 2001 mecanoo architecten, Delft/NL. Bis 2002 de architectengroep/Bjarne Mastenbroek, Amsterdam/NL. Ab 2002 SeArch/Bjarne Mastenbroek, Amsterdam/NL.
Dirk Weiblen: Geb. 1970. Studierte Architektur an der FH Münster, TU Delft, TU Krakau und dem Berlage Institute, Amsterdam. 2000 Master of Architecture. Seine auch das Medium Fotografie einbeziehenden Arbeiten beinhalten u.a. urbane Studien von Megastädten wie L.A., Tokyo und Shanghai. 'inside the telematic surface', eine prototypische Untersuchung zum telematischen Urbanismus, in Zusammenarbeit mit Elia Zenghelis & BIA war im NAI Rotterdam präsentiert. Im September 2000 gründete er das überregionale Architektur-Netzwerk 'smartarch' und ist seitdem in Düsseldorf mit einem eigenen Architekturbüro ansässig.

MARC WIELAND UND BERND KUSSEROW – Marc Wieland, geb. 1969 in Berlin. Architekturstudium in Berlin (HdK) und London (RCA), 1997 Diplom. 1998 Master-Studium an der Bartlett School of Graduate Studies, London. Seit 1999: Künstlerischer Mitarbeiter an der Hochschule für Grafik und Buchkunst (Academy of Visual Arts) in Leipzig, Fachklasse für Systemdesign, Prof. Ruedi Baur. Seit 2000: Büropartnerschaft 'konzeptMWNG' (seit 2002: '23|07') in Leipzig und Berlin. Seit 2002 Büropartnerschaft 'dresdnerSPUREN' in Leipzig und Dresden.
Bernd Kusserow, geb. 1967 in Marbach am Neckar. Architekturstudium in Stuttgart und Delft, 1995 Diplom. Stipendiat des DAAD. Meisterschüler bei Prof. Peter Cook an der Bartlett School of Architecture, London. 1998 Master Dergree. Wissenschaftliche Assistenz an der RWTH Aachen, Lehrstuhl für Wohnbau, Prof. Wim van den Bergh. Seit 2001 Büropartnerschaft mit Karin Damrau in Köln.

KARL-HEINZ WINKENS / JANA FRANKE – Prof. K.-H. Winkens: Geb. 1962 in Ratheim. 1981–1985 Architekturstudium FH Aachen. 1986–1989 Diplom; Mitarbeit im Büro Ortner & Ortner in Düsseldorf. 1987–1990 Aufbaustudium an der Kunstakademie Düsseldorf. 1990 Diplom; Meisterschüler bei Prof. O. M. Ungers. 1989–1999 Mitarbeit im Büro Prof. 0. M. Ungers in Köln und Berlin als Büro- und Prolektleiter. Seit 1993 Professor an der FH Potsdam, FB Architektur und Städtebau, Fachgebiet Baukonstruktion und Entwerfen. 1999 Gründung von Winkens Architekten
Jana Franke: Geb. 1967 in Potsdam-Babelsberg. 1987–1990 Studium an der Fachschule für angewandte Kunst in Schneeberg. 1990 Abschluss im Fachbereich Modedesign. 1990–1991 Designerarbeit. 1991–1996 Studium an der Hochschule für Kunst und Design Burg Giebichenstein, Halle, FB Malerei/Grafik. 1996 Diplom. 1997–1998 Studiengast in der Cite' International des Arts in Paris. Mitglied im Brandenburgischen Verband Bildender Künstler und im Kunsthaus Gahlberg Strodehne e.V.

UTA + ROBERT WINTERHAGER – Uta Winterhager: Geb. 1972, Dip Arch MArch, Studium 1992–1999, Architekturdiplom und Master's Degree an der Bartlett School (UCL). 1997–1999 Mitarbeit bei Studio2 Architects/London, seit 1999 freie Mitarbeit bei verschiedenen Architekturzeitschriften.
Robert Winterhager: Geb. 1972, Dipl.-Ing. Architekt. 1997 Diplom an der RWTH Aachen. 1997–1999 Mitarbeit bei Acanthus Lawrence & Wrightson/London. 1999–2000 Till Sattler Architekten/Köln. Seit 2000 Assistent am Lehrstuhl für Baukonstruktion III der RWTH-Aachen.
2000 gemeinsame Gründung von bmw_rheinland/buero fuer methodischen wahnsinn. Interdisziplinäre Arbeit in den Bereichen Architektur, Architekturtheorie und Kunst, seit 2002 Atelier und Galerie in Bonn.

ANDREA WOLFENSBERGER – geb. 1961 in Zürich. 1980–1984 Ecole Supérieure d'Art Visuel, Genf. 1985 Cité Internationel des Arts, Paris. 1988 Bundesstipendium; Stipendium der Stadt Zürich. 1988–1990 Kiefer-Hablitzel-Stipendium. 1991/92 Istituto Svizzero di Roma. 1992 Bundesstipendium. 1993 Stipendium des Kantons Zürich. 1993–1995 Lehrauftrag an der Fachhochschule für Gestaltung, Bern. 1994 Anerkennungspreis des Vordemberge-Gildewart-Stipendiums. 2001 Kunstpreis der Basler Zeitung/Lehrauftrag an der Universität Witten/Herdecke.

10 UHR – MEY PANTZER SCHMITT SCHREINER – Bernd Mey (geb. 1961), Christian Pantzer (geb. 1962), siehe 'MPS'
Ralf Schmitt: Geb. 1964 in Aschaffenburg. 1989–1994 Städelschule, Frankfurt am Main. Seit 1998 Künstlerischer Leiter der patentierten Förderkoje in Berlin mit Präsentationen im In-und Ausland. 1998–1999 DAAD-Stipendium.
Bernhard Schreiner: Geb. 1971 in Nödling/Niederösterreich. 1991–1998 Städelschule, Frankfurt am Main.

DIE DEUTSCHE BIBLIOTHEK – CIP-EINHEITSAUFNAHME
UNSCHÄRFERELATIONEN : EXPERIMENT RAUM =
UNCERTAINTY PRINCIPLES / HRSG.: KARIN DAMRAU ;
ANTON MARKUS PASING. BEARB.: BERND WYLICIL.
ÜBERS.: ANNETTE WIETHÜCHTER. – WIESBADEN :
NELTE, 2002
ISBN 3-932509-09-9

READKTION: KARIN DAMRAU, ANTON MARKUS PASING
KONTAKT: UNSCHAERFERELATIONEN@YAHOO.DE
GRAFIK UND GESTALTUNG: 3DELUXE, WIESBADEN
SATZ UND BEARBEITUNG: BERND WYLICIL, WIESBADEN
DRUCK: JÜTTE-MESSEDRUCK LEIPZIG
ÜBERSETZUNG: ANNETTE WIETHÜCHTER, BERLIN

UMSCHLAGMOTIV: IMSTROM2, ©2002 A.M. PASING

ALWINENSTRASSE 26
65189 WIESBADEN
WWW.NELTE.DE
E-MAIL: VERLAG@NELTE.DE